実践技術者のための

安全衛生工学

監修

半田 有通
一般社団法人日本ボイラ協会専務理事(兼)事務局長
元 厚生労働省労働基準局安全衛生部長

後藤 康孝
浜松職業能力開発短期大学校校長

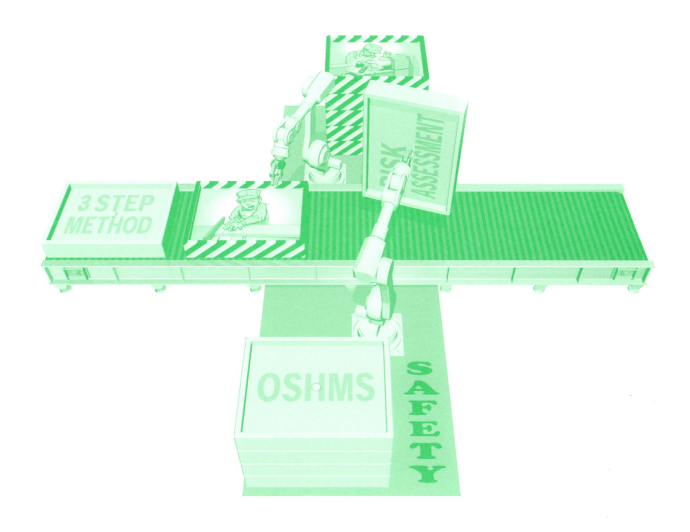

一般財団法人　職業訓練教材研究会

はじめに

　ものづくり現場には多様な機器・装置等の生産設備が存在しています。それらを用いて生産に携わる労働者の安全確保は、過去の痛ましい労働災害という犠牲の上に成り立っている再発防止対策によるものがほとんどです。

　その対策の基本は、生産設備、材料、環境等の「もの」の不安全な状態を作らないこと（物的要因）と、直接生産に関わる労働者、その場にいる関係者等の「ひと」が不安全な行動を起こさないこと（人的要因）、そして、そのような状態（いずれか一方でも）での両者の接触を避けることに重点を置いています。

　「もの」の不安全な状態及び「ひと」の不安全な行動を起こさないための具体的対応措置としては、労働者に対する教育訓練に委ねられてきました。「もの」と「ひと」が絶対に接触しない生産設備の本質的安全対策とそれに基づいた作業方法の変更等という方向への大きな転換は、一部の業種や大企業等を除いては技術的制限やコストベネフィットの関係で十分に行われてきませんでした。

　ものづくり現場で活躍する「実践技術者」を育成して約 40 年の歴史を持つ職業能力開発大学校及び短期大学校においても、安全衛生に係る教育訓練は、新たに入職する労働者として、正しい作業方法の習得、生産設備・機工具等の操作の熟達、安全な作業環境の確保、安全行動の習慣化等、自らの安全を確実に確保できるようにすることを中心に行われてきました。

　しかしながら、この 40 年の間、一般生活者・消費者を巻き込み多くの被害者を出した自動車、鉄道、航空機、エレベータ、エスカレータ、給湯器、暖房機器等の工業製品を原因とした事故の発生と原因究明、その情報開示等により、社会全体として工業製品に対する安全品質の要求が高まり、より製品側やサービス提供側での安全の確保が求められるようになってきました。また、その間のコンピュータ等の電子情報技術の進歩は、ムーアの法則がいまだに通用しているように爆発的なものであり、その恩恵として高度で多様な制御技術を安価で手に入れることができるようにもなりました。

　その変化の象徴的なものとして、各自動車メーカが取り入れている緊急自動ブレーキシステム（運転支援システムを含む）があります。今まで（ほとんどは今も）は、運転者の安全運転行動と運転技量に頼ってきた安全確保の考え方を自動車という製品側で確保する方向へシフトさせて、さらに軽自動車にまで普及させたことの意義は大きなものがあります。ものづくり現場においても、生産設備における安全は、運転者や操作者への依存度が高く、それらの安全意識と行動、そして熟達した技能等で確保されてきましたが、今後は、自動車運転と同様に生産設備側で安全確保する方向への移行が進むものと思われます。

　そのため実践技術者は、上記のような安全に関する社会の意識や技術の変化を十分に理解するとともに、製品や生産設備側に設けるべき安全システムに関する技術を体系的に学ぶ必要性が生じていることを認識すべきです。

　また、ものづくり現場における安全確保のための組織的活動も OSHMS（Occupational Safety and Health Management System）が導入されるようになり、継続的な安全衛生管理を事業所単位で自主的に進め、事業所の安全衛生水準の向上を図るようになってきています。その手法の一つとして、事故を未然に防ぐためのリスクアセスメントが導入されることになり、従来の事故の再発防止対策を主とした安全対策から予防安

全へシフトしてきています。これらの活動に対しても、実践技術者として実際に行動がとれるようになることが必要となります。

　これからの時代の実践技術者は、「自らの安全を確保する」ことは当然のこととして、組織的活動として「管理する生産工程の安全を確保する」ための中心的役割を果たすことが必要となります。さらには「自ら生産する製品・サービスの利用者の安全を確保する」ことへの対応が求められることも強く意識する必要があります。

　本書は、新たにものづくりの世界に志を持って飛び込む者が、上記のような実践技術者として労働災害を未然に防ぐための行動を確実にとるための知識と意識を付与するために編纂しました。

　具体的には、リスクアセスメントやリスクの低減、そしてそのための安全技術の適用等による予防安全と本質的安全確保などを習慣的に意識させるため、知識の習得だけでなく実際の事案（災害事例等）等に知識を適応させる場面を用意しています。また、知識の適応を効果的に行うため、次に示す基本的な考え方に基づいた展開方法で編成することによって、本書を読み（授業を）進めていくことでの習慣化を狙っています。

1. 災害の発生のメカニズムにおいて、機械は壊れるもの、人間は間違うものということを前提に、安全を①技術（装置・設備）で、②人間が、③仕組み（組織）で、確保するということを基本とする。

2. リスクアセスメントによりリスクの概念を正しく理解し、リスクを把握する習慣をつける。

3. 製品・サービスの設計段階でのリスクの低減方法は、①本質的安全設計、②安全防護対策（安全装置）、③使用上の情報提供、であり、その順番が重要であり遵守する。

　それでは皆さんが本書によって安全衛生工学を修め、新たに入職する職場、そして将来の労働環境を皆さん自らが中心となり、安全で健康な状態を確保し続け、豊かな社会生活を営むことを期待します。そして我々はその一助として本書を執筆できたことに喜びと誇りを感じます。

執筆者一同

◀ 目 次 ▶

はじめに

第1章　労働災害と安全衛生の概観 ………………………………………… 1

第1節　安全衛生の基本理念 ………………………………………… 1
 1-1　安全第一 ………………………………………………………… 1
 1-2　労働安全衛生法 ………………………………………………… 2
 1-3　安全衛生の対象と主体 ………………………………………… 2

第2節　労働災害の現状 ……………………………………………… 3
 2-1　労働災害の統計上の整理 ……………………………………… 3
 2-2　労働災害の発生の推移 ………………………………………… 3
 2-3　ものづくり現場における災害発生の傾向 …………………… 6

第3節　災害発生の要因 ……………………………………………… 9
 3-1　要因分析 ………………………………………………………… 9
 3-2　災害発生の仕組みと安全確保 ……………………………… 11

 【トレーニング問題】

第2章　労働災害防止の科学 …………………………………………… 13

第1節　安全とは何か ……………………………………………… 13
第2節　リスクアセスメント ……………………………………… 15
 2-1　リスクアセスメントの効果 ………………………………… 16
 2-2　リスクアセスメントを実施するに当たって ……………… 17

第3節　リスクアセスメントの実施方法 ………………………… 18
 3-1　リスクアセスメント実施の流れ …………………………… 18
 3-2　リスクアセスメント実施に係る各種情報の収集 ………… 19
 3-3　危険性又は有害性等の同定 ………………………………… 19
 3-4　発見したリスクの評価方法及び優先度の決定方法 ……… 22
 3-5　リスク低減措置の検討の決定方法 ………………………… 24
 3-6　リスク低減措置の実施及び実施結果の活用 ……………… 25

 【トレーニング問題】

第3章　安全確保の基本行動 …………………………………………… 26

第1節　作業服装と保護具 ………………………………………… 27
 1-1　作業服装 ……………………………………………………… 27
 1-2　保護具 ………………………………………………………… 30

第2節　作業環境の整備 …………………………………………… 33
 2-1　リスクや欠陥のない作業環境及び環境改善 ……………… 33
 2-2　整理整頓（2S） ……………………………………………… 33
 2-3　5S活動 ………………………………………………………… 35

第3節	各作業における安全の基本	35
3−1	手工具の使用方法	35
3−2	人力による運搬作業	39
3−3	墜落防止	43
3−4	感電防止	47
第4節	作業の標準化	49
4−1	作業標準の作成	49
4−2	作業標準の運用	50
第5節	作業開始前点検等	50
5−1	作業開始前点検	50
5−2	ＫＹＴ活動	51
5−3	ヒヤリ・ハット	52
5−4	安全見える化	53
第6節	安全衛生教育と就業制限	54
6−1	安全衛生教育	54
6−2	就業制限	56

第4章　安全のための技術 58

第1節	人間の基本特性と安全技術	58
1−1	人間の基本特性	58
1−2	フールプルーフ	59
第2節	機械・設備の特性と安全技術	61
2−1	機械・設備の特性	61
2−2	フェールセーフ	62
2−3	フォールトアボイダンス	64
2−4	フォールトトレランス	65
第3節	安全技術	66
3−1	安全技術と設計の原則	66
3−2	本質的安全設計（ステップ1）	68
3−3	安全防護（ステップ2−1）	70
3−4	付加保護方策（ステップ2−2）	79
3−5	使用上の情報の提供（ステップ3）	80

第5章　生産設備（機械・設備）の安全確保 84

第1節	金属加工機械	85
1−1	事故事例	85
1−2	概要	86
1−3	金属加工機械の種類及び構造	90
1−4	作業環境等	96

1－5　安全対策 ……………………………………………………………………………… 97

1－6　事故の解析 …………………………………………………………………………… 101

【トレーニング問題】

第2節　木材加工機械 ………………………………………………………………………… 103

2－1　事故事例 ……………………………………………………………………………… 103

2－2　概要 …………………………………………………………………………………… 104

2－3　木工機械の種類及び構造 …………………………………………………………… 106

2－4　作業環境 ……………………………………………………………………………… 111

2－5　安全対策 ……………………………………………………………………………… 111

2－6　事故の解析 …………………………………………………………………………… 116

【トレーニング問題】

第3節　フォークリフト ……………………………………………………………………… 120

3－1　事故事例 ……………………………………………………………………………… 120

3－2　概要 …………………………………………………………………………………… 120

3－3　フォークリフトの構造 ……………………………………………………………… 121

3－4　作業環境 ……………………………………………………………………………… 124

3－5　安全対策 ……………………………………………………………………………… 125

3－6　事故の解析 …………………………………………………………………………… 129

【トレーニング問題】

第4節　クレーン ……………………………………………………………………………… 131

4－1　事故事例 ……………………………………………………………………………… 131

4－2　概要 …………………………………………………………………………………… 131

4－3　クレーンの構造 ……………………………………………………………………… 132

4－4　玉掛け作業 …………………………………………………………………………… 137

4－5　安全対策 ……………………………………………………………………………… 141

4－6　事故の解析 …………………………………………………………………………… 145

【トレーニング問題】

第5節　産業用ロボット ……………………………………………………………………… 146

5－1　事故事例 ……………………………………………………………………………… 146

5－2　概要 …………………………………………………………………………………… 147

5－3　産業用ロボットの構造 ……………………………………………………………… 148

5－4　産業用ロボットによる作業 ………………………………………………………… 152

5－5　設置環境 ……………………………………………………………………………… 155

5－6　安全対策 ……………………………………………………………………………… 156

5－7　事故の解析 …………………………………………………………………………… 158

【トレーニング問題】

第6節　ボイラー ……………………………………………………………………………… 160

第6章　安全衛生管理　………………………………………………… 163

第1節　労働安全衛生マネジメントシステム（OSHMS）………………………… 163
1－1　OSHMS の概要 …………………………………………………… 163
1－2　安全衛生計画の策定（Plan）………………………………………… 166
1－3　安全衛生計画の実施（Do）…………………………………………… 168
1－4　日常的な改善及び安全衛生計画の点検（Check）……………………… 171
1－5　システム監査（Check）……………………………………………… 171
1－6　OSHMS の見直し（Act）…………………………………………… 172

第2節　職場の安全衛生管理体制 ……………………………………………… 173
2－1　安全衛生管理体制（安衛法第10条から第19条）…………………… 173
2－2　OSHMS 推進体制 …………………………………………………… 180
2－3　安全衛生管理体制及び OSHMS 推進体制の関係 …………………… 181

第3節　労働衛生3管理 ……………………………………………………… 182
3－1　労働者を取り巻く業務上の健康問題 ………………………………… 183
3－2　業務上疾病 …………………………………………………………… 186
3－3　作業環境管理 ………………………………………………………… 188
3－4　作業管理 ……………………………………………………………… 190
3－5　健康管理 ……………………………………………………………… 191
3－6　労働衛生教育 ………………………………………………………… 193
3－7　労働者の健康確保の対策 …………………………………………… 193

第4節　防災 …………………………………………………………………… 194
4－1　火災と爆発への対応 ………………………………………………… 195
4－2　自然災害への対応 …………………………………………………… 199

第7章　関係法規　………………………………………………………… 202

第1節　労働安全衛生法関係 ………………………………………………… 202
1－1　法令の構成 …………………………………………………………… 202
1－2　労働安全衛生法の構成 ……………………………………………… 203
1－3　法令及び通達の構成の実際 ………………………………………… 204
1－4　法令及び通達の検索 ………………………………………………… 208

第2節　機械安全に係る国際規格 …………………………………………… 208
2－1　国際安全規格と国内規格 …………………………………………… 208
2－2　国際安全規格の概要と特徴 ………………………………………… 209
2－3　ISO/IEC Guide51（安全側面－規格への導入指針）………………… 210
2－4　ISO12100（機械類の安全性、設計のための一般原則－リスクアセスメントおよびリスク低減）……………… 211

参考文献 ……………………………………………………………………… 213
索引 …………………………………………………………………………… 214

第1章 労働災害と安全衛生の概観

第1節 安全衛生の基本理念

1-1 安全第一

　「安全第一」という標語は、工場や建築現場、土木工事現場ではもちろんのこと、職業能力開発施設や工業系教育機関等において生産設備を有している建屋でもよく目にするものですが、何に対して一番目（第一）なのか考えてみたことはありますか。

　この「安全第一」は、1900年代初頭にアメリカ合衆国の製鉄会社USスチールの社長のエルバート・ヘンリー・ゲイリーが自らの経営判断をするための価値基準として、「安全第一、品質第二、生産第三」と机上に掲げてあったものからきているといわれています。当時の会社経営の風潮としては、「生産第一、品質第二、安全第三」であり、当時の生産設備の動力源や機械化、自動化等の普及状況から考えると、生産量を増加させるということは、労働者の肉体的負荷や労働時間を増加させることであり、さらには危険作業の機会も増加するということを容易に想像することができます。ゲイリーの人道的な思想を背景とした「安全第一（Safety First）」による危険防止対策等で災害が低下したことはもちろんですが、労働者が安心して働ける環境を得たこと等により、結果として、製品の品質が向上し、生産性も向上したということで、この「安全第一」という動きは全米に運動として広がっていきました。

　日本では、大正時代にアメリカにおける「安全第一（Safety First）」の運動を視察に行った企業経営者や官僚によって持ち込まれ、製鉄所、鉱山、重工業など労働災害と生産性の関係が深く、経営への国の関与が強い業種への導入から始まって、運動として展開されました。しかし、実質的に普及したのは第二次世界大戦後であり、高度経済成長時の生産量の拡大による労働災害の増加に対応すべく、多くの製造業、建設業等

へ広まっていきました。

「安全第一」とは、人命尊重という基本理念を象徴する標語であり、企業活動において重要な課題である生産性の向上、コスト削減等の利潤の追求よりも大切な理念であり、さらには、お客様の信頼を得て事業の安定や拡大を図るために必要な製品の品質よりも大切な理念であるということです。安全に関する問題が生じたら（生じるなら）コストがかかっても、納期が遅れても、何よりも優先して対応しなければならないことであり、製品、サービスの安全及び労働環境の安全の確保は、人命尊重の観点からは当然として、信頼の確保及び生産性の向上の基盤となることを意味しています。

このように「安全第一」とは、生産活動においての経営判断の優先順位を表しているものであり、その取組みは、経営者などのトップが宣言して組織全体に広めていくことが重要となります。そうした「安全第一」の標語の下、生産現場等の実践の場で活動する実践技術者は、どのような行動をとるべきか、どのような判断をすべきなのかは、本書を通して理解を深めてもらいたいと思います。

1-2 労働安全衛生法

「安全第一」の理念のもと、企業の自主的な運動としての取り組みだけでは、多様な産業、企業規模、地域等の異なるすべての労働者の安全と健康を確保し労働災害を防止することは困難です。そのため国が法律により危険防止基準等を定め、事業者や労働者に遵守させるように取り組んできました。特に、昭和47年に労働基準法から労働安全衛生に関する部分を労働安全衛生法（以下安衛法という。）として分離し充実強化して、職場における労働者の安全と健康を確保するとともに、快適な職場環境の形成を目的として制定されたことは、その後の安全衛生活動を大きく推進し、労働災害の減少につながってきました。

安衛法の基本的な考え方は、人命尊重の基本理念に立ち、職場における労働者の安全と健康を確保するため、危害防止基準の確立、責任体制の明確化、自主的活動の促進の措置等を講ずることとし、そのため事業者に安全衛生管理組織の設置義務と労働者の危険・健康障害を防止するための措置義務を課していることです。具体的な措置義務は、広範囲にわたりかつ詳細なものであるため、厚生労働省令として労働安全衛生規則（以下安衛則という。）、クレーン等安全規則（以下クレーン則という。）、ボイラー及び圧力容器安全規則（以下ボイラー則という。）、その他多数の規則によって定め示されています。

本書の内容も当然のことながらこの安衛法等に則ったものであり、その規則等中で示されている危害防止基準の具体的事項や基準値を多用しています。これらは、過去における多くの労働災害を科学的に検証した結果として示されているものであり、その時々における技術レベル等に応じて見直されてきているものです。

1-3 安全衛生の対象と主体

上記のように、すべての労働者が人命と心身の安全を脅かされることなく、健康で文化的な生活を営むことができる快適な職場環境の形成のため、事業者の責務は大変大きなものです。また、労働者も安衛法第4条により「労働者は、労働災害を防止するため必要な事項を守るほか、事業者その他の関係者が実施する労働災害の防止に関する措置に協力するように努めなければならない。」とされ、労働災害防止のための必要事項を遵守する責務があります。例えば、当然のことですが、労働者は、機械に設置されている安全装置（安全防護物・保護装置）等を取り外したり、機能を低下させてはならないと安衛則で定められており、遵守し

なければなりません。労働者の遵守すべき危険防止のための措置基準等は大変多く、膨大な事項が規則等で定まっていますが、事業者が取り組むべき責務や自主的活動と一体のものであり、日常的な業務指示や作業方法の確認等に盛り込まれていなければならないものでもあります。

　読者の皆さんは、実践技術者として、まずは一労働者として生産活動へ参加することとなりますので、自らの安全を確保するために、日常的な業務指示や作業方法の確認等を通して各種危険防止のための具体的措置基準を遵守するよう努めなければなりません。そして、キャリアを積み重ね、グループやラインのリーダーとなった場合は、そのメンバーの安全を確保するために事業者と一体となり責任ある立場で遵守事項を指示、管理するよう努めなければなりません。

　さらに、事業者の責務として安衛法第3条第2項で「機械、器具その他の設備を設計し、製造し、若しくは輸入する者又は建築物を建築し、若しくは設計する者は、これらの設計、製造、輸入又は建築に際して、これらの物が使用されることによる労働災害の発生の防止に資するよう努めなければならない。」と定められており、実践技術者としてこれらの業務に従事することになる場合は、使う人の安全を確保するよう事業者と一体となって「製品に安全を作り込む」ことに努める必要があります。

第2節　労働災害の現状 ·····································

2-1　労働災害の統計上の整理

　安衛法第2条により労働災害は、「労働者の就業にかかる建設物、設備、原材料、ガス、蒸気、粉じん等により、又は作業行動その他業務に起因して労働者が負傷し、疾病にかかり、又は死亡することをいう。」と定義されています。労働者の安全と衛生を確保し災害を防止する観点からは、いわゆる労働災害のみならず通勤時の災害を含め、就業に係るすべての災害の発生状況等を収集し統計的に分析し、災害発生防止措置等を検討することが重要であると思われますが、報告義務と罰則の適用の有無、報告や分析に係る労力、等のさまざまな要因によりすべての災害を把握することは困難です。

　現時点では、厚生労働省が「労働災害統計」として、安衛則97条による「労働者死傷病報告」（死亡災害及び休業4日以上の災害）を基に統計化したものや「労働災害動向調査」（サンプル調査）により収集したデータを統計化したものが災害発生の動向や発生原因分析等に活用されています。

　また、労働災害のうち通勤災害を除く業務災害の補償責任は事業者が負うことになりますが、事業者の責任能力の有無によって労働者が不幸にならないために、「労働者災害補償保険」いわゆる労災保険によりすべての労働者が補償の対象となっています。そのため、労災保険の新規受給者数を見ることで労働災害発生状況の大まかな全体数を知ることができます。

　本書においては、これらの統計を引用して労働災害の発生状況を見たいと思います。

2-2　労働災害の発生の推移

（1）労働災害による死傷者数の推移

　図1-1は年ごとの労働災害による死亡者数（棒グラフ）と死傷者数（折れ線グラフ、死亡者及び4日以

第2節 労働災害の現状

上の休業を伴う負傷者数）を表したものです。死傷者は、昭和36年をピークとしてその後減少を続けており、特に昭和47年の安衛法の施行後は、死亡災害を中心に急速に減少しました。

参考までに交通事故死者数等の推移についても示します（図1-2）。

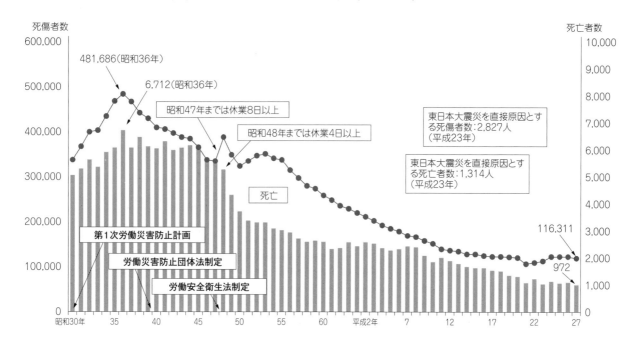

図1-1　労働災害による死傷者数の推移（昭和30年～平成27年）

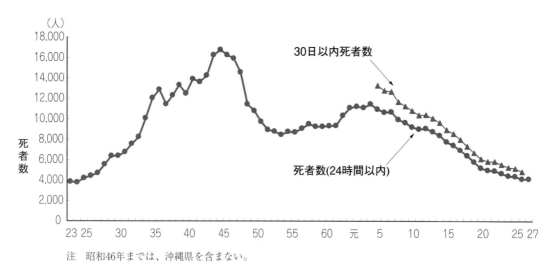

注　昭和46年までは、沖縄県を含まない。

図1-2　交通災害事故発生件数、死者数、負傷者数の推移（昭和23年～平成27年）

(2) 近年の労働災害発生状況

近年（平成13年～27年）の労働災害の発生状況を図1-3に死亡者数（棒グラフ）と死傷者数（折れ線グラフ、死亡者及び4日以上の休業を伴う負傷者数）に表します。近年は若干の減少傾向を示した後、停滞している状況を示しています。

更に労災保険の新規受給者数を見ると増加傾向にあることから、休業4日未満の災害が増加傾向であるこ

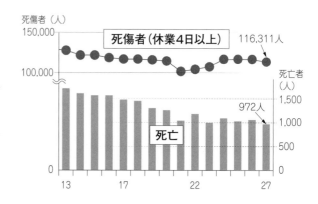

図1-3　死傷者数の近年の推移

とが想像できます。その業種は商業、金融・保険、医療・福祉等を中心とする「その他の事業」が約6割を占めており、そして増加傾向となっています。医療・福祉や商業等のサービス業は成長産業でもあり新規入職者の増加傾向が労働災害の発生状況と関連しているものと思われます。

表1－1　労働災害の発生状況

種別＼年度	平成22年	平成23年	平成24年	平成25年	平成26年	平成27年
死傷者数（全産業）	107,759	117,958	119,576	118,157	119,535	116,311
死亡者数（全産業）	1,195	1,024	1,093	1,030	1,057	972
製造業死傷者数	28,643	28,457	28,291	27,077	27,452	26,391
建設業死傷者数	16,143	16,773	17,073	17,189	17,184	15,584
労災保険新規受給者数	514,724	525,888	535,796	534,049	545,007	545,433

厚生労働省「労働災害統計」より

※1. 死傷者数は、死亡災害及び休業4日以上の災害によるもの

※2. 平成23年の死傷者数及び死亡者数については、東日本大震災を直接の原因とする死傷者1,664名及び死亡災害者1,314名を除いていること。

※3. 労災保険新規受給者数は、通勤災害を除いていること。「労働者災害補償保険事業年報」より

（3）災害発生率

　上記のような死傷者数や災害発生数等の全体数による表現は、年ごとの推移をみる場合等の母数がある程度固定されている状況での活用は可能ですが、不況等により就業人口が極端に減少した場合や、就業人口の異なる産業間での災害発生状況の比較には適していません。そのためある一定の単位当たりの災害発生状況を発生率として示し活用しています。基本となる母数は労働者数や労働時間ですが、生産量や輸送量などを用いている場合もあります。

　ここでは、現在多用されている①度数率、②強度率及び③年千人率、について説明します。

① 度数率

　度数率とは、統計の対象となる集団の一定期間中のすべての労働時間に発生した労働災害による死傷者数を発生率として表したものです。発生率を把握しやすいように単位時間を100万延べ労働時間数として、次の式で表します。

$$度数率 = \frac{労働災害による死傷者数}{延べ労働時間数} \times 1{,}000{,}000$$

② 強度率

　強度率とは、災害の重さの程度を表すもので、統計の対象となる集団の一定期間中のすべての労働時間に発生した労働災害による労働損失日数を1,000延べ労働時間当たりの損失日数として表したものです。

$$強度率 = \frac{労働損失日数}{延べ労働時間数} \times 1{,}000$$

また、労働災害損失日数については、死亡や障害認定を受けた場合の算定基準を別途設けています。（例えば、死亡及び永久全労働不能（障害等級第1級〜3級）は7,500日）

③ 年千人率

年千人率とは、統計の対象となる集団の1年間に発生した労働災害による死傷者数を労働者1,000人当たりの発生率として表したものです。

$$年千人率 = \frac{1年間の死傷者数}{1年間の平均労働者数} \times 1,000$$

近年（平成13年〜27年）の労働災害の発生状況を度数率（上部折れ線グラフ）と強度率（下部折れ線グラフ）及び死傷者1人当たり平均労働損失日数を図1−4に示します。図1−4の死傷者数の推移と同様に発生率（度数率）の減少傾向は停滞している状況が見て取れます。また、災害の重さも同様の傾向を示していることが見て取れます。

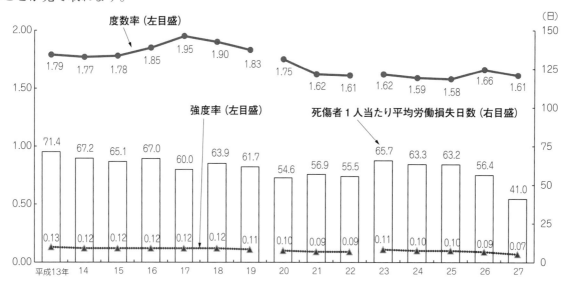

注：1）平成20年から調査対象産業に「医療、福祉」を追加したため、平成19年以前との時系列比較は注意を要する。
　　2）平成23年から調査対象産業に「農業、林業」のうち農業を追加したため、平成22年以前との時系列比較は注意を要する。

図1−4　平成27年度労働災害動向調査の概要　（労働災害率及び死傷者1人平均損失日数の推移）

2−3　ものづくり現場における災害発生の傾向

（1）発生状況の産業間比較

ものづくり現場として製造業と建設業の災害発生の状況は、死傷者数で製造業が全産業の22〜23％、建設業が14〜15％を占めている状況ですが、その発生率は、度数率で、産業全体で1.61に対して製造業が1.06、建設業（総合工事業を除く）が0.74といずれも低くなっています。また、強度率についても産業全体で0.07に対して製造業が0.06、建設業（総合工事業を除く）が0.02と低くなっています。ただし、建設業でも総合工事業（土木建設業等）については、度数率は0.92ですが、強度率が0.21と極端に高くなっており、災害が起きた時のダメージが大きいことを表しています。

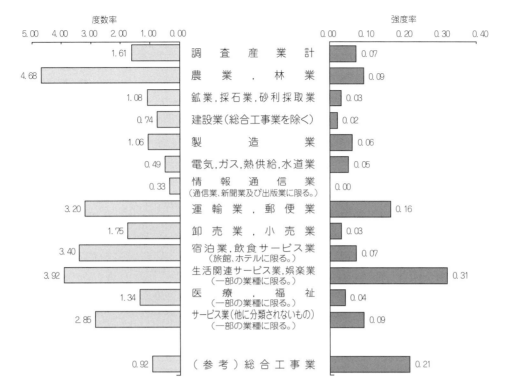

図1-5 平成27年労働災害動向調査の概況　産業別労働災害率（事業所規模100人以上）

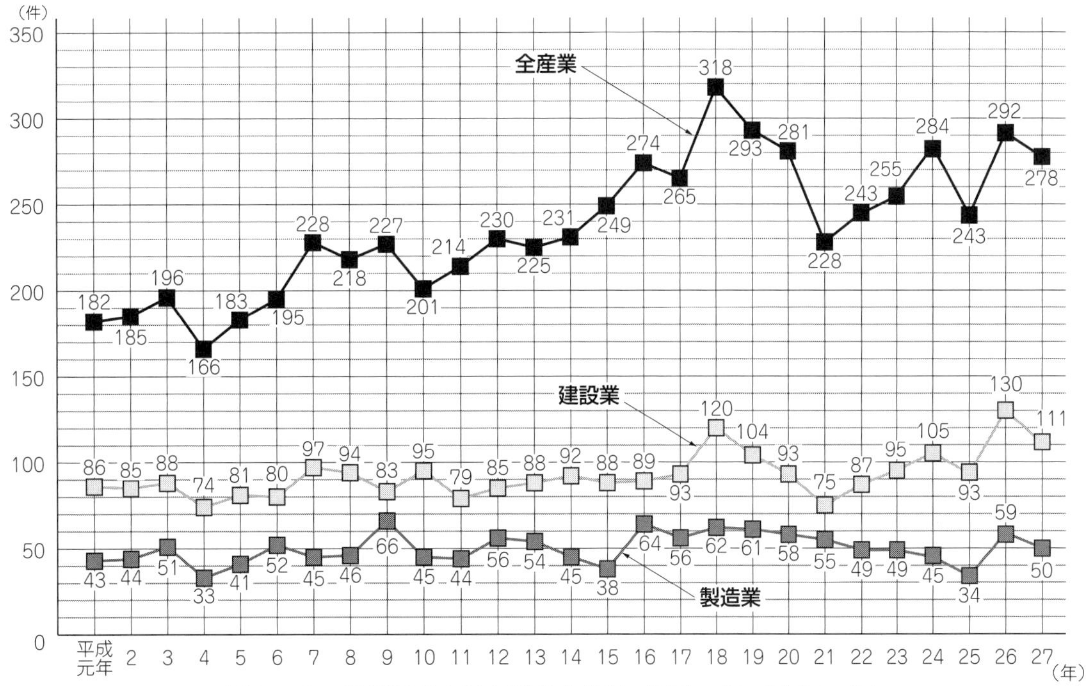

注:1）「生活関連サービス業,娯楽業」は、洗濯業、旅行業及びゴルフ場に限る。
　2）「医療,福祉」は、病院、一般診療所、保健所、健康相談施設、児童福祉事業、老人福祉・介護事業及び障害者福祉事業に限る。
　3）「サービス業（他に分類されないもの）」は、一般廃棄物処理業、産業廃棄物処理業、自動車整備業、機械修理業及び建物サービス業に限る。

図1-6　業種別重大災害[※1]発生状況（平成1年～平成27年）

（2）事故の型別発生状況

被災した労働者がどのような災害を被ったのかを示したものであり、下表の分類となっています。

製造業では、はさまれ・巻き込まれ、転倒が多く、建設業では、墜落・転落、はさまれ・巻き込まれが

※1　**重大災害**：一度に3人以上の死傷者が発生した災害をいう。

多いのが特徴として見て取れます。これらの特徴は各業種の作業内容、作業環境等に大きく影響していると考えられます。

表1－2　事故の型別発生状況

事故の型	製造業（％） （死傷者数 26,391 人）	建設業（％） （死傷者数 15,584 人）
墜落、転落	10.7	34.5
転倒	17.7	9.9
飛来、落下物に当たる	7.7	9.9
激突、激突され	8.8	9.8
はさまれ、巻き込まれ	27.3	11.1
こすれ（すりむき、切れ）	10.3	9.0
動作の反動・無理な動作	8.6	5.1
その他（有害物接触、高温低温接触、感電、踏み抜き、爆発・破裂、分類不能、等）	8.9	10.6

平成27年業種別事故型別労働災害発生状況より作成
数値を丸めているため合計が100にならない場合がある。

（3）起因物別発生状況

　上記（2）の事故の型で、例えば、はさまれ・巻き込まれの事故は、何かにはさまれ又は巻き込まれたわけですが、その何かのことを事故の起因物として分類し、その発生状況を示したものです。

　製造業の場合、起因物として各種機械装置が多いのは、はさまれ・巻き込まれの事故の多さと関係するのはないかと考えられます。

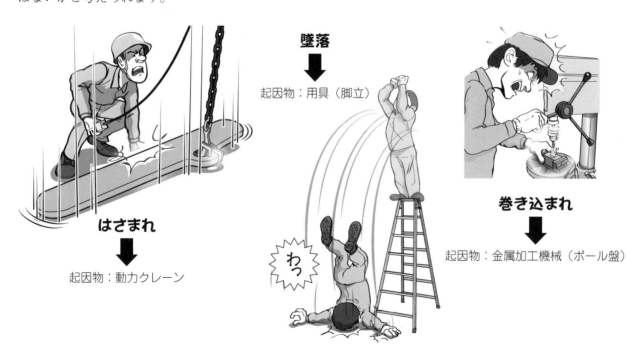

　また、建設業での墜落・転落の多さと関連して、起因物としては、仮設物（足場等）・建築物・構造物等が多くなっているものと考えられます。

表1-3　起因物別発生状況

起因物の種類	製造業（%） （死傷者数 26,391 人）	建設業（%） （死傷者数 15,584 人）
金属加工用機械	8.3	2.1
木材加工用機械	3.2	4.1
一般動力機械	14.8	2.4
建設機械等	0.3	6.7
動力クレーン等	2.6	3.0
動力運搬機	7.9	8.0
人力機械工具等	6.2	3.4
用具	8.3	12.9
仮設物、建築物、構築物等	19.2	29.1
材料	9.2	10.4
荷	5.2	2.6
環境等	1.5	5.3
その他	13.3	9.9

平成 27 年業種別起因物別労働災害発生状況より作成
数値を丸めているため合計が 100 にならない場合がある。

第3節　災害発生の要因

3-1　要因分析

　前節では、労働災害の発生状況として、発生件数、発生率並びにものづくり産業における事故の型別発生状況及び起因物別発生状況を見てきました。何に起因してどのような事故にあったのかまでは把握できましたが、なぜ事故になったのかという直接の原因まではわかりません。起因物として挙げられている機械や建築物は、生産活動においては必要不可欠なものであり、「安全第一」の精神からすると労働者が被災することを許容しているとは考えられません。

　それではなぜ事故が発生したのか考えてみます。厚生労働省の「労働災害原因要素の分析」では、「不安全な状態別」及び「不安全な行動別」で分析を行っているので、ここでは、製造業を例に下表1—4、5に示します。

　まず表1-4では、災害発生時にどのような不安全な状態があったのかをみると、約9割の災害において何らかの不安全な状態があったこと示しています。特に「作業方法の欠陥」が半数を占めています。これは作業手順の誤り、不適当な機械・装置、工具、用具の使用、技術的・肉体的に無理な作業であったなど、事業場で定めた作業方法等に欠陥があった場合のことであり、不安全な行動の誘因となるものです。

　次に表1-5では、災害発生時にどのような不安全な行動があったのかをみると、これも約9割の災害において何らかの不安全な行動があったことを示しています。特に動いている機械に接近又は触れるというよ

第3節 災害発生の要因

うな「危険場所への接近」、荷の持ち過ぎ、物の支え方、押し方引き方の誤りというような「誤った動作」、そして確認せずに次の動作をするなどの「その他の不安全な行為」が多く、以上の3要素で全体の6割を占めています。

災害のほとんどは、不安全な状態と不安全な行動が組み合わさって起きていることが見て取れます。

具体的な例を示します。不安全な状態として「防護・安全装置の欠陥」があった場合、不安全な行動として「危険場所へ接近」ということが可能となります。そして、本来なら接近することができない危険場所（動いている状態の機械部分等）に触れて災害が起きたケースが、「防護・安全装置の欠陥」の2割程度あります。

しかし、この種の災害は、防護・安全装置が正常に作動し、動いている機械に接近できなければ、又は労働者が防護・安全装置の異常の有無に関わらず基本行動を遵守し、接近しなければ発生しなかったものと考えられます。

機械が作動中は扉を閉めて行うがインターロックの不備で扉を開けたまま作業が行えてしまった。

巻き込まれる恐れがあるのに軍手をはめて回転する構造物に紙ヤスリをかける作業をした。

図1-7　複数の不安全な行動による災害例

表1-4　不安全な状態の内訳別死傷者比率

不安全な状態内訳	死傷者割合（%）
物自体の欠陥	1.4
防護・安全装置の欠陥	1.4
物の置き方・作業場所の欠陥	5.1
保護具・服装等の欠陥	0.8
作業環境の欠陥	0.9
部外的・自然的不安全な状態	10.7
作業方法の欠陥	50.7
その他の不安全な状態及び分類不能	21.1
不安全な状態のないもの	7.9
合　計	100.0

厚生労働省「労働災害原因要素の分析（平成25年、製造業、休業4日以上）」

表1−5　不安全な行動の内訳別死傷者比率

不安全な行動内訳	死傷者割合（%）
防護・安全装置を無効にする	0.8
安全装置の不履行	2.8
不安全な放置	0.9
危険な状態を作る	2.6
機械・装置の指定外使用	1.3
運転中の機械・装置等の掃除，注油，修理，点検等	5.2
保護具・服装の欠陥	1.4
危険場所への接近	14.6
その他の不安全な行為	15.3
運転の失敗（乗り物）	1.2
誤った動作	30.5
その他の不安全な行動及び分類不能	13.5
不安全な行動のないもの	9.9
合　計	100.0

厚生労働省「労働災害原因要素の分析（平成25年、製造業、休業4日以上)」

3−2　災害発生の仕組みと安全確保

　新幹線は開業以来、死亡事故は数件であり、非常に高い安全性を誇っています。なぜ、高い安全性を確保できているのでしょうか。信頼性の高い安全装置やシステムの装備なのか、運行に係るすべての人員の安全に対する高い意識と技能、そのための教育訓練の賜物なのでしょうか。そのようなさまざまな知恵、工夫、努力が積み重なり作用しているものと思われますが、もう一つの大きな要因として、車両と乗客等の人が接する点が非常に少ないということがあると思われます。レールは専用の高架上にあって人の侵入を許さず、接点としては、十分に減速してきた車両が入る停車駅のホームが考えられるだけで、さらにそれらのホームにも安全柵が設けられてきており、ほとんど接点がない状態です。物と人が接することがなければ災害は発生しません。

　ものづくり現場においても物と人の接点をなくすことが一番効果的ですが、労働者には、多かれ少なかれ生産設備との接点があります。接点を持っていなければ生産活動はできないからです。そのため、災害発生の仕組みの根本が「物の不安全な状態と人の不安全な行動の重なり合うところで発生する」ということに照らして災害防止を考えます。

　例えば、料理店で調理人が使う包丁が危険なので、使わないとか切れなくするとかは考えられないでしょう。調理人は、修行という名の教育訓練によって、包丁を上手く、そして安全に使いこなすようにしています。もし、手元がくるったりしたとしても、誤って指を切ること等はあっても命を落とすということはないので、

包丁の手入れや置き方等を含め、人の要因である「不安全な行為」をしないよう教育訓練をするわけです。

しかし、包丁でなく、製材所の丸鋸等の木材加工機械であればどうでしょうか。金属板から形を作る動力プレスならどうでしょうか。重量物をつり上げるクレーンであればどうでしょうか。誤った行動や操作は、指を切るでは済まされず、命を落とすことにもなりかねません。そのため、労働者と生産設備との接点には、常に「不安全な状態のないこと」が必要になります。

ものづくり現場における安全の確保には、人の要因である「不安全な行為」をしないよう教育訓練をするだけでなく、生産設備である各種機械装置等は「人はもともと間違えるもの」として危険回避できる構造や安全装置等が備えられていることが必要ですし、さらに、それらの生産設備の「不安全な状態」を作らないように組織的に管理されていることが必要です。

次章以降では、これらについて具体的にかつ詳細に説明していきます。

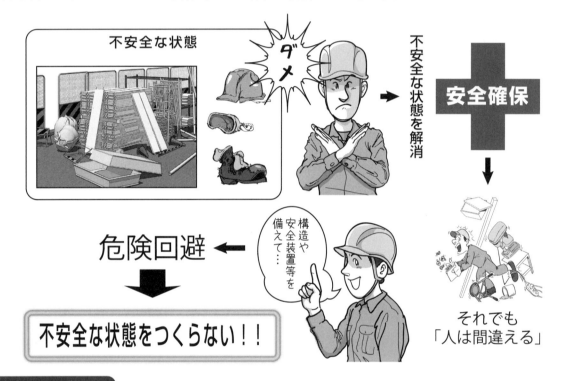

トレーニング問題

近年の労働災害の発生状況では、死傷者数及び発生率ともに停滞している状態です。
これは何を意味しているのでしょうか？そして、この状況を改善するには、どのような対策が効果的か考えてください。
この問いは、本書を完読、又は本書を用いた安全に関する講義が終了するまでに考えてください。これは本書で取り扱う大きなテーマの一つであり、次の世代を担う皆さんに期待するものです。

第2章　労働災害防止の科学

第1節　安全とは何か

　第1章でも述べたとおり、労働安全衛生法をはじめとする法律等により、職場における労働者の安全と健康を確保し労働災害を防止すること、快適な職場環境を形成することを目的として、事業者にさまざまな義務や制約を課しています。安全という言葉が法律の中でもたびたび登場しますが、「安全」という言葉の定義を確認してみましょう。

　2014年に改訂発行された国際安全規格（ISO/IEC GUIDE 51:2014）によると「許容できない（可能でない）リスクがないこと」と「安全」という言葉を用いずに定義されています。日本ではややもすると、安全を「事故や災害が発生しない状態」のように捉えている場合がありますが、国際安全規格の定義の裏を読むと「許容できるリスクは存在する」＝「絶対安全は存在しない」という考え方があり、災害や事故が発生しない状態とは定義していません。

　このことから、どんなにリスクを低減しても、なんらかのリスクは必ず残りますが、それが「許容可能なリスク」のレベルまで下げられていることが重要になります。一般的には、「受け入れできないリスク」と「広く受け入れられるリスク」の間にある「条件付きで受け入れ可能なリスク」が「許容可能なリスク」のレベルとされており、ALARP（As Low As Reasonably Practicable ＝「合理的に実現可能な程度に低い」）水準と称されています。

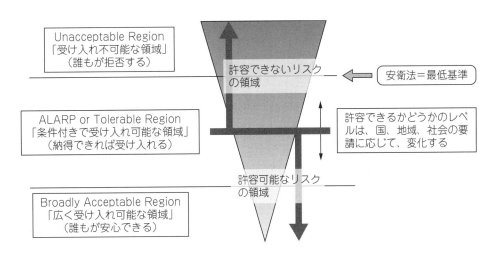

図2－1　リスクレベルの領域

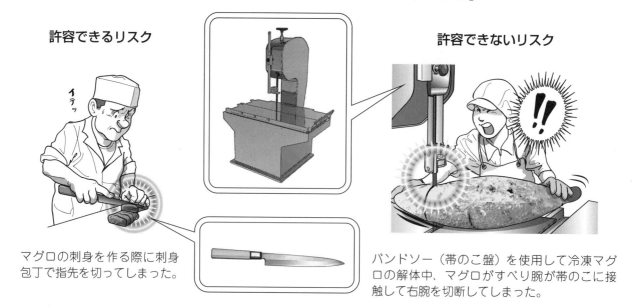

「安全」とは「許容できないリスクがないこと」

許容できるリスク

マグロの刺身を作る際に刺身包丁で指先を切ってしまった。

許容できないリスク

バンドソー（帯のこ盤）を使用して冷凍マグロの解体中、マグロがすべり腕が帯のこに接触して右腕を切断してしまった。

　では、「許容可能なリスク」「許容できないリスク」とはどのように解釈すればよいのでしょう。図2－1の「許容できないリスク」に示すように、死亡災害や後遺障害を負うといった不可逆的な被害は、健康に生きたい、大切な人を失いたくないと考える誰もが、受け入れられないものです。「許容できないリスク」とはこのように、一度発生したら元の身体や生活を取り戻すことができない状況に陥る可能性のあるリスクということになります。ここでいうリスクを考える上で重要なのは、リスクに接する「人」によってとらえ方が異なるものであるということです。

　例えば、高齢者が足元の段差でつまずき、転倒し、頭部を強打するなど、結果として死につながる災害になることがあります。人によっては、身を守る姿勢を反射的に取ることができ、ヒヤリ・ハットで済む可能性もあります。この「許容できる」の概念は、年齢等を越えて、すべての者（すべての者とは、例えば「対象となる場所で働くすべての者」、製品設計では「製品を使用するすべての者」となります。）を想定しなければならないことを忘れないようにしなければなりません。

　一方で、許容できるという状況について触れると、例えば、「椅子やテーブルの脚に足の小指をぶつける」「ハンマーで手をたたく」「カッターなどの刃物で手を切る」など一時的に痛みを伴う出来事や完治可能な軽度なけがについては、気を付けながらも許容して行動しており、これらのリスクを周囲からすべて取り除こうと考えると、身の回りのさまざまなものや作業を排除することになり、生活や業務に影響が出るということはいうまでもありません。

　つまり、どのような状況下においてもリスクは存在するということを念頭に置き、これらのリスクとどのように接するのか、共存していくのか、その考え方を学ぶ必要があります。

　災害が発生するメカニズムは「危険性」や「有害性」に「人」が接触することで発生するということは前章で述べたとおりです。では、安全といえる職場環境を構築するために「許容できないリスクがないこと」をどのような方法で確認すればよいのでしょうか。「リスクを確認する」「リスクを排除する」又は「リスクを低減する」ということは、安衛法第28条の2「事業者の行うべき調査等」として「事業者は、厚生労働省令で定めるところにより、建設物、設備、原材料、ガス、蒸気、粉じん等による、又は作業行動その他業

務に起因する危険性又は有害性等を調査し、その結果に基づいて、この法律又はこれに基づく命令の規定による措置を講ずるほか、労働者の危険又は健康障害を防止するため必要な措置を講ずるように努めなければならない。」と定め、事業者に努力義務を課しています。これは、事業所内の安全管理活動を推進する上で最も基礎となる取組みといえます。

　事業者がこの努力責務を怠った例を挙げてみます。大阪市の印刷会社に勤務していた方が「胆管がん」を集団発症した労働災害が発生しました。厚生労働省は業務上の因果関係を認め、平成25年3月（2013.3）に労災認定しました。その後、上記のように印刷会社に勤務した方で、胆管がんを発症したとして労災申請する事例が後を絶たない状況となりました。このような災害が発生した原因は、印刷機を洗浄する際に使用する高濃度の化学物質「1,2 −ジクロロプロパン」や「ジクロロメタン」を換気が不十分な地下の作業場で使用し、作業者が数年間の長期にわたり吸い込んでいたためといわれています。その後の調査（『「印刷事業所で発生した胆管がんの業務上外に関する検討会」報告書の公表及び厚生労働省における今後の対応について』（平成25年3月14日公表））によると、「ジクロロメタン」は胆管がんの発症原因として因果関係が認められなかったものの、高濃度の「1,2 −ジクロロプロパン」に長期間ばく露[※1]したことにより発症した可能性が極めて高いと結論付けられました。

　この胆管がん発病については、化学物質を使用し始めたときから危険性又は有害性等を把握し、排気装置の設置による換気やばく露の防止措置、吸込み防止の防毒マスクを着用するなどの対策ができていれば、発生する確率は低かったといえます。しかしながら、事業者は使用する化学物質が胆管がんを引き起こすような危険性又は有害性等のある物質であったことを知らず、必要な安全措置を行ってきませんでした。

　このような化学物質による労働災害が再発しないよう、厚生労働省は「安衛法の一部を改正する法律」（平成26年法律第82号）を平成26年6月25日に交付し、一定の危険又は有害性のある化学物質を製造する又はそれらを取り扱うすべての事業者を対象として、「化学物質のリスクアセスメント」の実施を義務付けました。

　また、先に記載したとおり、リスクアセスメントは、化学物質のみならず、事業者が主体となって、従業員が使用する機械や従事する業務上のあらゆる危険性又は有害性を把握し、適切な措置を行うことを求めています。

　次節ではこのリスクアセスメントを説明します。

第2節　リスクアセスメント ･･････････････････････････････････････

　リスクアセスメントとは、職場に潜む危険性又は有害性等を見つけ出し、そのリスクを除いたり、減らしたりする手法です。

　今までの災害防止対策は、災害が発生した後に原因を調べて、再発防止策を作り、職場で徹底していくという事後対応（後追い型）が基本でした。しかし、この方法では、先に述べた胆管がん発症の労働災害のように、災害が発生するまで何も対策を講じないことになります。今後も技術の進展などにより、製造業等の現場において新しい材料や化学物質、新しい工法が開発・利用され、それらにより未知なる危険性又は有害性等に遭遇する可能性があり、過去に災害が発生していない事業所においても、災害に繋がる可能性のある

※1　ばく露：事業場において労働者が有害物（細菌・ウィルス・薬品）にさらされること

危険性又は有害性等が存在しているので、災害を未然に防止（先取り型）するリスクアセスメントを効果的に行うことが求められているのです。

また、機械やプラントなどの「もの」を製造する事業所においては、製品のライフサイクル全般（設計→製造→流通→使用→保守→解体→廃棄（リサイクル）など）の各工程における安全確保が求められています。特に、製造した「もの」に瑕疵や欠陥があり重大な事故・災害が発生した場合に製造事業者に問われる製造物責任については、製造事業者にとって重要な事項になります。

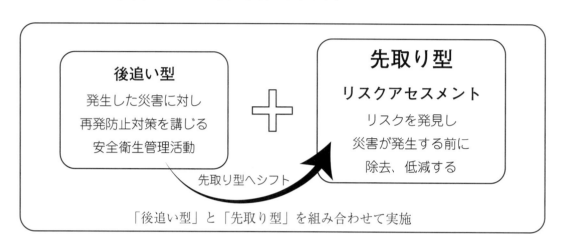

「後追い型」と「先取り型」を組み合わせて実施

リスクアセスメントは、現場で働く者の取組みが重要であることはいうまでもありませんが、組織として「人・モノ・金」を動かす経営判断が必ず必要になります。リスクアセスメントは、第6章で紹介する労働安全衛生マネジメントシステム（OSHMS）の中核をなす取り組みであるため、経営トップを先頭に組織全員参加による安全衛生活動として定着させて、改善し続けていくことが重要になります。

厚生労働省は、安衛法第28条の2に基づき、各事業場においてリスクアセスメントを実施する上での指針[※1]（以下「リスクアセスメントの指針」という。）や教育用のテキスト、手引きを公表しています。本節は、これらの指針等に沿ってリスクアセスメントを説明します。

2-1 リスクアセスメントの効果

リスクアセスメントを実施することにより、次のような効果が期待できます。
① 職場のリスクが明確になるので、災害が発生する前に危険の芽を摘み取ることができるようになる。
② 職場全体で取り組んでいくので、安全衛生のリスクについて共通認識を持つことができる。
③ 災害が発生する状態を明確化することにより、どの段階で作業や機械を停止させる必要があるのか（停止基準）を検討し、その対応をあらかじめ決めることができる。
④ リスクを見積もることで、対策を立てるための優先順位をつけることができる。
⑤ 対策がすぐに実施できないリスクであっても、リスクの存在と注意しなければならない理由（「なぜ、この作業手順なのか」「なぜ、保護具を付けるのか」など）が分かる。
⑥ 危険性又は有害性等が見えないところにも存在していることを職場の全員が感じられる（危険感受性の醸成）ようになる。

※1　平成18年3月10日指針公示第1号「危険性又は有害性等の調査等に関する指針」
　　平成18年3月30日指針公示第2号「化学物質等による危険性又は有害性等の調査等に関する指針」

2-2 リスクアセスメントを実施するに当たって

（1）リスクアセスメントの実施体制

リスクアセスメントの指針には、各事業場において行う調査等の実施について、誰が何を行うのかその役割を定めています。定められている役割は次の表のとおりです。

	担当者	役　割
①	総括安全衛生管理者など事業場のトップ	リスクアセスメントなどの実施を統括管理する。
②	安全管理者、衛生管理者、職長その他当該作業に従事する労働者を直接指導し又は監督する者	リスクアセスメントなどの実施を管理する。
③	化学物質管理者（当該管理者を選任し、右記の業務を行わせることが望ましい）	化学物質のリスクアセスメントを行う場合は、安全管理者や衛生管理者等の下で技術的業務を行う。
④	作業内容等を詳しく知っている職長等	危険性又は有害性等の同定、リスクの見積り、リスク低減措置の検討を主として行う。
⑤	労働衛生コンサルタント、労働安全コンサルタント、作業環境測定士、インダストリアル・ハイジニストなど	機械設備や化学物質等のリスクアセスメントを実施する際に、調査等の対象について専門的な知識を有して助言を行う。また、より詳細なリスクアセスメント手法の導入など、技術的な助言を行う。

※　事業者は、①から④の担当者に、リスクアセスメントの実施に必要な教育を行うようにします。

（2）リスクアセスメントの実施時期

指針に示されているリスクアセスメントの実施時期は、労働安全衛生規則（昭和47年労働省令 第32号）第24条の11第1項及びリスクアセスメントの指針の5に定められている随時リスクアセスメントと定期リスクアセスメントがあります。

随時リスクアセスメントは、以下の①から⑥の状況や環境などの変化が確認された際、速やかにリスクを除去・低減させるために行う先取り型のリスクアセスメントをいいます。

```
①　建物を設置、移転、変更、又は解体するとき
②　機械・設備を新規に採用、又は変更するとき
③　原材料を新規に採用、又は変更するとき
④　作業方法又は作業手順を新規に採用、又は変更するとき
⑤　災害が発生した場合であって、リスクの把握が不十分であると認められるとき
⑥　前回のリスクアセスメントから一定の期間が経過し、機械設備等の経年による劣化が見られる場
　　合、労働者の入れ替わり等に伴う安全衛生に係る知識・経験の変化、新たな安全衛生に係る知見の
　　集積等があった場合等、事業場におけるリスクに変化が生じ、又は生ずるおそれのあるとき
```

リスクへの対策は、ある作業において危険性が確認された場合、その時点で作業は中止すること、そして、そのリスクに対する低減措置が実施できた段階もしくは暫定措置が行えた時点で作業を再開させることが基

本となります。随時リスクアセスメントは、危険性が確認された時点で開始されるもので、その過程の中でリスクと向き合い、リスクを放置することなく、災害の芽を摘むことができる取組みです。

一方、定期リスクアセスメントは、事業所内で一定の期間を定めて、作業や設備ごとにローテーションして実施する等の方法で行われるリスクアセスメントをいいます。随時リスクアセスメントと異なるのは、上記①から⑥のような特定の出来事が発生しなくても、一定の期間ごとにリスクアセスメントを実施し、普段気が付かない職場環境の変化などにより、過去に実施したリスクアセスメントの結果に間違いがないか、新たな危険性が発生していないか等を確認し、必要に応じてリスクの低減措置につなげる取組みです。

随時リスクアセスメントと定期リスクアセスメントを組み合わせて、繰り返しリスクアセスメントを行うことにより、その事業所で働く従業員がリスクを明確に把握する能力を身に付け、危険感受性の醸成につなげられること、また、リスクに対する共通認識を持てるようになる等、本来のリスクアセスメントの効果を得られるようになります。

第3節　リスクアセスメントの実施方法

3-1　リスクアセスメント実施の流れ

リスクアセスメントを行う際のおおよその流れは次のとおりです。図に示すとおり、「リスクアセスメントの実施に係る各種情報の収集」から「リスク低減措置の検討」までを当節において説明します。「リスク低減措置の審議・決定」以降の内容については、主に安全衛生委員会等の議題となる内容であり、労働安全衛生マネジメントシステム（OSHMS）の中核をなす取組みであることから、第6章第1節で説明します。

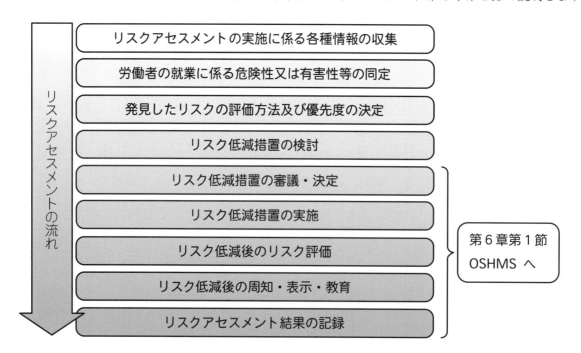

3-2　リスクアセスメントの実施に係る各種情報の収集

危険性又は有害性等の要因を同定するため、次に示す情報を収集、整理します。

イ　設備、機械等に係る仕様書又は取扱説明書

ロ　年次、月次等に行う設備、機械等の点検手順書、点検結果

ハ　化学物質等に係る安全データシート（SDS）等の労働衛生情報

ニ　安衛法等の法改正や告示・指針等の情報

ホ　作業環境測定結果

ヘ　過去の災害事例、事故、ヒヤリ・ハット報告

ト　過去の安全対策、リスクアセスメントによるリスク低減措置の実施状況

チ　危険予知（ＫＹ）活動報告

リ　安全パトロールの指摘事項

ヌ　本社、親会社、元請会社、行政等からの指摘事項

ル　その他必要な情報

3-3　危険性又は有害性等の同定

　リスクの同定とは、次に示す「危険性の分類例」、「有害性の分類例」及び「事故の型分類」やJIS B9700（ISO12100）の付属書Bに示される「危険源、危険状態及び危険事象の例」等、危険性をまとめたリスト（以下「危険性リスト」という。）と上記3-2によって収集した情報及び発見した事業所内の設備・作業環境等の危険性を一つずつ照らし合わせ、①事業所における危険性又は有害性等を明らかにすること、②危険性又は有害性ごとに災害に至るプロセスを明らかにすることです。

> 「リスクの特定」と呼ばれていた従来の方法は、危険性リストと照らし合わせる方法ではなく、リスクアセスメントを行う者が事業所内の危険性を探し出してリストアップする作業です。この方法は、危険性を見極める経験や知識を必要とし、危険性を見逃す（気づけない）というおそれもあるため、同定する方法に変化してきています。

　①では、危険性リストと機械や設備、化学物質、作業の環境、作業方法等、危険な状態や作業者の行動等を照らし合わせ、災害発生の原因となる危険性又は有害性等を同定します。

　厚生労働省は、指針の解釈通達（平成18年3月10日付け基発第0310001号「危険性又は有害性等の調査等に関する指針について」）において、次のように危険性又は有害性等の分類例を示しています。

◆危険性の分類例◆

ア　機械等による危険性

イ　爆発性の物、発火性の物、引火性の物、腐食性の物等による危険性
「引火性の物」には、可燃性のガス、粉じん等が含まれ、「等」には、酸化性の物、硫酸等が含まれること。

ウ　電気、熱その他のエネルギーによる危険性
「その他のエネルギー」には、アーク等の光のエネルギー等が含まれること。

エ　作業方法から生ずる危険性
「作業」には、掘削の業務における作業、採石の業務における作業、荷役の業務における作業、伐木の業務における作業、鉄骨の組立ての作業等が含まれること。

オ　作業場所に係る危険性
「場所」には、墜落するおそれのある場所、土砂等が崩壊するおそれのある場所、足を滑らすおそれのある場所、つまずくおそれのある場所、採光や照明の影響による危険性のある場所、物体の落下するおそれのある場所等が含まれること。

カ　作業行動等から生ずる危険性

キ　その他の危険性
「その他の危険性」には、他人の暴力、もらい事故による交通事故等の労働者以外の者の影響による危険性が含まれること。

◆有害性の分類例◆

ア　原材料、ガス、蒸気、粉じん等による有害性
「等」には、酸素欠乏空気、病原体、排気、排液、残さい物が含まれること。

イ　放射線、高温、低温、超音波、騒音、振動、異常気圧等による有害性
「等」には、赤外線、紫外線、レーザ光等の有害光線が含まれること。

ウ　作業行動等から生ずる有害性
「作業行動等」には、計器監視、精密工作、重量物取扱い等の重筋作業、作業姿勢、作業態様によって発生する腰痛、頸肩腕症候群等が含まれること。

エ　その他の有害性

②では、危険性又は有害性等に接する可能性のあるすべての人を把握し、それらの人たちが①で明らかになった危険性又は有害性等に接近することにより、どのような事故が発生する可能性があるのかを把握します。

リスクを同定する際は、あらかじめ自事業所に関係する事故の型を把握しておき、重大なリスクを見逃さないようにすることが有効です。

表2-1　事故の型分類表

番号	事故の型	内　容
1	墜落・転落	人が樹木、建築物、足場、機械、乗物、はしご、階段、斜面等から落ちることをいう。
2	転倒	人がほぼ同一平面上で転ぶ場合をいい、つまずき又は滑りにより倒れた場合等をいう。
3	激突	墜落、転落及び転倒を除き、人が主体となって静止物又は動いている物に当たった場合をいい、つり荷、機械の部分等に人からぶつかった場合、飛び降りた場合等をいう。
4	飛来・落下	飛んでくる物、落ちてくる物等が主体となって人に当たった場合をいう。

番号	事故の型	内　　容
5	崩壊・倒壊	堆積した物（はい等も含む）、足場、建築物等が崩れ落ち又は倒壊して人に当たった場合をいう。
6	激突され	飛来・落下、崩壊、倒壊を除き、物が主体となって人に当たった場合をいう。
7	はさまれ・巻き込まれ	物にはさまれる状態及び巻き込まれる状態でつぶされ、ねじられる等をいう。
8	切れ・こすれ	こすられる場合、こすられる状態で切られた場合等をいう。
9	踏み抜き	くぎ、金属片等を踏み抜いた場合をいう。
10	おぼれ	水中に墜落しておぼれた場合を含む。
11	高温・低温の物との接触	高温又は低温の物との接触をいう。
12	有害要因との接触	放射線による被ばく、有害光線による障害、CO中毒、酸素欠乏症並びに高気圧、低気圧等有害環境下にばく露された場合を含む。
13	感電	帯電体に触れ、又は放電により人が衝撃を受けた場合をいう。
14	爆発	圧力の急激な発生又は開放の結果として、爆音を伴う膨張等が起こる場合をいう。
15	破裂	容器、又は装置が物理的な圧力によって破裂した場合をいう。
16	火災	火災に関連して連鎖的に発生する現象としては、爆発とか有害物との接触（ガス中毒）などがあるが、その場合には事故の型の分類方法にしたがい爆発とか有害物との接触は火災より優先される。
17	交通災害（道路）	交通事故のうち、道路交通法適用の場合をいう。
18	交通災害（その他）	交通事故のうち、船舶、航空機及び公共輸送用の列車、電車等による事故をいう。
19	動作の反動・無理な動作	上記に分類されない場合であって、重い物を持ち上げて腰をぎっくりさせたというように身体の動き、不自然な姿勢、動作の反動などが起因して、すじをちがえる、くじく、ぎっくり腰及びこれに類似した状態になる場合をいう。
20	その他	分類する判断資料に欠け、分類困難な場合をいう。

　危険性又は有害性等から事故が発生する可能性を洗い出す際は、以下のような項目を整理して現状把握を行うと、後に行うリスクアセスメントがスムーズに行えます。

（例）・担当部署又は場所

　　　・リスクの発見方法

　　　・リスクの内容（〜するとき、〜したので、〜（災害）になる。）

　　　・既存の災害防止対策（工学的対策、管理的低減措置、保護具による低減措置）

（とりまとめ例）

担当部署又は場所	リスクの発見方法（直接入力可）	リスクの内容			現在の災害防止対策		
		〜するとき	〜したので	〜（災害）になる	工学的対策	管理的低減措置	保護具による低減措置
記載例 ○○担当 ○○係 など	ヒヤリ・ハット報告	A装置の月次点検をB測定器を用いて行うとき	高所（3m程度）に足場台で上がるので	転落災害になる恐れがある	対策なし	作業前KYの実施	作業服、安全靴、安全帽、墜落制止用器具の使用

3−4 発見したリスクの評価方法及び優先度の決定方法

　危険性又は有害性等によって起こるケガや病気が発生する可能性（発生頻度）とその度合い（重篤度）を組み合わせてリスクを見積もります。

　リスクの見積もり方法は、主にマトリクスによる方法と数値化による方法が使われることが多く、それぞれの方法でリスクを評価した後、その評価ランク又は点数により優先度を決定します。

発見したリスクの評価方法の例（マトリクスによる方法）

マトリクスを用いた方法

		負傷又は疾病の重篤度			
		致命的	重大	中程度	軽度
負傷又は疾病の発生可能性の度合	極めて高い	5	4	4	3
	比較的高い	5	4	3	2
	可能性あり	4	3	2	1
	ほとんどない	4	3	1	1

	優先度	
5〜4	高	直ちにリスク低減措置を講ずる必要 措置を講ずるまで作業停止 十分な経営資源を投入する必要
3〜2	中	速やかにリスク低減措置を講ずる必要 措置を講ずるまで作業停止が望ましい 優先的に経営資源投入
1	低	必要に応じてリスク低減措置を実施

発見したリスクの評価方法の例（数値化による方法）

数値化による方法

負傷又は疾病の重篤度

致命的	重大	中程度	軽度
30 点	20 点	7 点	2 点

負傷又は発生可能性の度合

極めて高い	比較的高い	可能性あり	ほとんどない
20 点	15 点	7 点	2 点

「リスク」＝「重篤度」の数値＋「発生可能性」の数値

リスク	優先度	
30 点以上	高	直ちにリスク低減措置を講ずる必要／措置を講ずるまで作業停止／十分な経営資源を投入する必要
10〜29 点	中	速やかにリスク低減措置を講ずる必要／措置を講ずるまで作業停止が望ましい／優先的に経営資源投入
10 点未満	低	必要に応じてリスク低減措置を実施

　次表に、リスクアセスメントの各過程（1．参照）における検討事項の取りまとめ例を示します。評価の方法はマトリクス法としています。

リスクアセスメント記録の例（マトリクス法の例）

①	②	③ 既存の災害防止対策	④ 負傷又は疾病（通常、想定される最大いもの）	⑤ 対策前				⑥ 低減対策	⑦ 低減措置後（予測）			⑧ 低減措置予定年月日	⑨ 低減措置実施年月日	⑩ 低減措置後（再測定）			⑪ 措置後の残留リスク
担当部署又は場所	「危険性又は有害性がある災害」（危険性又は有害性と人が接触する最もある状態を見つけ出して記入）	確認の順位（次の①から④の順に確認）①作業の見直しによるリスク低減 ②機械的措置 ③教育、呼びかけ、掲示 ④保護具		重篤度：致命的・重大／中程度／軽度	発生頻度：極めて高／比較的高／可能性あり／ほとんどない	リスク：4／3／2／1	優度	検討の順位（次の①から④の順に検討）①作業の見直しによるリスク低減 ②機械的措置 ③教育、呼びかけ、掲示 ④保護具	重篤度：致命的・重大／中程度／軽度	発生頻度：極めて高／比較的高／可能性あり／ほとんどない	リスク：4／3／2／1			重篤度：致命的・重大／中程度／軽度	発生頻度：極めて高／比較的高／可能性あり／ほとんどない	リスク：4／3／2／1	
○○担当 ○○係 など	A装置の月次点検を行うとき、高所（3m程度）に足場がなく、転落災害になる恐れがある。	③作業前KYの実施 ④作業服、安全靴、安全帽、安全帯の使用	頭部打撲、骨折	重大	比較的高	4	高	②1足場の床上に転落防止の手すり付き足場を使用する ②足場手すり付き足場等のものの転倒などを防止するためのアウトリガー等の装着・使用 ③監視員（作業指示者）の設置 ④安全ブロックの使用	重大	ほとんどない	3	××年○月△日	××年○月△日	重大	可能性あり	3	安全帯及び安全ブロックを使用しなければ、落下下して木床面に激突する可能性は残っているので、作業者、監視員のダブルチェックで常に落下下防止措置がとられていることを確認をする。

リスクの同定　　リスクの評価及び優先度　　リスク低減措置の検討　　措置の実施及び再評価

リスク低減

各項目の解説

①	担当部署又は場所	リスクがある場所を管理する部署、担当、係等、又はリスクがある場所を明記する。
②	「危険性又は有害性」及び「発生の恐れがある災害」	リスクの内容を明記する。
③	既存の災害防止策	現状の安全対策等の取り組み状況を整理するために明記する。
④	負傷又は疾病	負傷や疾病の程度（最悪の状態）を想定して記載することで、災害の重みを判断するために明記する。
⑤	対策前	発生の可能性及び発生した際の重篤度をとりまとめ、現状を把握するために明記する。
⑥	低減対策	リスクを低減させ、災害を防止するための具体策を明記する。
⑦	低減措置後（予測）	低減措置を立案し、災害を防止に予測した措置後のリスク評価の評価結果を明記する。
⑧	低減措置予定年月日	低減措置を予定した年月日を明記する。
⑨	低減措置実施年月日	実際に低減措置を行った年月日を明記する。
⑩	低減措置後（再測定）	低減措置を行った後のリスク評価結果を明記する。
⑪	措置後の残留リスク	リスク低減に残留したリスクを明記し、その後の現場作業で周知する注意事項等を明記する。

第2章　労働災害防止の科学

3-5 リスク低減措置の検討の決定方法

法令に定められた事項の実施（該当事項がある場合）

① 危険性又は有害性等を除去又は低減する措置
　危険な作業の廃止・変更、危険性又は有害性等の低い材料や化学物質への代替、より安全な施工方法への変更等、危険性又は有害性等を除去又は低減させます。

② 工学的対策（第4章を参考）
　ガード、インターロック、安全装置、局所排気装置等により、作業者が危険性又は有害性等に接触できないようにします。

③ 管理的対策（第3章第2節から第6節を参考）
　管理的対策は、作業の標準化、作業手順書の使用及び安全教育、機械等の点検等により、災害が発生する可能性を軽減します。
　管理的対策の例を次に示します。

　イ　作業方法の改善
　　・ばく露状態を低減させるための作業環境の改善
　　・運搬の二人作業化
　　・作業台車、クレーン、フォークリフト等の使用
　ロ　作業手順の適切化、標準化
　　・作業手順書の作成
　　・設備の作業開始前点検表の作成
　ハ　日常・計画的点検の実施
　　・作業開始前点検
　　・日常的な点検の実施、定期自主検査等
　ニ　5S（整理、整頓、清潔、清掃、しつけ）の徹底
　ホ　立入禁止措置（施錠、ガード、柵等の囲い等）
　ヘ　表示・使用者への情報提供（立入禁止表示、酸欠・ガス等発生場所の表示、安全帯使用の注意喚起表示等）
　ト　安全教育の実施（雇い入れ時の教育、特別教育、技能講習、災害時対応、避難訓練等）
　チ　規制/危険物質使用エリアにおける飲食、喫煙等の禁止等

④ 個人用保護具の使用（第3章第1節を参考）
　上記①から③の措置を講じても、除去・低減しきれなかったリスクにのみ使用します。作業者が適切に使用すれば、危害の重大性を軽減できます。

イ　作業服	ト　耳栓、イヤーマフ
ロ　安全靴	チ　防塵マスク・防毒マスク
ハ　作業帽、安全帽（ヘルメット）	リ　空気呼吸器
ニ　安全メガネ、ゴーグル	ヌ　絶縁用保護具
ホ　手袋	ル　溶接用保護具
ヘ　安全帯、安全ブロック	ヲ　その他

高
低減措置の検討の優先順位
低

　上図は、リスクを低減させる措置を検討する上での優先順位を示しています。法令に定められた 実施すべき事項がある場合は必ず実施し、次に優先順位が高い「①　危険性又は有害性等を除去又は低減する措置」から検討して下さい。①で対策が取れなかった場合やリスクが十分に低減できなかった場合に、「②　工学

的対策」を検討します。（工学的対策の基本的考え方は、第4章「安全のための技術」で説明します。）

以下同様に「③　管理的対策」、「④　個人用保護具の使用」の順に検討します。

④については、リスクの同定により明らかになった災害の内容により、その危険性から身を守るという視点、作業性を損なわないという視点等の条件を勘案して選択する必要があります。なお、④の措置により、①～③の措置の代替にはならないので安易に選択することがないよう注意する必要があります。

また、③及び④は作業者に依存した対策であるため、措置後の災害発生の可能性に関する度合い（リスクレベル）は、変わらないことに留意する必要があります。

次章で、リスク低減措置に記載している管理的対策の具体的な内容や保護具について説明します。

3－6　リスク低減措置の実施及び実施結果の活用

3－5で検討したリスクを安全衛生委員会で検討し、リスク低減措置を実施することになりますが、リスク低減措置後に、再度リスク評価を行い、その妥当性を検証します。

実施結果は、リスク低減措置及び残留リスクが確認された場合のリスクの内容を従業員に教育し、作業場の見えるところに掲示するなど、安全作業を徹底します。

リスク低減措置の検討から実施結果の活用までの一連の流れ及びその取り組みをスパイラルアップさせるための行動（PDCA）については、第6章の労働安全衛生マネジメントシステムによる安全衛生活動で説明します。

トレーニング問題

リスクアセスメントの実施方法に基づき、下記の問で、リスクアセスメントをリスクの低減措置の検討まで行ってください。

（問1）右図は2階から1階へ下る状態で運転されているエスカレータです。

（1）この図から想定できる危険性を同定してください。

（2）同定した危険性に対しリスク評価を行ってください。

（3）評価したリスクを低減させるためのリスク低減措置を検討してください。

（問2）

※問2は、第5章第1節を学習した後に解答してください。

表5－2（P.101）に卓上ボール盤の点検項目例を示しています。

（1）この点検項目例から想定できる危険性を同定してください。

（2）同定した危険性に対しリスク評価を行ってください。

（3）評価したリスクを低減させるためのリスク低減措置を検討してください。

第3章 安全確保の基本行動

　この章では、作業者が安全確保上留意すべき基本行動について説明します。

　作業者は、絶対安全、すなわちリスクゼロがありえないことを前提に、手工具、機械・設備等の使用の利便性と危険性を考慮し、災害発生のリスクが許容可能な水準となるまで正しい使用法等を習熟する必要があります。

　一般に、手工具、機械・設備等を用いた作業の安全は、人的要因の側面からは技能・技術の水準を教育訓練で高めて確保しますが、この側面には、作業の点検・準備、標準作業の励行に加え、作業の服装や環境整備まで含まれています。

　作業に当たっては、常に作業者のヒューマンエラーや慣れという心理的な残留リスクがあるとの認識を持って行動する必要があり、図3-1に示す一般的な作業の流れにおける労働災害発生の要因等に留意します。さらに、労働災害発生の主な原因は、表3-1に示す機械や物の不安全な状態【物的要因】及び労働者の不安全な行動【人的要因】です。これらの原因回避の基本行動を学ぶため、ここでは、この表の物的要因のうち下線で示す③物の置き方、作業場所の欠陥、④保護具、服装等の欠陥、⑦作業方法の欠陥について、人的要因のうち、下線で示す⑦保護具、服装等の欠陥、⑨その他の不安全な行為、⑪誤った動作について説明します。

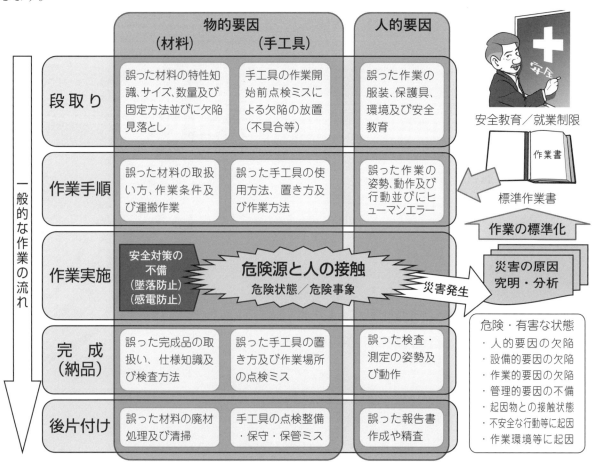

図3-1　一般的な作業の流れにおける労働災害発生の要因等

表3－1　労働災害発生の主な原因

機械や物の不安全な状態【物的要因】	労働者の不安全な行動【人的要因】
① 物自体の欠陥 ② 防護装置・安全装置の欠陥 ③ **物の置き方、作業場所の欠陥** ④ **保護具、服装等の欠陥** ⑤ 作業環境の欠陥 ⑥ 部外的・自然的不完全な状態 ⑦ **作業方法の欠陥** ⑧ その他	① 防護・安全装置を無効にする ② 安全措置の不履行 ③ 不安全な状態を放置 ④ 危険な状態を作る ⑤ 機械、装置等の指定外の使用 ⑥ 運転中の機械、装置等の掃除、注油、修理、点検等 ⑦ **保護具、服装等の欠陥** ⑧ 危険場所への接近 ⑨ **その他の不安全な行為** ⑩ 運転の失敗（乗物） ⑪ **誤った動作** ⑫ その他

　この基本行動は、安全第一の意義を理解し、災害の原因となる物的要因と人的要因を回避する正しい作業方法を習熟したうえで、常に安全確保を意識しながら、実践する必要がありますので、しっかり身に付けましょう。

　また、基本行動は、生産活動の側面としてコストを抑え、原材料の無駄を省き、効率的かつ安全な標準作業の成果が利用者の便益、効用、快適性を高め、企業組織全体の信用や技術力の向上にもつながります。

第1節　作業服装と保護具 ……………………………………

1－1　作業服装

　作業服装の着用は、労働災害防止の第一歩であり、作業に臨むに当たっての基本的な心構えの一つです。

　作業服装に求められる要求性能は、表3－2のとおりです。

　これらの作業服装は、作業者が作業を安全かつ効率的に行うとともに、サービスの質向上に向けたプロの意識付けや卓越した職人、有資格者等を印象付けます。

表3－2　作業服装に求められる要求性能

No	要求性能	目的と内容	項　目
1	活動機能性	動き易さと疲労軽減	(1) ストレッチ性　(2) フィット性 (3) 動作追従性　(4) 軽さ
2	生理快適性	被服内の快適さ	(1) 吸汗, 速乾　(2) 制電　(3) 通気, 透湿 (4) 保温　(5) 防水, 撥水
3	安全衛生性	人体の保護と安全衛生	(1) 強度　(2) 形態安定　(3) 外観保持
4	耐久性、取扱い性	着用寿命の長さ、洗濯・手入れの容易さ	(1) 形態安定　(2) 外観保持　(3) 汚れ除去性 (4) 洗濯後のしわの残り具合
5	質感・デザイン性	美的感覚の満足度と作業能率の向上	(1) 良質, 絵柄　(2) 外観, 風合　(3) デザイン

第3章　安全確保の基本行動

No	要求性能	目的と内容	項　　目
6	象徴性、帰属性	集団の象徴表示、所属、階級役割の明示（制服機能）	(1) 識別　(2) 表示

さらに、業種固有の作業環境に応じた作業者の安全確保及び不良品の発生防止のためには、表3－3に示す業種に適用する作業服を着用します。

表3－3　業種に適用する作業服

No	種　類	適応目的	主な適用業種
1	静電気帯電防止作業服	静電気による可燃ガス、粉じんへの引火爆発防止	・石油精製、ガス製造 ・有機薬品、塗料製造 ・ガソリンスタンド
		静電気による電撃、絶縁破壊防止	・電子部品、フィルム製造 ・情報、通信関係
2	防塵、無菌服	塵埃付着、静電気による不良品発生防止	・電気計測機器、精密機器 　電子部品（IC,LSI）製造 ・情報、通信関係
		塵埃、菌による汚染、変質、腐敗、感染防止	・食料品製造 ・医療　・医薬品製造
3	防炎、耐熱服	溶融金属、火花の飛散に対する人体保護	・製鉄　・溶接作業
		高熱、炎に対する人体保護	・消防活動 ・パイロット
4	耐薬品服	酸、アルカリ、有機薬品に対する人体保護	・製鉄、めっき作業 ・医薬品、化粧品製造
5	放射線防護服	放射線やR.I.（ラジオアイソトープ）からの人体保護	・原子力発電所 ・R.I. 取扱い作業
6	導電服	高圧送電の活線保守作業による静電誘導障害防止	・超高圧送電作業

各事業場においては、作業の種類ごとに作業服装基準等を定め、この基準等により作業者一人ひとりが服装を管理しながら、作業帽、保護具、作業服等を正しく着用し、次に示すチェックを徹底する必要があります。

① 作業開始前には、作業服の大きさ、破れ、ほころび、汚れ具合、ボタン、上着の袖口や端、ズボンの裾等をチェックし、正しい作業服着用の身なりをチェックする。
② 作業に適した作業帽や安全靴であるかをチェックする。
③ 作業に必要かつ法令で定められた保護具の正しい装着の身なりをチェックする。
④ 着用後の動きやすさ、清潔さ等をチェックする。

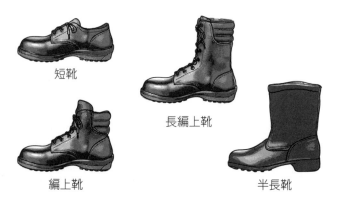

図3－2　安全靴の形状

作業帽の主な役割は、頭の簡易な保護、髪の毛やふけの混入防止、髪の毛の乱れや機械への巻き込み防止です。

　安全靴は、作業環境に合わせて選ぶ必要があり、例えば、滑りやすい床面での作業が多ければ、耐滑性の優れた靴を選択します。安全靴の形状を図3-2に安全靴の特徴と機能を表3-4に示します。

　さらに、靴の脱着性を高めたファスナー仕様やマジックバンド仕様などがあります。

表3-4　安全靴の特徴と機能

安全靴の形状	主な特徴と機能
短靴	形状的に動き易く、一般的に使用される
編上靴、長編上靴	アキレス腱やくるぶしを保護し、丈寸法はさまざまなタイプがある
半長靴	脱着が容易で、外部から水、ほこりなどの侵入を防止する

　安全靴の構造の特徴は、つま先部の保護に必要な鋼製の先しんの装着です。最近では、安全靴の軽量化や履き心地の向上のため、軽量の強化樹脂製の先しんが使われています。

　JIS規格に定める安全靴の甲被は、革製（牛革）と総ゴム製（耐油性ゴム、非耐油性ゴム）であるため、甲被に人工皮革やビニルレザー等を使用した製品は、図3-3に示すとおり、「安全靴」でなく、プロテクティブスニーカーと呼ばれます。

　安全靴の主な安全性能は、表3-5のとおりであり、この性能の差により、H種（重作業用）S種（普通作業用）、L種（軽作業用）に分けられます。

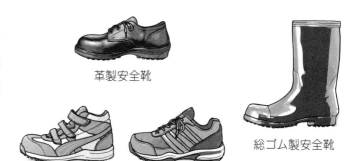

図3-3　安全靴とプロテクティブスニーカー

表3-5　安全靴の主な安全性能

主な安全性能	内　容
耐圧迫性	圧迫に対してつま先を守る性能であり、この試験方法は、靴のつま先部を平行な盤にはさんで、ゆっくりと圧迫力をかけ、つぶれた状態で判断します
耐衝撃性	物体の落下時に対してつま先を守る性能であり、この試験方法は、先端がくさび形の20kgの錘を規定の高さからつま先の先しん部に落下させ、へこみ状態で判断します
耐踏み抜き性	靴底面から突起物などの踏抜きを防止する性能であり、これは、釘やその他の突起物がある作業環境に必要な性能です
かかと部の衝撃エネルギー吸収性	かかと部の衝撃を和らげる性能であり、これは、歩行が多い作業環境における疲労軽減に必要な性能です

　安全靴は、万が一の際に足指を守る保険ですので、作業時の着用及び正しい装着の励行を心掛けてください。

さらに、安全靴の点検は、甲被に破れはないか、靴底の意匠（トレッドパターン）が著しく摩耗していないか、表底の曲げ・細かい亀裂等の劣化がないか、などであり、問題を発見した時は速やかに交換して下さい。

1−2　保護具

保護具は、機械・設備の改善、環境の改善等でも防げない危険から身を守るため、作業内容に応じて装着します。

作業者の安全を確保するためは、第2章第3節（P.24）で示したように、①危険性又は有害性等→②工学的対策→③管理的対策の順序で安全対策を考え、改善しても防げない危険が残存する場合、保護具が身を守る最後の砦となるので、必ず装着して下さい。

例えば、溶接作業では、アーク光、アーク熱、スパッタ、スラグ、電撃（感電）等、災害を被る危険性がある作業点に作業者が近付かないように改善することができないので、作業者は、最後の砦として、溶接用保護手袋、保護眼鏡、遮光保護具、溶接用保護面、安全帽、防塵マスク等の保護具を使用し、安全に留意して作業を行います。

さらに、事業者は、労働安全衛生法の定めにより、一定の作業環境下の作業者に表3−6に示す保護具を使用させなければなりません。

図3−4に作業ごとの保護具の例を図3−5に墜落制止用器具の例を図3−6に保護眼鏡の例を示します。

表3−6　保護具の種類と主な作業

No.	保護具の種類	主な作業	主な関係条文
1	作業帽	機械に巻き込まれるおそれのある作業	安110条
2	保護帽	100kg以上の荷の貨物自動車への荷の積卸し作業 木造建築物の組立て等作業 足場の組立て等の作業 クレーンの組立て・解体作業	安151条の70 安517条の13 安566条 ク33条
3	目・顔面保護具	加工物等の飛来危険防止の覆い等がないときの作業 切削屑の飛来等危険防止の覆い等がないときの作業 アセチレン溶接装置による溶接作業（保護眼鏡） アーク溶接等強烈な光線を発散する作業（遮光眼鏡）	安105条 安106条 安312条 安325条
4	耳の保護具	強烈な騒音を発する場所における作業（耳栓・耳覆）	安595条等
5	手の保護具	皮膚に障害を与える物を取り扱う作業（不浸透手袋） アセチレン溶接装置による溶接作業（溶接用保護手袋） ガス集合溶接装置による溶接作業（溶接用保護手袋）	安594条等 安312条 安313条
6	足の保護具	静電気帯電防止用作業靴 通路等の構造、作業に応じた作業靴 皮膚に障害を与える物を取り扱う作業の靴	安286条の2 安558条 安594条等
7	体の保護具	溶鉱炉等の高熱物を取り扱う作業（耐熱服） 静電気帯電防止作業服 皮膚に障害を与える作業、寒冷作業等（保護衣）	安255条 安286条の2 安593条等

No.	保護具の種類	主な作業	主な関係条文
8	墜落制止用器具	鉄骨の組立て等作業 木造建築物の組立て等作業 足場における高さ2m以上の作業 足場の組立て等作業	安517条の5 安517条の13 安563条 安564条等
9	救命具	船舶による労働者の輸送作業 水上作業	安531条 安532条
10	絶縁用保護具	高圧活線作業 絶縁用防具の装着等作業 低圧活線作業	安341条 安343条 安346条
11	救護用呼吸器等	ずい道等の作業のとき（空気呼吸器、酸素呼吸器） 炭酸ガスのある坑内での人命救助の作業等（空気呼吸器、酸素呼吸器、送気マスク）	安24条の3 安583条
12	防じんマスク	粉じん作業等 特定化学物質取り扱い作業等 特定粉じん作業等	安593条 特43条 粉27条等
13	防毒マスク	ガス・蒸気を発散する有害な作業 四アルキル鉛製造作業等 放射線管割区域で行う放射線業務の作業等	安593条 四2条等 電38条

（注）表中の法令略語は、（安）が労働安全衛生規則、（ク）がクレーン等安全規則、（特）が特定化学物質障害予防規則、（粉）が粉じん障害防止規則、（四）が四アルキル鉛中毒予防規則、（電）が電離放射線障害防止規則です。

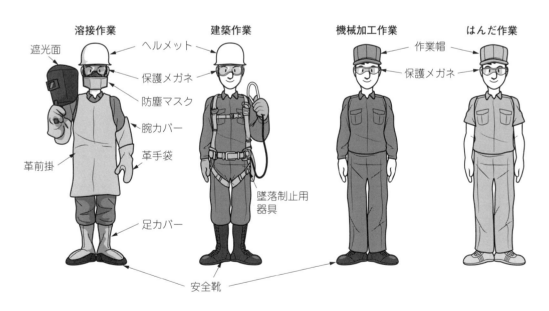

図3-4 作業ごとの保護具の例

第1節 作業服装と保護具

浮遊粉塵・液体飛沫防止用
＜ゴーグル形＞

飛来物・液体飛沫防止用
＜スペクタクル形＞

図3-5 フルハーネス型の墜落制止用器具　　　　図3-6 保護眼鏡の例

保護具装着による安全を維持・確保するためには、作業開始前の保護具の点検が重要であり、この点検内容を表3-7に示します。さらに、服装及び墜落制止用器具装着のチェックポイントを図3-7に示します。

表3-7　主な保護具の作業開催前の点検内容

No	保護具	作業開始前の点検内容
1	保護帽	(1) 帽体にひび、割れ、傷、汚れなどがないか、(2) 環ひもを調節していないか（禁止事項）、(3) 帽体内部のひものまくれ、剥離などがないか、(4) 帽体とヘッドバンドの間隔は5mm以上か、(5) ヘッドバンドを頭の大きさに合わせて調節し、あごひもはしっかり締めたか、(6) 締めた後、あごひもがロックしているか
2	保護眼鏡	(1) レンズに傷がないか、(2) フレームの蝶番やネジの緩みがないか、(3) 顔と眼鏡がしっかり密着しているか、(4) ゴーグル形のヘッドバンドのゴムひもが伸びていないか
3	電気用のゴム手袋	(1) ピンホール、切り傷、破れなどがないか、(2) 部分的に引張って、ひび、割れなどのゴム質の劣化がないか、(3)『空気テスト』の結果は大丈夫か（ゴム手袋の袖口から空気を吹き込み、手首あたりで止めて、膨らんだ部分を押して空気の漏れをチェックする）
4	墜落制止用器具	(1) ロープに損傷がないか、(2) ベルトの締め具合はどうか、(3) 取付け場所が腰から上の位置か、(4) 高さ2メートル以上の箇所であって、作業床を設けることが困難なところにおいて、フルハーネス型の墜落制止用器具を用いる作業に労働者を就かせるときは、次の特別教育を行う。 | 科　目（学科及び実技） | 時　間 | |---|---| | 1 作業に関する知識 | 1時間 | | 2 墜落制止用器具（フルハーネス型に限る）に関する知識 | 2時間 | | 3 労働災害の防止に関する知識 | 1時間 | | 4 関係法令 | 30分 | | 5 （実技）墜落制止用器具の使用方法等 | 1時間30分 |
5	防じんマスク	(1) 吸気弁、面体、排気弁、しめひも等に破損、き裂、著しい変形がないか、(2) 吸気弁、排気弁及び弁座に粉じん等が付着していないか、(3) 吸気弁及び排気弁が弁座に適切に固定され、排気弁の気密性が保たれているか、(4) ろ過材が適切に取り付けられているか、(5) ろ過材が破損したり、穴が開いていないか、(6) ろ過材から異臭が出ていないか、(7) 予備の防じんマスク及びろ過材の用意があるか、(8) 着用時に漏れがないか

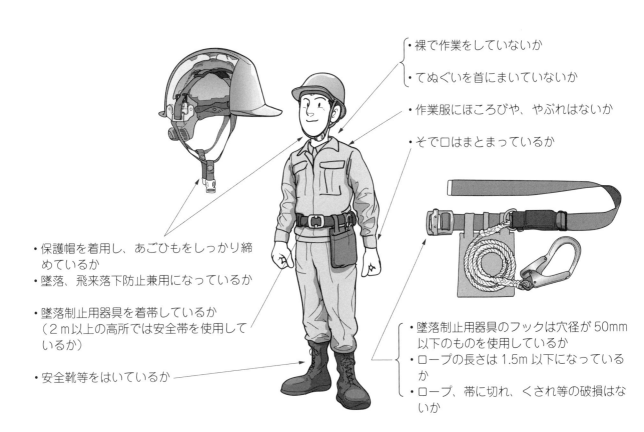

図3－7　服装及び墜落制止用器具装着のチェックポイント

第2節　作業環境の整備

2－1　リスクや欠陥のない作業環境及び環境改善

　作業環境の欠陥やリスクは、事故や災害の導火線になるばかりでなく、熱中症、白ろう病、鉛中毒、酸素欠乏症、腰痛などの健康障害につながるので特段の注意が必要です。

＊第6章で詳細を示します。

　事業場の気温、湿度、気流、採光などの環境条件には、人間が最も働きやすい至適条件がありますが、騒音、ガス、蒸気、粉じん、電離放射線などは環境そのものが健康に悪い影響を与えます。

　労働衛生を支える作業環境の条件を最適にすること、すなわち温度や照明を最も働きやすい状態に改善したり、また有害なガス、蒸気、粉じんの発散をおさえたり、減少させたりして作業環境を良くすることを「環境改善」といいます。

2－2　整理整頓（2S）

　職場や作業現場において、モノが乱雑に置かれた状態や廃棄を怠った不要物が山積みされた状態等が常態化すると、そこで働く労働者は、その状態に慣れ、危険であることに気付かなくなり、さらには、ほこり、換気、採光、温度等の作業環境の悪化による労働者の健康障害も懸念されます。

　この状態を改善する整理整頓は、災害や事故を防止する労働安全の基本であり、今すぐに誰でもできる取

組みです。次に示す基本行動を励行することにより、職場内が良く見えるようになり、災害や事故につながる不安全な状態の顕在化が進みます。

① 不要物は捨てる。　　　　　② 決められた場所に置く。
③ 使い終わったら元に戻す。　　④ 後始末をきっちり行う。

整理整頓の主な目的は、「安全管理」と「作業効率アップ」であり、特に製造現場では、ケガや重大な事態を招く人身事故防止の取組みとして重要です。

また、作業効率・生産効率を上げるためには、次の項目のムダを徹底的に排除する整理整頓が必要です。

① ものを探すムダをなくす　　　② 商品や仕掛品のロスのムダをなくす
③ 生産効率を上げるため、作業スペースを確保して、動作や運搬のムダをなくす
④ 正確性を上げるため、ムダやムリな動作をなくし、不良品のムダをなくす

さらに、物の置き場所、置き方、数量等に加え、日々の作業終了後の一斉片付け、常時行う片付け等の基準をつくり、労働者一人ひとりがこの基準に沿って計画性をもって積極的に取り組むことが重要です。

物の置き方では、安全性、高さ、荷くずれやころがりの防止、種類別仕分け等に留意し、道路、通路上、非常口前の積置きを禁止し、安全通路の確保に加え、危険物の保管状況、水たまりや凹凸の補修状況、不要材や廃材の整理状況等の確認を心掛けます。

図3－8に工具等の整理整頓の例を示します。

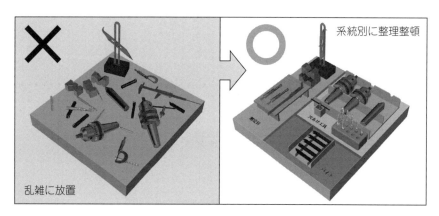

図3－8　工具等の整理整頓の例

図3－9に建設現場における整理整頓の例を示します。

図3－9　建設現場における整理整頓の例

2-3　5S活動

　5S活動は、安全で健康な職場づくり、そして効率的な作業や生産性の向上をめざす活動であり、表3-8に示すとおり「整理」、「整頓」、「清掃」、「清潔」、「しつけ（習慣化）」の5つを日常的に実践することです。「しつけ（習慣化）」を除く4S活動も広く行われています。

表3-8　5S活動

5S	具体的な内容
整　理	必要なものと不要なものを分けて、不要なものを処分すること **【必要なものをしっかりそろえて、無駄なものはなくす】**
整　頓	必要なものを決められた場所に決められた量だけ、いつでも使える状態に、容易に取り出せるようにすること **【決められた場所に、決められたものを保管する】**
清　掃	ゴミ、汚れを取り除くとともに、水濡れ、油汚れをふき取って作業場所、機械設備、床、机上等をきれいに清掃すること **【いつもきれいに掃除する】**
清　潔	職場や用具などをきれいに清掃した状態を維持し、作業者自身も身体、服装、身の回りを汚れの無い状態に保つこと **【衛生的でいつも汚れがない状態にする】**
しつけ （習慣化）	決められた服装、作業手順、清掃方法、挨拶などいつも正しく行えるよう習慣化すること **【決められたことを、正しく守るための習慣づけ】**

　また、この5S活動に係る国内企業の取組みを見ると、日本電産グループが「作法」を加えた6S活動、東芝グループが「しっかり」と「しつこく」を加えた7S活動等があります。

第3節　各作業における安全の基本……………………………

3-1　手工具の使用方法

　食材の切断、切り分け、成形によって便益、効用、快適性等を得るためには、包丁、ナイフ等の刃物を使います。一方では、この刃物による災害が発生し、これに応じた対策が考えられ、例えば、安全対策のため鋭利な刃部をつぶすと、刃物としての機能が低下して、使い物になりません。この一例として、飛行機の機内食用のナイフやフォーク等がスチール製からプラスチック製に代わり、ハイジャック防止には効果がありますが、食べづらいという声もあります。この場合、ナイフを持って暴れる致命的なケガのリスクは低減しますが、ツーリストの快適性や便益が失われ、どのレベルが許容可能かという評価が必要です。

　調理用包丁や作業用手工具等は、危険なものですが、不注意による切れ・こすれのリスクと材料の切断・加工のメリットとを比較し、危険性（残留リスク）を認識しながら正しく使うことで、リスクを低減し大きなメリットが得られます。このメリットを最大化し、リスクを低減するためには、不慣れな人に対する基本的な訓練の徹底とともに、危険な状態を作らず、万が一、危険事象が発生しても回避できる技能を高める訓

練が必要です。

ここで、厚生労働省の「労働者死傷病報告」による平成27年の労働災害発生状況を見ると、全産業の死傷者数116,311人のうち、「手工具」を起因物とする災害発生が3,145人であり、このうち76.1%の2,393人が「切れ・こすれ」です。

この「手工具」による「切れ・こすれ」災害（2,393人）は、「切れ・こすれ」災害全体（8,423人）の28.4%を占めていることから、「切れ・こすれ」につながる作業者の誤った行動及び手工具の危険源を十分に理解した上で、手工具の正しい使用方法を習得する必要があります。

ここでは、「切れ・こすれ」災害が多い手工具のうち大工作業の鑿（ノミ）、ドライバー及びスパナを例にとり、正しい使用方法について説明します。これらの工具を含め、実際の手工具の正しい使用方法については、指導者からの実技指導によって習得できるものです。

（1）鑿（ノミ）の使い方

ノミは、木材にほぞ穴を彫ったり、削ったりする工具であり、金づち（ゲンノウ）で叩いて彫る「叩きノミ」と金づちを使わず、手で突いて彫ったり、ホゾ穴の仕上げや小刀・彫刻刀と似た用途に使う「突きノミ」があります。

＜ノミ使用時の注意事項＞

ノミ使用時の注意事項は、表3－9に示すとおりであり、作業する形状や目的に応じた身幅（刃の幅）や種類のものを選んで使用します。

図3－10にノミ作業の基本を示します。

表3－9　ノミ使用時の注意事項

区　分	注意事項
ノミの握り方	叩きノミには、ゲンノウで叩いたときに柄頭が割れないように鉄の輪（カツラ）がはまっている。ノミの握り方は、左手でカツラのすぐ下を握り、右手でゲンノウを握る。
	突きノミは、必ず両手で持つ。ケガが多く、特に刃の進行方向に手を出すと危険なため、両手で持つことを遵守する。
ゲンノウの打ち方	ゲンノウの打撃面は、平らな側を使い、ノミの中心軸に合わせて、真っすぐ振り下ろす。ゲンノウがノミから滑ると手を打つ危険性がある。
姿　勢	ノミの刃の前に手や足を置かない。構えたノミの延長線上に身体の一部がかからないようにする。
	叩きノミにゲンノウを当て、ゲンノウの柄がノミに直角になる位置を探して打つ姿勢を決める。疲れたときなどに、手を打つのは、知らぬ間にゲンノウを持つ側のひじが下がってしまうためである。
木材の固定	木材を固定して作業をする。 基本としては、作業台に木材をクランプで固定する。
座り方	作業台や木材の上に座るとき、またがって座ると太ももをケガしやすいため、横座りをする。（足はそろえて作業台や木材の右側に腰かけ、体を少し左側にひねって、正面を向く。）

ノミやカンナなどの大工道具は、刃先の磨耗、欠け等により、木材に食い込む鋭利さを失い、作業効率や精度の低下に加え、災害の危険性が増します。刃先の鋭利さを再生し切れ味を維持するためには、刃先の研削、研磨が必要です。

どんな名工の刃物でも欠けない、磨耗しない刃物はないので、大工作業や木工作業においては、研ぎを覚え、道具を使いこなすことが安全につながります。

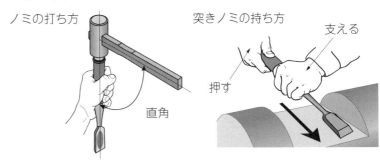

図3－10　ノミ作業の基本

（2）ドライバーの使い方

ドライバーは、小ねじや木ねじの締付けや取外しをする工具であり、先端の形状や使用目的によって、十字（プラス）、一文字（マイナス）、六角、スタッビ、ラチェット、インパクトなどがあります。

誤った使い方は、ねじを傷めるだけでなく、製品の性能低下の原因にもなり、締付け後の経年とともに、ねじが緩み、思わぬトラブルの原因にもなります。

＜ドライバー使用時の注意事項＞

① ドライバーは、ねじの溝に合った寸法のものを使う。ねじの溝に合ったものを使わないと力を入れたときに、ドライバーがねじの溝から外れて、思わぬけがをしたり、ねじの溝が壊れ、締めにくくなったり、外しにくくなったりする（図3－11）。

図3－11　ドライバー使用時の注意事項1

② ドライバー使用の前には、刃先の欠けや割れ、ひびがないか、またハンドルが破損していないかを確認する（図3－12上図）。

③ ドライバーの刃先を加熱・加工などすると、著しく品質が低下するので、改造はしない。

④ 無理な姿勢で作業をしない。常に足元をしっかりさせ、バランスを保つようにする。

⑤ ドライバーを鏨（タガネ）の代用として、ハンマで叩いたり、物をこじったりしない（図3－12中図）。

⑥ ねじを締めるときに、片手に材料、片手にドライバーを持って使用しない。例えば、片手に電気のテーブルタップなどを持ち、片手にドライバーを持って使用すると、ドライバーとねじが不安定でまっすぐにならず、ドライバーが外れて思わぬけがをする（図3－12下図）。

図3－12　ドライバー使用時の注意事項2

⑦ 電気作業の時は、絶縁されたドライバーを用い、ショート事故や感電事故などの防止のため、必ず元の電源を遮断して作業する（図3－13）。

⑧ ドライバーの柄や手が油で汚れていると滑るので、よく汚れを落としてから使用する。

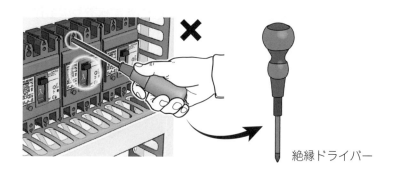

図3－13　ドライバー使用時の注意事項3

⑨ 木ねじを締め付けるときは、はじめに木ねじをハンマで叩いて、木材にまっすぐに立てておき、木ねじに左手を軽く添え、右手でドライバーを回しながらねじ込む。この時にあまり力を入れて押しつけると木ねじが倒れる。また、硬い木や大きい木ねじの場合は、先に穴をあけておくとよい。

（3）スパナの使い方

スパナは、開口部の2つのアゴで六角ボルトやナットを回し、組付けや取外しをする工具です。形状によって、両口、片口、片目片口などがあり、誤った使い方は、ボルトやナットの頭を傷めるだけでなく、所定の締結強度が確保できなくなります。

- 両口スパナは、両端に開口部があり、異なったサイズ（例えば、10mm×12mm）で構成されている。
- 片口スパナは、機械の調整ネジなど、決まったねじサイズを回すために使用する。
- 片目片口スパナは、両端に同じサイズのスパナとメガネレンチを備えている。

＜スパナ使用時の注意事項＞

① ボルトやナットの頭のサイズに合ったものを使い、回す際は、確実に開口部のアゴの奥まで頭を入れる（図3－14左図）。

② スパナが外れたり、ボルトやナットの頭をなめないよう、頭の面に対してスパナを水平に入れる。スパナを斜めにかけて使用しない（図3－14右図）。

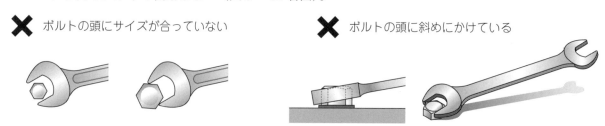

図3－14　スパナ使用時の注意事項1

③ スパナは、開口部の短いアゴの方向に回す。回し方は、げんこつ握りでスパナがボルトやナットから離れないよう円の内側へ引きつけて回す。スパナを接線方向に引っ張って回すと、ボルトやナットをなめやすくなる（図3－15左図・中図）。

④ スパナを握ってボルトやナットを緩めると緩んだ瞬間に手を近くの部位に打ちつけることがある。引いて使用できない場合は手の平で押す（図3－15右図）。

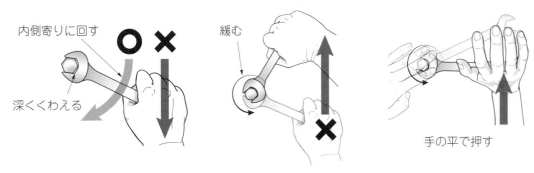

図3－15　スパナ使用時の注意事項2

⑤　スパナを2丁つなげたり、パイプ等を継ぎ足して使用しない（図3－16左図）。
⑥　ハンマ等で叩いて衝撃を加えたり、ハンマの代わりとして使用しない（図3－16右図）。

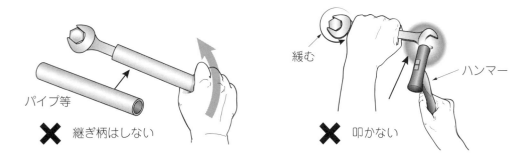

図3－16　スパナ使用時の注意事項3

3－2　人力による運搬作業

　資材、部品、工具等荷物の人力による運搬には、全重量を一人の労働者が支えて運搬する作業や上げ下ろしする作業等があり、作業の頻度や規則性から断続作業、継続作業、臨時作業等に分けられます。
　運搬する作業、上げ下ろしする作業及び二人以上による共同運搬作業においては、次の留意事項を遵守し、災害防止のため荷物の正しい持ち上げ方の徹底が必要です。

（1）運搬作業における留意事項

①　作業者の負担を軽減するため、自動装置や台車等運搬用具を適切に使用すること。この運搬用具は、作業開始前の点検整備を行うこと（図3－17）。

図3－17　運搬作業の留意事項

②　運搬中のつまずき等防止のため、足元付近の整理整頓を行うこと。

③ 一人で手持ち運搬する場合は、視界が遮られるような形状のものは運搬しないこと。
④ 長い物やかさばるものを運搬する場合は、あらかじめ運搬コースに危険な箇所または段差や開口部等の障害物がないことを確認し、曲がり角や通路の交差箇所では一旦停止し、安全確認後、大きな声で注意を喚起し、衝突を防止すること。
⑤ 荷物が取り扱いやすく、かさばらないようにし、箱入りや梱包した物は、中身が抜けないように注意すること。
⑥ 小物及び包装不完全なものを運搬する場合は、荷崩れを防止するため、補助箱又はパレットを使用すること。
⑦ 作業者への注意喚起のため、取り扱う荷物の品名表示や重量物の重量表示をすること。
⑧ 重量物取扱いの運搬時間を軽減するため、他の軽作業等と組み合わせたり、取り扱う物の重量、頻度、運搬距離、運搬速度等の作業実態に応じた小休止や休憩を計画的に設けること。

(2) 上げ下ろし作業における留意事項

① 床面等から荷物を持ち上げる場合は、片足を少し前に出し、膝を曲げ、腰を十分に降ろして当該荷物を抱えて、膝を伸ばしながら立ち上がること。
② 重量物を持ち上げる場合は、横または斜め方向から持ち上げず、膝を曲げ腰を低く構え、荷物の正面で手をなるべく深く掛け、背骨が垂直になる（背筋を真直ぐ立てる）ようにゆっくり持ち上げること（図3－18左図）。
③ できるだけ身体を荷物に近付け、重心を低くする姿勢をとり、荷物が滑らないようにしっかり掴むこと。
④ 荷物を持った場合は、背を伸ばした状態で腰部のひねりが少なくなるようにすること。
⑤ 重い物を下ろす場合は、まず下敷き（まくら）を置き、乱暴に扱って物を破損しないようにすること。
⑥ 積荷の置き方は、できるだけ低く安定よく置き、転びやすいものや倒れやすいものは必ず支え台や歯止めをする。また、金属類の滑り止めや積み重ねには、金物を使わないこと（図3－18右図）。

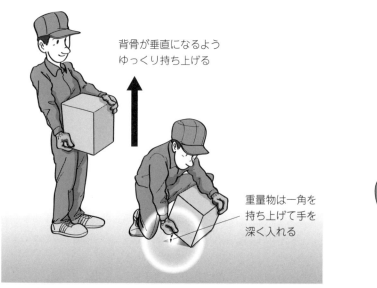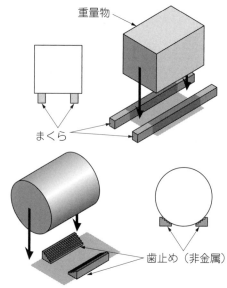

図3－18　上げ下ろし作業の留意事項

(3) 二人以上による共同運搬作業における留意事項

① 共同で荷物を運搬する場合は、リーダーを決め、リーダーの合図で呼吸を合わせて作業をすること（図3－19左図）。また肩に担ぐときは全員が同じ側の肩で担ぎ、力が平均に掛かるようにすること。な

お、運搬途中で相手に無断で力を抜かないこと。
② 方向転換の場合は、一旦止まり、声を掛け合ってゆっくりと転換すること。
③ 二人の背丈が違い過ぎると、背が低い人に負担がかかり過ぎるので、できるだけ背丈の高さに違いがないこと（図3-19右図）。

図3-19 二人以上の共同運搬作業の留意事項

重量物取扱い作業の重量制限については、労働基準法第62条第1項、第64条の3第1項及び第2項関係省令において、表3-10のとおり定められています。

表3-10 法令の定める重量物取扱い作業の重量制限

年齢及び性			断続作業の場合	継続作業の場合
注①	満16歳未満	女	12kg未満	8kg未満
		男	15kg未満	10kg未満
	満16歳以上 満18歳未満	女	25kg未満	15kg未満
		男	30kg未満	20kg未満
注②	満18歳以上の女性	女	30kg未満	20kg未満

（注）注①は、年少者労働基準規則第7条の規定であり、注②は、女性労働基準規則第2条により、妊娠中の女性及び産後一年を経過しない女性に適用し、さらに、同規則第2条並びに第3条により、女性すべてに適用される規定です。

さらに、厚生労働省では、人力による重量物の取扱い作業で多発する急性腰痛（災害性腰痛）を防止するため、「職場における腰痛予防対策指針及び解説」を策定し、この中の別紙「作業態様別の対策」には、次のように定めています。

（1）人力による重量物取扱い作業が残る場合には、作業速度、取扱い物の重量の調整等により、腰部に負担がかからないようにすること。
（2）満18歳以上の男子労働者が人力のみにより取り扱う物の重量は、体重のおおむね40％以下となるように努めること。満18歳以上の女子労働者では、さらに男性が取り扱うことのできる重量の60％位までとすること。
（3）（2）の重量を超える重量物を取り扱わせる場合、適切な姿勢にて身長差の少ない労働者2人以上にて行わせるように努めること。この場合、各々の労働者に重量が均一にかかるようにすること。

次に、表3-11に重量物等運搬作業における腰痛予防の取組みを、表3-12に重量物等運搬の作業環境管理の取組みを示します。

表3-11　重量物等運搬作業における腰痛予防の取組み

No	区　分	具体的な取組み
1	自動化・省力化	運搬による作業者の負担軽減や作業そのものをなくすよう、作業の自動化や機械化に取り組む。 自動化等が難しい場合は、適切な補助具を導入する。
2	重量物の取扱い重量	人力のみにより取り扱う場合の重量は、成人男子が体重の40%以下、女子が男子の60%くらいとする。
3	荷姿の改善、重量の明示等	• 取り扱う荷物はかさばらないようにし、取っ手などを付けたりして荷姿の改善を行う。 • 重量を明示し、著しく重心の偏った荷物は、その旨を明示する。
4	作業姿勢・動作	• 中腰、ひねり、前かがみ、後ろを向いて身体を反らすなどの不自然な姿勢をとらない。 • 荷物を持った場合は、背を伸ばした状態で腰部のひねりが少なくなるようにする。 • 同じ姿勢を長時間取らない。 • 姿勢を整え、急激な動作をなるべく取らない。 • 頸や腰部の不自然な捻りをできるだけ避け、動作時に視線も動作に合わせて移動させる。 • 腰をかがめて行うときは、呼吸を整え、腹圧を加えて行う。
5	作業標準	• 作業時間、作業量、作業方法などを示す。 • 他の作業と組合わせるなどにより、重量物取扱いの反復作業が連続しないようにする。
6	取扱い時間	作業実態に応じ、適当に小休止や休息をとって、重量物取扱いの連続時間を少なくする。
7	その他	必要に応じ、腰部保護ベルト、腹帯などを使用する。また、作業時の靴は、足に適した安定したものを履く。（ハイヒールやサンダルは履かない。）

表3-12　重量物等運搬の作業環境管理の取組み

No	区　分	具体的な取組み
1	作業床面	• 滑りや転倒などを防止するため、床面はできるだけ凹凸や段差がないようにする。 • 床は滑りにくく、適度な弾力があり、衝撃やへこみに強いものとする。
2	作業空間	動作に支障がないように、作業場所、事務所、通路など十分な広さの空間とする。
3	設備の設置など	設備や作業台などの設置や変更は、労働者の体躯に合わせて、適切な作業位置、作業姿勢、高さ、幅などが確保できるようにする。

さらに、重量物等運搬作業における腰痛予防については、作業前体操や腰痛予防体操によって身体を十分にほぐしてから作業を行うことや、椎間板ヘルニアや脊椎症などの腰部に基礎疾患を有する者には、腰に負担のかかる作業を減らすなどの健康管理を行うほか、労働衛生教育により腰痛予防に関する知識を付与することも重要です。

3－3　墜落防止

　墜落による災害は、建設業で多く発生しており、この原因を分析すると、「不安全な状態」の「防護装置の欠陥」、「作業方法の欠陥」、「物の置き方・作業箇所の欠陥」が多く見受けられ、「不安全な行動」の「危険な場所への接近」、「作業方法の欠陥」、「誤った動作」、「保護具・服装の誤り」が上位を占めています。

（1）対策の基本

　墜落を防止する対策の基本は、「もの（設備）に対する対策」、「作業の管理・方法に対する対策」、「作業者に対する対策」の3つであり、それぞれの対策を次に示します。

a　もの（設備）に対する対策

　高さ2m以上の作業箇所には、次の対策を講じる。

- 足場を組み立てる等の方法により作業床を設ける。設置が困難な場合は、防網を張り、墜落制止用器具を使用させる等の措置を講じる。
- 作業床の端、開口部等には、囲い、手すり、覆い等を設ける。設置が困難な場合は、防網を張り、墜落制止用器具を使用させる等の措置を講じる。
- 墜落制止用器具を使用させるときは、墜落制止用器具を安全に取付けるための設備等（墜落制止用器具取付設備）を設ける。
- 強風、大雨、大雪等の悪天候下には、高所作業をさせない。
- 安全作業に必要な照度を保持する。
- 通路や作業床は、平坦でつまずき、滑り、踏み抜き等の危険がない状態を保持し、周囲に手すりや囲いを設けて安全を確保する。
- 墜落の危険性がある開口部はふさぎ、作業に当たっては、開口部に防護柵等を設ける。
- 高さや深さが1.5mを超える場所での作業は、労働者が安全に昇降できる設備を設ける。

b　作業の管理・方法に対する対策

- 作業方法及び作業手順を明確にし、作業者に決められた作業方法及び作業手順を教育により周知する。
- 作業者の年齢、経験、資格、能力、健康状態等を配慮した適正配置を心掛ける。
- 作業の指揮者（作業主任者等）を選任し、その指揮の下で作業する。
- 作業場の巡視を行い、指示したことの確認を行い、作業に必要な照度の確認及び周辺の整理整頓の徹底を啓発する。

c　作業者に対する対策

　自分の身は自分で守るよう安全最優先の作業に徹し、適切な保護具を正しく着用する。さらに、安全の確保には妥協をせず、ケガをしない、ケガをさせない意識で、絶対に無理な行動や自己中心的な行動をとらない。

（2）脚立及び足場からの墜落防止

　ここでは、災害発生の多い脚立及び足場からの墜落防止について説明します。

　はじめに脚立からの墜落防止の安全対策としては、表3－13に脚立作業の留意事項を示し、図3－20に脚立各部の名称及び脚立作業例を示します。

表3-13 脚立作業の留意事項

No	区分	留意事項
1	構造	・丈夫な構造で、脚立の大きさは2m未満のものを使用する。 ・脚と水平面との角度は75度以下とする。 ・開脚角度を保持する開き止め金具は、脚部（支柱）にしっかり固定する。 ・踏み面は作業のできる面積がある。 ・脚部には滑り止めを取り付ける。
2	使用方法	・脚立は水平で段差がなく、滑り込み、浮き上りがなく堅固で安定した床面に置く。 ・脚立の開き止めは、忘れずに完全にロックする。 ・開口部近くに設置する場合は、開口部を全面的に養生する。 ・高さ2m以上の場合は、手すりを取り付ける。 ・脚立を壁等に立て掛けてはしご代わりに使わない。 ・昇降はゆっくり確実に行い、飛び降りたりせず、物を持って昇降はしない。 ・はしご兼用脚立の背面側は使わない。 ・うま足場に使われるうまを脚立代わりに使わない。 ・足場、ゴンドラ、ひさしの上では、脚立を使わない。
3	作業方法	・作業は、天板上で行わず、天板より2段目以下の踏さんに足を置いて行う。 ・脚立作業を行う周辺は、整理整頓する。 ・脚立の上で身を乗り出しての作業、反力のかかる作業、重量物取扱いの作業をしない。 ・踏さんの上でつま先立ちの作業をしない。
4	作業者	・脚立作業では、保護帽を着用し、必要なときに墜落制止用器具を使用する。
5	脚立足場	・足場板（作業床）の設置高さは、2m未満とする。 ・脚立の支持間隔は、1.8m未満とする。 ・足場板の両端の突出しは、10cm以上20cm以下とする。 ・足場板の長手方向の重なり部分は、20cm以上とする。

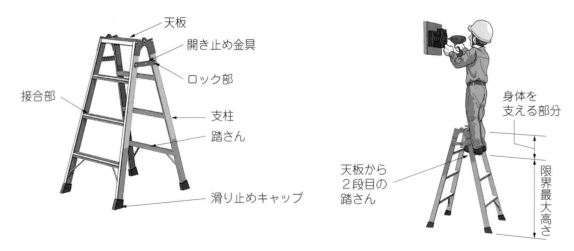

図3-20 脚立各部の名称及び脚立作業例

次に、足場からの墜落防止の安全対策としては、以下に示す災害発生の主な原因を考慮しながら、表3-14に示す足場作業の留意事項に取り組んでいただきたい。

① 墜落防止措置の不備

② 労働者の不安全な行動や無理な姿勢による作業

③　床材や手すり等の緊結不備

表 3 - 14　足場作業の留意事項

No	区　分	留　意　事　項
1	足場の設計・計画段階	• 高所での組立て・解体の少ない工法のほか、ゴンドラや高所作業車による工法を検討する。 • 足場の組立て等の作業には、労働者が墜落する危険を低減させる「手すり先行工法」で行う（図 3 - 21 参照）。 • 墜落する「すき間」が少なく、不安全な行動をしないで済む足場にする。 • 足場の作業床の幅が 40cm 以上、床材間の隙間が 3 cm 以下、床材と建地との隙間が 12cm 未満とする。
2	足場の組立て等の作業段階	• つり足場、張出し足場、高さが 2 m 以上の構造の足場を組立て、解体、変更するときは、次の措置を行う。 （①作業の時期、範囲、作業手順を労働者に周知し、安全作業を徹底する。②作業の区域内には、関係労働者以外の者の立入りを禁止する。③悪天候による危険が予想されるときは、作業を中止する。④材料、器具、工具等の上げ下ろしには、つり網、つり袋等を使用する。） • 高さ 5 m 以上の足場の組立て等の作業に当たっては、足場の組立て等作業主任者技能講習を修了した者の中から「作業主任者」を選任し、職務を適切に行わせる。 • 足場材の緊結、取外し、受け渡し等の作業を行うときは、幅 40cm 以上の作業床及び墜落制止用器具取付設備を設置し、労働者に墜落制止用器具を使用させる。 • 足場の組立て等作業時は、「墜落制止用器具の二丁掛け」を基本とする。 • 墜落時の衝撃緩和のため「ハーネス型墜落制止用器具」を使用する。
3	足場の点検	• 事業者及び注文者は、足場や作業構台の組立て、一部解体・変更の後は、次の作業開始前に足場の点検、修理を行う。 • 点検結果や修理内容は、記録し、足場作業が終了するまで保管する。 • 日々の作業開始前には、手すり等の点検及び補修を行う。
4	足場上での作業段階	• 作業計画を作成し、これに基づく作業を徹底する。 • 手すり等を臨時に取り外して作業を行う場合は、墜落制止用器具の使用等を徹底する。
5	特別教育	• 足場の組立て、解体または変更の作業に労働者を就かせるときは、次の特別教育を行う。 <table><tr><td colspan="2">科　目</td><td>時　間</td></tr><tr><td>1</td><td>足場及び作業の方法に関する知識</td><td>3 時間</td></tr><tr><td>2</td><td>工事用設備、機械、器具、作業環境等に関する知識</td><td>30 分</td></tr><tr><td>3</td><td>労働災害の防止に関する知識</td><td>1 時間 30 分</td></tr><tr><td>4</td><td>関係法令</td><td>1 時間</td></tr></table>
6	その他	• 足場の作業床の整理整頓をする。 • 労働者の健康管理として、疲労の蓄積や睡眠不足による足元のふらつき等を把握する。

　また、表 3 - 15 に示す足場からの墜落防止の取組み事項は、労働安全衛生規則に定める墜落防止措置以外で望ましい取組み事項をまとめています。

表3-15 足場からの墜落防止の取組み事項

No	区　分	取組み事項
1	足場組立図の作成	・足場の組立図を作成し、この図により手すり等の足場用墜落防止設備の設置や足場の点検をする。
2	足場組立て等作業主任者の能力向上	・労働安全衛生法第19条の2に基づく「足場の組立て等作業主任者能力向上教育」を定期的に受講する。
3	上さん、幅木の設置等の安全措置	・足場の建地の中心間の幅が60cm以上の場合は、①わく組足場では、下さんの代わりに、高さ15cm以上の幅木を設置する。②それ以外の足場では、手すりや中さんに加えて幅木等を設置する。 ・わく組足場の後踏側には、上さんを設置する（図3-22参照）。
4	足場点検の実施者は、十分な知識・経験を有する当事者以外の者	・一部解体や一部変更の後の点検は、作業当事者以外の次の者がチェックリストに基づき行う。 （足場の組立て等作業主任者能力向上教育を受講した足場の組立て等作業主任者、労働安全衛生法第88条に定める足場の設置等の届出の「計画作成参画者」に必要な資格のある労働安全コンサルタント等）
5	足場作業を行う労働者等の安全衛生意識の高揚	・不安全な行動が生じない安全意識の高揚のため、①足場上での作業手順の徹底、②足場点検によって墜落防止設備の不備をなくす。

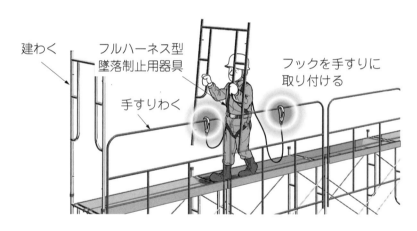

図3-21　手すり先行工法

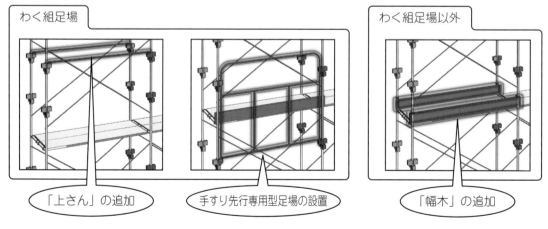

図3-22　上さん及び幅木の設置

3－4　感電防止

　感電とは、次のいずれかの原因で人体に電流が流れて傷害を受けることをいい、感電による労働災害の特徴は、①建設業に多く発生、②重篤化しやすい、③低圧による感電災害の発生が夏季に多いです。

- 電気製品や電気設備の不適切な使用
- 電気工事中に人体又は作業機械が送電線に接触
- 漏電の発生
- 自然災害の落雷等

この低圧による感電災害が夏季に多く発生する原因は、半袖の着衣で露出した皮膚と感電元（充電部）とが接触、皮膚が汗や水で濡れ、電気抵抗が低下、暑く過酷な作業環境による、絶縁用保護具や防護具の未使用などです。

（1）人体への影響

　人体に電流が流れたときの人体への影響は、電流の大きさ（大きいほど危険）、人体を通過する時間（長い時間ほど危険）、通電経路（電流が心臓を通過すると危険）によって、「ピリッ」と感じる程度の災害から、火傷、死亡といった重大災害までの危険性があります。

　人体を通過する電流の危険性の判定は、ドイツの「ケッペンの実験」が知られており、ケッペンは、「大きな電流が人体を通過すれば、短時間でも危険であり、小さな電流であれば長時間流れても危険はなく、この安全限界は50[mA·s]である。」と提唱しました。

　ヨーロッパでは、この数値に安全率を見込んで30[mA·s]と定め効果を上げました。日本でもこの30[mA·s]を基本とし、漏電による感電を防止するための漏電遮断器は、高感度、高速形の定格感度電流30[mA]、動作時間0.1[s]以内のものが一般的に使われています。

　表3－16に人体への通過電流値と影響を示します。

表3－16　人体への通過電流値と影響

通 過 電 流 値	人 体 へ の 影 響
0.5 ～ 1mA	最少感知電流といって、「ピリッ」と感じる。人体に危険性はない。
5mA	人体に悪影響を及ぼさない最大の許容電流値である。 相応の痛みを感じ、危険性の始まりである。
10 ～ 20mA	不随意電流といって、離脱の限界で随意運動が不能になる。 筋肉の収縮が起こり、握った電線が離せなくなる。
50mA	疲労、痛み、気絶、人体構造損傷の可能性。心臓の律動異常の発生、呼吸器系等への影響も出る。心室細動電流の発生ともいわれ、心拍停止の危険性もある。
100mA	心室細動の発生、心拍停止が現れ、極めて危険状態である。
6A 以上	心筋は持続的に収縮し続ける。呼吸麻痺による窒息。火傷。

私たちの周りには、表3－17に示す電源がありますが、ここで、家庭用電源100V及び自動車用バッテリー12Vに触れた場合の電流を計算しましょう。

　人体に流れる電流は、オームの法則から　電流（A）＝電圧（V）÷抵抗（Ω）　の計算式で求められ、この式の抵抗（Ω）は、人体の内部抵抗と皮膚の接触抵抗の合計であり、内部抵抗は、一般に500（Ω）程度で、皮膚の接触抵抗は、表3－18に示す皮膚の状態で大きく変化します。

　ここで、乾燥した状態の皮膚の接触抵抗を4,000Ωとすると、家庭用電源100Vに触れた場合の人体には、

　　100（V）÷（500＋4,000）（Ω）＝0.022（A）＝22（mA）　の電流が流れます。

　さらに、濡れた状態の皮膚の接触抵抗を100Ωとすると、家庭用電源100Vに触れた場合の人体には、

　　100（V）÷（500＋100）（Ω）＝0.167（A）＝167（mA）　の電流が流れます。

　また、この濡れた状態の皮膚で自動車用バッテリー12Vに触れた場合の人体には、

　　12（V）÷（500＋100）（Ω）＝0.02（A）＝20（mA）　の電流が流れます。

　この計算から皮膚が濡れた状態で100Vに触れると、100mA以上の電流が流れることになり、人体に致命的な障害を与え、12Vの電圧でも条件によって100Vに乾燥した皮膚で触れた場合と同程度の電流が流れます。人体に流れる電流は、皮膚が乾燥した場合でも、通電経路や通電時間により、致命的な障害となります。さらに、左手側で接触すると、電流に弱い心臓があるので、大きなショックとなります。

　感電災害は、作業時の発汗や雨天で皮膚が濡れることにより、電気が流れ易くなる夏季や雨天時の作業で多く発生することから次項の感電防止対策を心掛けましょう。

表3－17　主な電源の電圧

主な電源の種類	電圧
家庭用電源	100V
工場用動力電源	200V
高圧配電線	6,600V
自動車用バッテリー	12V
乾電池	1.5V

表3－18　人体の接触抵抗

皮膚の状態	接触抵抗（Ω）
乾燥	2,000～5,000程度
汗ばむ	800程度
濡れる	0～300程度

（2）感電防止対策

　感電防止対策のはじめは、定期的に電気安全教育を実施し、「目に見えない」電気の危険性の意識を高め、電気機器や配線の日常の点検・保守管理を励行することです。

　次に、「充電部を露出させないこと」と「むやみに露出した充電部に近づかないこと」であり、この具体的な対策は次のとおりです。

　①　安全覆いの取付け、分電盤の施錠、故障個所の速やかな改修等により、充電部を露出させない。

　②　漏電遮断機の取付け

　　漏電が発生した場合は、漏電遮断器が速やかに電気の流れを止め、感電災害を未然に防ぐ。労働安全衛生規則により、水気や湿気のある場所、移動式の電動工具、屋外のコンセント等には、漏電遮

断器の設置が義務付けられている。

③ 接地工事（アース）の実施

接地工事（アース）を行うことにより、漏電した場合でも漏れた電流の大半がアース線を通じ地中に流れる。万一、人体が漏電個所に触れても電流の影響（電気ショック）が緩和される。

④ 二重絶縁構造の電気機器の使用

図3-23に示す二重絶縁マークのある電気機器を使用し、このマーク表示のない製品は、労働安全衛生規則等に基づき漏電遮断器を取付け、アースを行った上で使用する。

⑤ 絶縁用保護具、絶縁用防具の使用

作業者が「活線作業及び活線近接作業」を行う場合、労働安全衛生規則により事業者は絶縁用保護具及び絶縁用防具を使用させ、作業者はそれを使用しなければならない。

図3-23 二重絶縁マーク

第4節　作業の標準化

作業管理には、有害な物質、エネルギー等に配慮した作業標準を共有化する作業手順書、作業方法の改善及び適正配置があり、ここでは、作業標準の作成及び運用について説明します。

4-1 作業標準の作成

作業手順書に示す作業標準は、作業者の立場に立ったもので、安全で無理な動作がなく、しかも作業効率がよく生産性も上がることが求められ、次に示す各ポイントに留意しながら作成します。

（1）作業ステップ、手順等を決めるポイント

① 作業ステップ、手順等については、過去の類似作業の中でどういう点がやりにくかったかなど、作業者の意見を良く聞いて十分に反映し、作業者に参画意識を持たせるとともに理解、納得の得やすいものにする。

② 部品や工具のとり方、持つ位置等を具体的に示す。

③ 歩行数、動きなどをできるだけ少なくし、最小の労力で目的が果たせないかを常に考える。

④ 動作から動作へ移るときの速さや作業姿勢（中腰、上向き、身体のねじり等）にムダ、ムラ、ムリがないようにする。

⑤ 共同作業における作業分担、連絡合図の方法等を明確にしておく。

⑥ その作業の中で、何が危険（有害）か、どのような危険が予想されるか等について十分に検討し、その対応も含めて各ステップの中に盛り込む。

（2）「作業手順書」作成のポイント

① 必要な保護具を明記する。

② その作業における禁止事項を明確にする。

③ 他企業や他工場も含めて、その作業や類似作業における災害事例（なぜそうなったかということも含めて）あるいは予想される災害を記入する。

④ その作業で発生しやすい設備異常の内容について、過去の例などを参考にしながら洗い出し、その異常時の処置を明確にしておく。なお、異常時の処理を作業者にやらせる場合は、誰がどのような方法でやるのかを明確に決めておく。

⑤ 作業手順書はできたが、実際にやってみるとやりにくいということも決して少なくないので、作成後は必ず自らやってみて確認するとともに作業者にも確認する。

⑥ 作業手順書は設備やレイアウト変更等、環境が変わったらその都度確実に改定するとともに、一定期間ごとに見直しをする。

4-2 作業標準の運用

　作業手順書は、完成して終わりではなく、記載された作業標準の運用の中で常に作業方法の改善に取り組むことが重要であり、職場の作業方法を改善して、衛生的で安全な作業かつ良質でやりやすい仕事とすることが極めて大切です。

　作業方法の改善の目的は、より適正な作業を追求することにより、労働災害や業務上疾病を防止するのみならず、作業者の労働意欲を高め、かつ快適な作業環境を形成して、生産性向上や良質な仕事をすることにあります。

　そのためには、現状に甘んじることなく、常に問題意識をもって作業の中にムダ、ムラ、ムリ等がないかについて分析、検討する習慣を身に付け、日々の改善を延々と続けることが大切です。

　ここでいう改善とは、計画的に行う大規模設備等の改善ではなく、むしろ職場で働く者が自主的な努力で、いつでもどこでもできる「動作」、「作業手順」、「作業編成」、「整理整頓」、「治工具」等の改善であり、小集団活動やQC活動の中で相互に啓発し、自分のちょっとしたアイデアを提案したり、仲間の発想を共に考える取組みです。

第5節　作業開始前点検等 ……………………………………

5-1 作業開始前点検

　一日の始まりには、自分自身の体調、気分等を確認し、強ばった筋肉をほぐしながら、今日が安全で充実した一日となるようスケジュール、段取り等をチェックし、働く心の準備を行います。

　同様に作業を開始する前には、作業に必要な機械のほか、器工具、測定具等の機能、精度、不具合等の点検をチェックシートにより行い、その結果に基づいて必要な補修等の措置を行います。

　作業開始前点検は、労働災害を防止するほか、作業の効率化や品質確保の観点からも重要であり、機械、工具等の寿命や維持管理コストにも大きく影響します。

　点検した結果は点検簿に記録し、日頃の機械・設備等の管理に役立て、車両系建設機械等の場合は、労働安全衛生規則に基づく月次点検や年次検査（特定自主検査）の記録と合わせて保存し、機械・設備等の価値が十分に発揮できる状態の維持を心掛けます。

5-2　KYT活動

　危険予知訓練（ＫＹＴ活動）は、事故や災害を未然に防ぐため、職場や作業の状況の中に潜む危険要因とそれが引き起こす現象を、職場や作業の状況を描いたイラストシートを使って作業者同士で指摘し合う訓練です。

　具体的には、現場で実際に作業をさせたり、作業をして見せながら、小集団で話し合い、考え合い、分かり合って、危険のポイントや重点実施項目を安全唱和や指差呼称で確認して、行動する前に危険要因を排除する訓練です。

　危険予知訓練は、危険のK、予知のY、トレーニングのTをとって、ＫＹＴといいます。

　訓練の具体的な手法には、日常の作業風景の写真やイラストをグループに提示して危険予知に対する本音の話し合いから「やろう」「やるぞ」の意気込みを高める４ラウンド法があり、表3-19に４ラウンド法の具体的な進め方を示します。

　表3-20に示す４ラウンド法でまとめた結果例及び図3-24に示す４ラウンド法でまとめた作業例については、参加者全員で共有し、危険を回避できるように提示したり発表したりします。

表3-19　4ラウンド法の具体的な進め方

ラウンド	内　容	具体的な進め方
第1ラウンド【現状把握】	「どのような危険が潜んでいるか？」問題点を自由にあげる	職場や作業の状態を描いたイラストシートを提示する。（あるいは現場で実際に作業をさせたり、作業をして見せる。）
		職場や作業の中に潜む"危険要因"（労働災害や事故の原因となる可能性のある不安全な行動や不安全な状態）とそれが引き起こす"現象"（事故の型）を考える。
第2ラウンド【本質追求】	問題点の原因などを検討し、危険のポイントから問題点を整理する「これが危険のポイントだ！」	職場小集団で話し合い、考え合い、分かり合いながら、危険に対する意識感覚を高め、情報の共有化を図る。（あるいは1人で自問自答する。）
第3ラウンド【対策樹立】	整理した問題点の改善点や解決策をあげる「あなたならどうする？」	危険のポイントや行動目標を決定し、それを安全唱和したり、指差呼称で確認する。
第4ラウンド【目標設定】	解決策などをメンバーでまとめる「私たちはこうする！」	行動する前に危険要因を排除する。（行動する前に安全を先取りする。）

表3-20　4ラウンド法でまとめた結果例

今日のＫＹ	重機と作業員の接触
私たちはこうする！	• 重機の作業半径内に入るときは、完全な停止の確認後とする。 • 重機の死角には入らない。 • オペレーターと合図での確認を徹底する。
ワンポイント	合図の確認よし！！！

図3－24　4ラウンド法でまとめた作業例

　この活動は「やらされる」のではなく、自分たちで進んで行うことによって、より良い結果を得ることができる手法です。

5－3　ヒヤリ・ハット

　ヒヤリ・ハットは、重大な災害や事故には至らなかったものの、直結してもおかしくない一歩手前の現象や状況をいい、「作業者がヒヤリやハットと危険を体感した不安全な状態や不安全な行動の事例」です。

　ヒヤリ・ハットは、結果として災害や事故に至らなかったことから、「ああよかった」と見過ごされ、忘れさられてしまうことが多いものです。

　しかし、このヒヤリ・ハットは、重大な災害や事故の前兆あるいは潜在的な発生の可能性を示すものですので、これらの事例を集めることで災害や事故を未然に防ぐ予防対策に取り組むことができます。

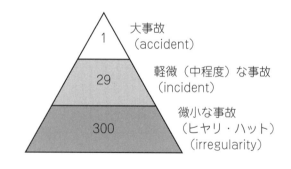

図3－25　ハインリッヒの法則

　この考えとして「ハインリッヒの法則（1：29：300の法則）」があり、これは、図3－25に示すとおり、1件の重大な事故が起こるまでには、29件の軽微な（中程度の）事故があり、300件のヒヤリ・ハット（微小な事故）があったというものです。

　この法則では、「死亡や重傷に至る重大な事故や災害を調査して対策を講じるよりも、多くのデータが得られる軽微な事故やヒヤリ・ハット事例の分析が効果的である。」ということを教えています。

　図3－26にヒヤリ・ハットの具体例を示します。

前方走行中のバイクと接触しそうになった

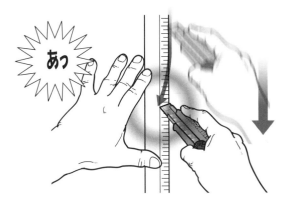
事務用カッターが定規を乗り越えて親指を切りそうになった

図3-26 ヒヤリ・ハットの具体例

5-4 安全見える化

　職場に潜む危険などは、視覚的に捉えられないものが数多くあり、これらを可視化（見える化）することで、より効果的な安全活動を行うことができます。これを「見える」安全活動といいます。

　「見える」安全活動は、危険認識や作業上の注意喚起を分かりやすく知らせることができ、また、一般の労働者も参加しやすいなど、安全確保の有効なツールです。

　図3-27に安全見える化の事例を示しますが、この他に「危険マップによる見える化」や「危険ステッカーによる見える化」があります。

　危険マップとは、職場の平面図等に労働災害発生の危険のおそれのある箇所を明示して、注意を喚起するものであり、危険ステッカーとは、危険箇所等にステッカーを貼って、危険箇所と危険内容を警告するものです。

「服装チェック」ポスターと鏡で作業開始前の身だしなみがチェックできる

蛍光シールとコメントで安全な使用方法を見える化

図3-27 安全見える化の事例

第6節　安全衛生教育と就業制限 ……………………………

　安衛法は、労働者自身や他人に影響を及ぼす可能性のある一定の危険有害業務について 免許を受けた者や技能講習の修了者でなければ、その業務に就けない就業制限を規定しています。

　安衛法第61条では、就業制限に係る主な免許及び技能講習について、第59条には特別教育について規定しています。このうち特別教育は、事業主が危険又は有害な業務に就かせる労働者に対する安全衛生教育です。

　また、妊産婦や18歳未満の年少者などについては、労働基準法で特定の業務への就業を制限しています。このうち、職業能力開発促進法に基づき、訓練生を技能習得のために就業制限業務に就かせる場合には、必要な安全又は衛生の事項について指導員が指示し、教育を行うなどの条件の下に特例が認められています。

6−1　安全衛生教育

　事業場における安全衛生教育には、安衛法に基づく教育等と事業場が行う自主的な教育、訓練等があり、ここでは、雇い入れ時の教育及び特別教育について説明します。

（1）雇入れ時の教育

　事業者は、労働者を雇い入れ又は労働者の作業内容を変更したとき、当該労働者に対し、遅滞なく、次の事項のうち当該労働者が従事する業務に関する安全又は衛生のため必要な事項について、教育しなければならないと安衛法に規定されています。

- 機械等、原材料等の危険性又は有害性及びこれらの取扱い方法に関すること
- 安全装置、有害物抑制装置又は保護具の性能及びこれらの取扱い方法に関すること
- 作業手順に関すること
- 作業開始時の点検に関すること
- 当該業務に関して発生するおそれのある疾病の原因及び予防に関すること
- 整理、整頓及び清潔の保持に関すること
- 事故時等における応急措置及び退避に関すること
- このほか、当該業務に関する安全又は衛生のために必要な事項

この教育は、パートタイム及びアルバイト等の短時間労働者に対しても同様に実施しなければなりません。

（2）特別教育

　事業者は、厚生労働省令で定める危険又は有害な業務に労働者を就かせるときは、その業務に関する安全又は衛生のための特別教育をしなければならないと規定されています。

　特別教育を必要とする業務は、アーク溶接や小型車両系建設機械の運転等49の業務であり、これらの教育は、事業者の責任において、労働者がその業務に従事する場合の労働災害を防止するため、企業内において実施し、場合によっては、企業外でも実施可能です。

　特別教育の内容は、安全衛生特別教育規程等において、厚生労働大臣が科目や時間を定め、講師については、資格要件を定めていませんが、教育科目について十分な知識と経験を有する者が行い、実施した特別教育の受講者や科目等については、記録を作成し、3年間保存しなければなりません。

(3) 安全衛生教育の先進的例（危険疑似体験訓練）

　標準作業に基づく安全衛生指導のため、作業上の安全が十分に確保された危険疑似体験装置を活用しながら、ヒヤリ・ハットを体感し、安全意識を高める指導方法であり、この訓練指導例を次に示します。

　なお、この訓練に当たっては、指導者の指示を遵守し、十分な安全対策を講ずる必要があります。

a　過負荷電流体験

　たこ足配線による過負荷電流体験のため、図3－28のとおり小さいサイズの電線に700Wの電気ポットを2台接続し、電線の温度上昇をサーモグラフィで測定し、過負荷電流による過熱を体験し、その後に災害防止について話し合う。

b　短絡電流体験

　配線作業における短絡（ショート）電流体験のため、図3－29のとおり通電中の電源コードをニッパーで切断し、その時の衝撃音や光の現象を体験し、その後に災害防止について話し合う。

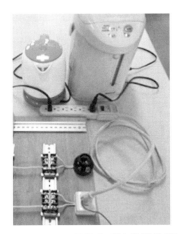
図3－28　過負荷電流体験装置

図3－29　短絡電流体験装置

c　ボール盤作業の巻き込まれ体験

　ボール盤作業の巻き込まれ体験のため、図3－30のとおり回転中のドリルに疑似手を接触させ巻き込む力や衝撃音の現象を体験し、その後に災害防止について話し合う。

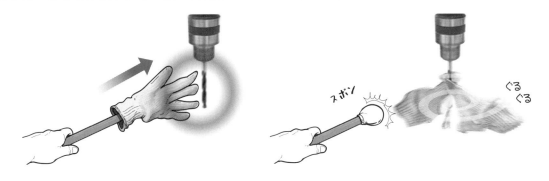
図3－30　巻き込まれ体験装置

d　VR（ヴァーチャル リアリティ：仮想現実）技術を用いた危険体験

　近年、家庭用ゲーム機にも採用され、身近な技術になってきたVR技術を用いて危険体験を行うことができるVR危険体験システムが活用され始めています。このシステムは、CGにより、危険な場所や作業を再

現し、体験者の目の前にさまざまなシーンを映し出すことで疑似体験することができるツールです。例えば、「高所足場からの転落体験」「足場台からの転落体験」「ハンドグラインダによるパイプ切断作業（切断時の振動、火花）の体験」「自動車運転時の事故体験」のように、体験者はモニター付きのゴーグルを装着し、本当にその場にいるような感覚で危険を肌で感じることができます。

今後、さらなる技術開発によるリアリティの追及やコンテンツ制作の利便性向上が図られることにより、危険体験のみならず、初学者への教育訓練など多肢にわたる活用が見込まれます。

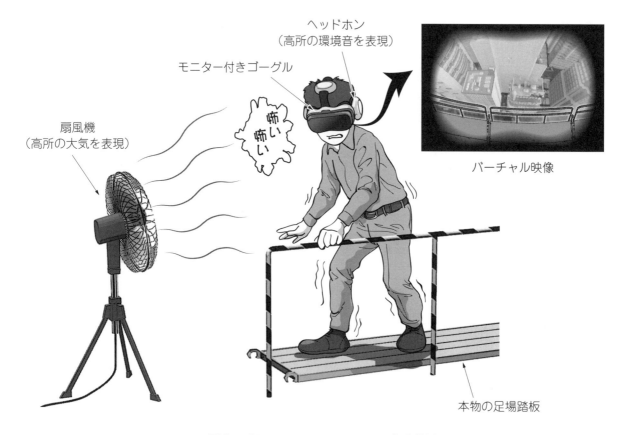

図3－31　バーチャルリアリティ体験装置

6－2　就業制限

特定の危険有害業務には、都道府県労働局長の免許を受けた者や技能講習を修了した者等の資格を有する者でなければ就くことはできません。また、その業務に従事するときは、当該免許証等、その資格を証する書面を携帯する必要があります。

この就業制限に係る特定の危険業務は、安衛法第61条及び安衛法施行令第20条に、また、その業務に必要な資格は、労働安全衛生規則第41条及び別表3に規定されています。

表3－21には、就業制限業務と就業に必要な資格（一部を抜粋）を示し、このうち、免許については、厚生労働大臣が指定する者が行う免許試験に合格する等により取得でき、技能講習については、都道府県労働局長が登録を行った登録教習機関が教習を行っています。

表3－21　就業制限業務と就業に必要な資格（一部を抜粋）

	就業制限業務	就業に必要な資格
1	ボイラー（小型ボイラーを除く）の取扱い	• ボイラー技士の免許（特級、一級、二級） • ボイラー取扱技能講習の修了（一定の業務に限定）
2	つり上げ荷重1t以上の移動式クレーンの運転	• 移動式クレーン運転士の免許 • 小型移動式クレーン運転技能講習の修了 　（道路上の走行は道路交通法による免許が必要）
3	つり上げ荷重5t以上のクレーンの運転（床上操作型を除く）	• クレーン運転士の免許
4	ガス溶接等の業務	• ガス溶接作業主任者の免許 • ガス溶接技能講習の修了等
5	最大荷重1t以上のフォークリフトの運転	• フォークリフト運転技能講習の修了等 　（道路上の走行は道路交通法による免許が必要）
6	つり上げ荷重が1t以上のクレーン、移動式クレーン等の玉掛け作業	• 玉掛け作業技能講習の修了等

　このほかに、妊産婦等に係る危険有害業務の就業制限及び年少者（満18歳未満）の就業制限があり、このうち重量物を取り扱う業務は、「3－2　人力による運搬作業」の「表3－10 法令の定める重量物取扱い作業の重量制限」のとおりです。

　妊産婦等に係る就業制限には、ボイラー取扱い業務のほか、鉛、水銀、クロム等の有害物のガス、蒸気又は粉じんを発散する場所における業務等があり、年少者（満18歳未満）の就業制限には、クレーン、デリック等の運転業務等があります。

| | 第4章 | 安全のための技術 |

第1節　人間の基本特性と安全技術……………………………

　生産現場で使用される機械・設備等による労働災害は、第1章第2節に示すように全労働災害の約1/4を占めています。その中で機械・設備への、はさまれ・巻き込まれ等による重篤な災害は後を絶たない状況にあります。これらの災害は、第1章第3節において機械・設備、作業環境、作業方法、自然環境など物的要因の「不安全な状態」と人的要因である「不安全な行動」が接触することで発生することをみてきました。つまり、災害は機械・設備側の問題と作業をする人間側の問題で発生するものなので、安全を確保するには「不安全な状態」及び「不安全な行動」を取り除くことが重要です。

　労働安全衛生法施行後のものづくりの現場では、さまざまな規制の強化による危険因子の除去、就業制限（免許、技能講習等）や安全教育の促進、組織的な安全衛生活動の拡充等により、人、機械・設備及び組織に存在する不安全要素の低減に努め続け、結果として、死傷者数は、ピーク時の昭和36年（481,686人）に比較して平成27年は1/4（116,311人）まで減少してきています。

　しかし、第1章第2節で示すように、近年の労働災害発生率及び死傷者数は、停滞している状況です。このことは、今まで取り組んできた安全衛生活動による災害防止には限界があることを意味するものではないでしょうか。さらに、これらの安全衛生活動を中心的に支えてきた多くの熟練技能者がものづくり現場の第一線から退いていること、少子化等によりそれを引き継ぐ技能者が不足する傾向であることを想定すれば、今後は、人間の技能や注意力に頼った安全確保よりも、「機械・設備をより安全なものに設計・製造し、運用する」、つまり「技術で安全を確保する」「機械に頼る安全」を推し進めることが重要になります。

1-1　人間の基本特性

　機械・設備は、運動や熱などのエネルギーを使用して生産活動を行いますが、そのエネルギーに人が接触する可能性のある場合は「不安全な状態」にあります。そのため接触を防ぐために安全ガードを設けることや運転を停止させエネルギーをゼロとする安全対策を採る必要がありますが、許容できる範囲まで低減させたリスクに関しては、作業者（人）が正しい行動を行うことによって安全管理されることを期待しているものもあります。

　しかし、現実には第1章第3節に示すように、人による「誤った動作」「危険箇所への接近」「不安全行為（安全確認をしない等）」等の誤った行動である「不安全な行動」によって災害が発生している傾向があります。

　これらの人による誤った行動の原因として考えられるのは、作業者の過労、ストレス、未熟さ等だけでなく、機械・設備の性能の低さや作業性の悪さ、無理な生産計画等があり、人、機械・設備及び組織のすべてに存在するものと考えられます。

　このことからも、人間の特性が原因となる事故防止は、安全衛生活動や管理のみで防止することは困難であることから、第2章第3節でも紹介したリスクアセスメントのリスク低減措置として講ずる工学的対策、

つまり、機械・設備に対する科学技術の活用による安全の確保をさらに推進することが必要となっています。

機械・設備側を安全なものに設計・製造する場合に重要なことは、人間の特性を理解し、その特性に応じた安全措置を講ずることであり、そのために機械工学、人間工学、心理学、認知科学等からのアプローチが有用なものと考えられますが、大原則として**"人間は間違える"**ということを認めて、間違ったとしても事故・災害に結びつかない工夫をすることが重要になります。

1－2　フールプルーフ

フールプルーフ（foolproof）とは、直訳すれば「愚か者でも耐えられる」ということになりますが、「人間は間違える」という特性を受け入れ、作業者が機械・設備の取扱いを誤っても、それが事故や災害につながることのない機能であり、ヒューマンエラーをカバーして、問題（誤動作及び予期しない起動等）を生じさせないシステム（仕組み）やメカニズム（機構）を採用して事故を防止する安全技術の1つです。そのシステムやメカニズムの代表的なものとして、危険源である機械を隔離して、人を危険から守る安全柵などのガード類や、安全な条件が確認されなければ機械・設備の動作が許可されないインターロックがあります。私たちの生活で使用する身近な製品にも、フールプルーフを取り入れているものが数多くあります。次にその例を示します。

a　電子レンジ

電子レンジは、マイクロ波により水分を振動させ熱を発生させる仕組みで、マイクロ波が庫外に漏れ、近くにいる人の身体に吸収されると危険を伴うため、レンジ全体を電磁遮蔽する構造になっています。しかし、扉が開いた状態ではマイクロ波を遮蔽できないため、電子レンジを使用しているときに、人が急に扉を開けても、開けた時点で運転を停止（扉が完全に閉まった状態にならないと作動しない）させるよう、インターロック機構が組み込まれています。

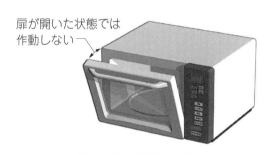

図4－1　電子レンジ

b　洗濯乾燥機

図4－2に示す欧州に輸出可能な斜めドラム式洗濯乾燥機の扉は、洗濯槽が回転している状態で人が手を入れてけがをする災害を防ぐために、扉が完全に閉まった状態でなければ動作しないように造られています。また、回転中は扉が施錠され、開かないようになっており、インターロック機構が組み込まれています。

また、子供が誤って中に入った場合のことも想定して、内側からドアを開けることができる構造となっています。

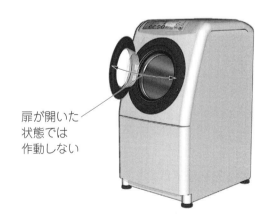

図4－2　ドラム式洗濯機

c　自動車のシフトレバー（AT車）

一般に自動車のAT車では、エンジン始動時等の誤発進を防止するために、セレクトレバーがPの位置でなければエンジンが始動しないようになっています。さらに、ブレーキペダルが踏まれた状態でなければ「P」レンジから他のレンジへの切り替え操作ができないようにインターロック機構が装備されています。

また、前進走行中に不用意に「R」レンジにセレクトレバーを動かすことができない構造にもなっています。

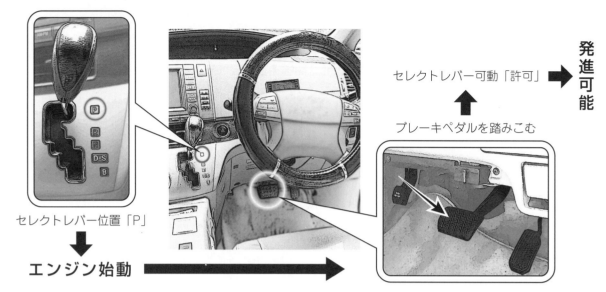

*イグニッションスイッチ（ボタン）形式車はブレーキペダルも同時に踏んでいないとエンジンが作動しない。

図4-3　セレクトレバー（AT車）

d　駅のホームドア

鉄道の駅ホームからの転落事故を防止するため、ホームドアの設置が進んでいます。このドアは常時閉まっており、列車が入線し、確実に停止した状態でないと開かないようになっており、また、ホームドアが閉まった状態でなければ、列車がホームから発車できないインターロック機構を採用している路線もあります。ホームドアには図4-4（a）（b）があり、図（a）は人が乗り越えてしまう可能性がある一方で、図（b）は乗り越えや転落を防ぐ構造になっています。

（a）可動式ホーム柵

（b）フルスクリーン型

図4-4　ホームドア

e　電動穿孔機（パンチ）

図4-5（a）に示す電動穿孔機は、紙の資料をファイルに閉じるための穴あけ（パンチ）に用いられる事務機器で、一度に数百枚の紙に穴を開けることができます。この用途から、パンチの刃と台座の間隔が広く、人の手が入って災害になる可能性があり危険な構造になっています。そのため、図（b）に示すように両手がパンチと台座の間から隔離されるように筐体の両側に作動ボタンを設け、両手の指で2つのボタンを押している状態で初めてパンチが下降して穴あけを行う両手操作制御装置を用いています。

この制御方法は、片方の手でボタンを押して起動した場合、もう一方の手を危険源に近付けないようにし

たものであり、フールプルーフの１つです。

　この制御は、生産現場でのプレス機の操作、部品組み立て工程における圧着や加熱等の作業装置にも用いられており、片手で両方のスイッチを操作し、もう一方の手が自由になることがないように、スイッチ間の距離や形状を適切にすることが重要です。

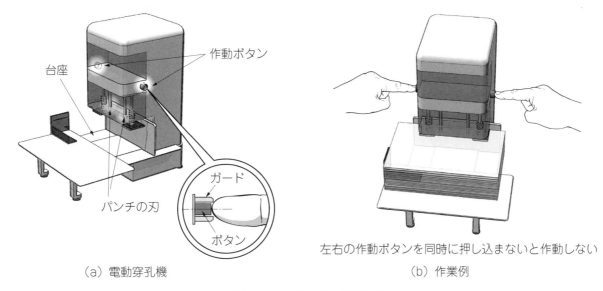

(a) 電動穿孔機　　　　　　　　　　　　　　　　(b) 作業例

図4-5　両手操作制御装置

第2節　機械・設備の特性と安全技術

2-1　機械・設備の特性

　機械・設備は、①力の大きさ（パワー）、②速度、③連続稼働性、④制御可能性－変容性、⑤精密さ、⑥信頼性の各要素において人間と比較し明らかに優位にあります。

　このような優位性を活かすため、生産工程では、人の作業から機械による自動化に移行し、生産性の向上を目指してきました。一方で安全の側面からみると、機械・設備が誤動作や破損する確率と人がミスをする確率を比較した場合、自動化による生産のほうが定常作業時における災害が大幅に減少することで（主に非定常作業時における災害となるため）、災害の発生確率は2〜3桁低くなります。また、機械・設備は、悪環境下（危険な場所や作業、有害な物質や環境等）での作業を人に代わって行うことが可能であることから、安全性の確保や災害の防止という役割も果たしてきました。例えば、作業を完全に自動化した場合は定常作業時には人間が関わらないため災害が減ることは明らかです。

　しかし、機械・設備は、高いエネルギーにより動作することから、人間の使用方法の誤りや故障による誤動作等が人の手作業に比べて大きな災害を発生させることもあります。また、機械・設備の故障の原因は、それらを構成している部品や機器の使用時間、使用方法、環境などによって生ずる経年劣化であり、それが寿命という限界に達すると故障が生ずることとなります。その故障は、機械・設備の機能を低下させる機能低下型故障と機能を喪失させる機能喪失型故障の2つのいずれかに分類されます。

　例えば、機械・設備のボルトは振動、衝撃、繰り返し荷重、圧縮荷重等により緩みが発生します。このボルトの緩みにより締結部分が外れることで機能を喪失し事故の原因となる場合があります。

　また、図4-6に示すエアシリンダはさまざまな機械・設備で使用されている機器ですが、ピストンロッ

ドが往復運動することでロッドパッキンやダストシールとピストンロッドの間に摩擦（繰り返し外力）が生じ、パッキンが損傷し高圧の圧縮空気が噴出することで破片等が飛散して事故・災害等の原因になり得ます。この圧縮空気の漏れによるエアシリンダの動作への影響（機能低下等）と高圧空気そのものが災害の原因となる可能性があります。

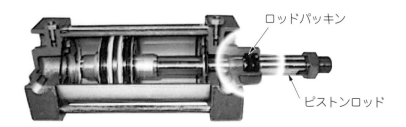

図4-6　エアシリンダ

第1節で述べたように、「人間は間違えるもの」として認め、それを前提として機械に設けるべき機能が「フールプルーフ」であったように、上記のように**"機械は故障する"**ということを原則として安全対策を採ることが必要です。

具体的には①～③について技術的に考える必要があります。

① 部品・機器が壊れた場合に安全側になる（フェールセーフ）
② 高信頼性の部品・機器により機械を構成する（フォールトアボイダンス）
③ 同じ機能を複数備える（フォールトトレランス）

しかし、①～③により技術的に安全対策を行っても、故障しない機械・設備を作ることはできません。また、①～③の機能そのものにも故障が発生する可能性があるため、完全に残留リスクを取り去ることはできません。その残留リスクによる危険を回避する方法には、機械を操作する者が「非常停止ボタンを押す」というような「人間」による危険回避操作を設けることが不可欠になります。

このように機械・設備側における安全のための技術の意義は、機械・設備に安全確保のすべてを委ねるということではなく"最後は人間"が対処せざるを得ないということです。それは、"人間は間違える"という原則があることを考慮しつつ、最後の最後で、安全を確保するために必要な作業については、最少化、単純化を図り、人間が間違えないように支援することにも意味があることを知っておくべきです。

2-2　フェールセーフ

フェールセーフとは、「工作機械等の制御機構のフェールセーフ化に関するガイドライン」（1998年（平成10年）労働省）によると、「システムまたはこれを構成する要素が故障しても、故障に起因して労働災害が発生することのないように、あらかじめ定められた安全側の状態に固定し、故障の影響を限定することにより、作業者の安全を確保する仕組みをいう」とされています。すなわち、「機械が壊れても安全である」ことを実現できる技術であるといえます。さらに、フェールセーフの実現は無条件安全でなくてはなりません。無条件安全とは「危険を伴う行為をしなければ安全である：エネルギー条件（停止安全）」です。例えば、

図4-7　ボールの原理

自動車のＡＴ車ならエンジンが停止してシフトレバーの位置が「Ｐ」でサイドブレーキがかかっている状態で、自動車の機能が果たされていない状態になります。

　フェールセーフの実現の１つとして非対称故障の実現があります。JIS B 9700（ISO12100）においても"非対称故障モード"特性を有するコンポーネント（機器、部品等）の使用が示されています。非対称故障とは、例えば、システムや装置を構成する要素が故障しても、安全側になる確率が危険側になる確率よりもはるかに大きいか、安全側にしか動作しないといった故障の造り方です。図４－７のように人がボールを手から離すと必ずボールは重力の法則により落下するというように、コンポーネントが故障したら必ず同じ現象が発生することが非対称故障です。具体的な例として、図４－８のような昔の鉄道信号（ボール信号機）があります。この信号は、ボールが高い位置にあるときは列車の進行を許可します。ボールを高い位置にするには、力（エネルギー）を加えて持ち上げる必要があります。逆に低い位置にあるときは、列車の停車を指示するものとなります。これは、ロープが切れたり結び目がほどけたりした場合に、重力の法則によりボールが落下するため、結果として停車の指示となり、安全側に動作することができます。これをハイボールの原理と呼び、非対称故障の１つにあげられます。この原理を利用したものが図４－９の踏切遮断機です。

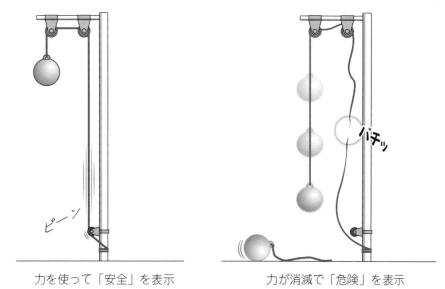

図４－８　ボール信号機

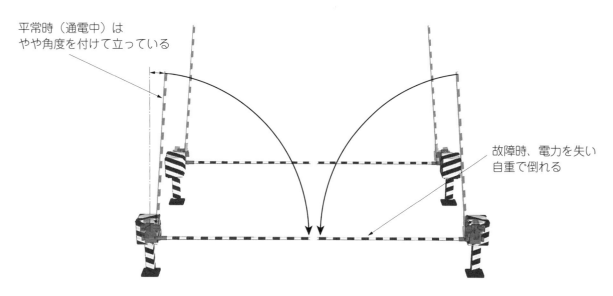

図４－９　踏切遮断機

フェールセーフにおいては、非対称故障で、かつ「安全側」に固定されることが重要です。図4－10のような交通信号機のある交差点において、図（a）は信号機Aが赤と信号機Bが青の組合せであり、信号機Bの車線の自動車が走行しており、信号機Aの車線は停車しています。図（b）は信号機Aと信号機Bの両方が赤信号であるため、両方とも自動車は停車しています。しかし、図（c）は信号機AとBの両方が青であるため、両方とも自動車が走り出し交差点で衝突して事故の原因となり得ます。図（a）、（b）のようにどちらかの信号機が赤又は両方の信号機が赤であれば自動車は停止するので「安全側」になります。しかし、図（c）のように両方の信号が青になる場合は「危険側」となります。すなわち、停止を指示する赤信号は「安全側」、発進を指示する青信号は「危険側」となります。

このように信号機が故障した場合に赤信号になることを「安全側故障」といい、逆に青信号になることを「危険側故障」といいます。

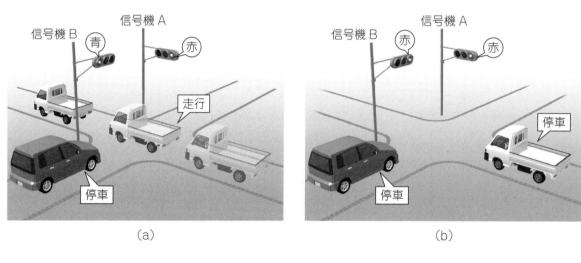

図4－10　交通信号機

2－3　フォールトアボイダンス

　故障が事故につながる自動車や列車のブレーキ、医療機器など、故障した場合の影響が人の命に直結するような機械・設備には高い信頼性の部品を用いなくてはなりません。このように、簡単に壊れず高信頼性の部品を使用し機械・設備を構築することをフォールトアボイダンスといいます。これは、機械部品に限ったことではなく制御システムのソフトウエアにも必要なことであり、自動車、医療機器、情報関連機器、産業インフラなどを機能させるソフトウエアは高信頼性を要求されているためバグが最初から入り込まないように、構造化設計などによって造られています。フォールトアボイダンスは機械・システムを構築する段階に

おいて行う処置であるため本質安全の1つであるといえます。

2-4 フォールトトレランス

自動車のブレーキは、ブレーキペダルの踏力を油圧に変換し車輪まで伝え、ブレーキディスクをパッドで抑えて制動する油圧システムです。図4-11（a）のように、この油圧系統が1系統の場合、1箇所でも油漏れやエアの混入が発生すると、油圧の力を伝えられなくなり4輪すべてのブレーキが作動不良となります。そのため、自動車には、図（b）、（c）のように油圧システムを2系統にして、どちらかの系統に漏れ等が生じた場合でも、もう1つの系統で2輪又は4輪のブレーキを作動させて制動するシステムの装着が義務付けられています。このように1つの系統に異常が生じた場合でも、もう1つの系統で正常な動作をさせて安全を確保することをフォールトトレランス（冗長設計）といいます。

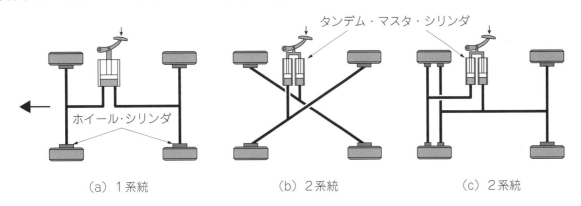

図4-11　自動車の油圧ブレーキ

航空機においては、エンジンや操縦システムが故障するということは重大な事故につながるため、各部にフォールトトレランスを採用しています。

図4-12に例としてB-747を示しますが、No.1～No.4の4機搭載されているエンジンは、それぞれ燃料系や制御系等が独立しており、4機中3機が故障しても方向安定性を有した飛行ができ、また、垂直安定板は、2分割で独立しており、外的要因によって垂直安定板の半分が欠損しても操縦が可能になっています。このようなフォールトトレランスの考えに基づき、その他にも制御系の油圧システムや電気システム等のさまざまな装置、システムが冗長によって構成されています。

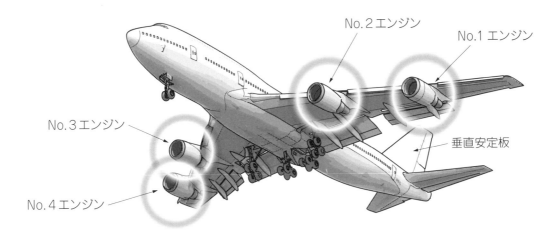

図4-12　B-747のエンジンと垂直安定板

第3節　安全技術……………………………………………………………………

　第1節及び第2節で述べてきたように「人間は間違える」又は「機械・設備は故障する」ものですから、「安全技術」では、人間のミスや機械・設備にトラブルが発生した場合においても、その影響を考慮して確実に安全を確保する機能を構築する必要があります。また、人間、機械・設備、組織のそれぞれのカテゴリにおいてどんなに安全対策（リスク低減）を行っても、「残留リスク」がゼロになることはない（JIS Z 8051（ISO/IEC Guide51）で「残留リスク」を定義）ことから「絶対安全は存在しない」ことを考慮しなければなりません。

3-1　安全技術と設計の原則

　安全技術は、人間の誤り及び機械・設備にトラブルが発生した場合のリスクを低減させるための手法として、設計の段階では次の①～③に分類されます。

①　本質的安全設計方策（本質的な安全技術）

　JIS B 9700（ISO12100）に基づき、機械・設備の設計又は運転特性を変更することで、危険源の除去又は関係するリスクを低減する保護方策、安全防護物（ガード、保護装置）などの必要性をなくすことができる。

②　安全防護・付加保護方策（隔離と制御による安全技術）

　①で危険源を除去することができない又は十分に低減できないリスクから人を保護するために安全防護物を使用する保護方策

③　使用上の情報の提供

　①、②で危険源又はリスクを除去又は十分に低減できなかった場合に、機械・設備の使用者に対して提供者（メーカ等）が信号・警報装置、表示・標識などを個別又は組み合わせて使用して伝達する手段、取扱説明書、残留リスク一覧・リスクマップ等

　機械・設備に求められる安全技術とは、作業者と機械・設備の接触をなくす「隔離」と、災害を引き起こすエネルギーをなくす「停止」が基本です。

　「停止」を運動エネルギーで考えてみます。鉄道事業者は、列車の運行における安全対策で、一定以上の地震があった場合は列車を停止させ、レールや車両の安全の確認ができるまで運転を再開しないなどのルールを決めています。機械・設備を利用して得られる利便性が"止まる"ことによってさまざまな損失もたらすことになりますが、災害を未然に防ぐための最も確実な方法は、エネルギーをゼロにすること、つまり、列車であれば停車させること（"止まる"ということで達成される安全以外は証明できないという原則）になります。

　しかし、飛行機が「止まる」の原則に則り、飛行中に異常を検出して各部の機能を停止させることがあれば、それは墜落を意味することになるので、そのようなことのないよう、地上において最高水準の整備を行って安全を確保しています。このような安全確保の備えに加えて、離陸前に何らかの異常を検出して安全が確認できない場合は、離陸を断念し「止まる」ことによって安全が守られています。

　機械・設備の制御は、安全を確認して運転を実行し、安全が確認できないときは運転を停止するという安全確認の原理に基づいて設計されなければなりません。機械・設備においてこの安全を確認しているのがセ

ンサ、スイッチ等のコンポーネントですが、コンポーネント自体が故障する場合があります。そのような事態においても安全が確認できなければ「機械が動かない」又は「確実に停止する（止まる）」ことで安全を保障できなければなりません。

　機械・設備の安全設計の考え方は、上記の①「本質的安全設計方策」、②「安全防護・付加保護方策」、③「使用上の情報の提供」を、①から検討し、①が適用できなければ、②を検討し、最終的に③を検討するといった順序で、その機械・設備を使用することによって生じるリスクを許容可能（受け入れることが可能）なリスクまで低減することが基本です。

　これを、線路と道路が交差する場所の安全設計に例えて説明すると、①高架橋による立体交差、②ATS-P（自動列車停止装置 P形）及び警報機と遮断機の付いた踏切、③警報機だけの踏切となり、リスクの低減の大きさは明らかに①＞②＞③となることがわかります。このように安全技術は、リスクを低減することを第一に①→②→③の順序で考えることが重要です。ただし、現実にこれらの技術のうちどれを選択するかは、法令や規格の遵守、利用者数、利用者の安全に対する意識、そして経費など、得られる効果と残留リスクを総合的に判断することとなります。

　これらの考え方は、国際安全規格の「ISO12100：JIS B 9700（機械類の安全性　設計のための一般原則　リスクアセスメント及びリスク低減）」及び日本の「機械の包括的な安全基準に関する指針」において、機械・設備の設計段階におけるリスクアセスメントの実施により、危険性・有害性を「①本質的安全設計方策」、「②安全防護・付加保護方策」、「③使用上の情報の提供」の順序で低減する仕組みが示されており、この方法を「3ステップメソッド」といいます。

　実践技術者として製品設計に携わる際、3ステップメソッドを踏まえて、安全設計を行うことになりますが、生産性、コスト等を優先するあまり、最初から人間に任せる「使用上の情報の提供」を選択することは絶対にしてはなりません。このことは、第1章での「安全第一」の理念及び第2章の「リスクアセスメント」のリスク低減措置を検討するに当たっての優先順位でも述べたとおりで、肝に銘じておくべきです。

　以上、安全技術と設計の原則をまとめたものを図4－13に示します。

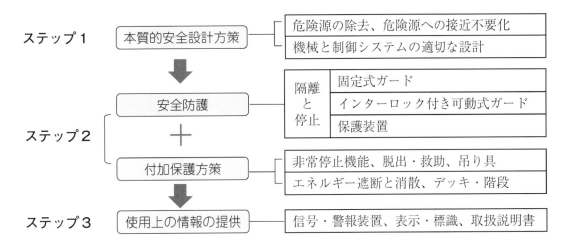

図4－13　3ステップメソッドによるリスク低減措置

3－2　本質的安全設計（ステップ1）

本質的安全設計とは、機械・設備に存在する危険源を設計段階において除去又はリスク低減を行い、安全（許容可能なリスクの達成）なものにするというものです。具体的には設計により危険源を除去する又は危険源による事故・災害等の大きさを小さくすること及び人が危険源へ接近する必要性をなくすこと（不要化）です。

（1）危険源の除去

「人が危険源にばく露されるような機械・設備類の内部又は機械・設備類の周辺」の危険区域と、「人が作業する領域」がある場合、危険状態となるのは、機械・設備と人間が同一の空間と同一の時刻に存在する状態に加え、1点で交わったときに事故が発生します。図4－14のように危険源が除去されることにより危険区域も消滅し、事故・災害等が発生するおそれをなくします。

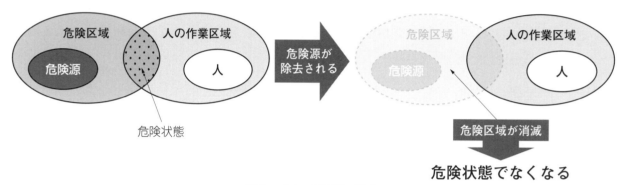

図4－14　危険源の除去

具体例として、図4－15（a）に示す扇風機は、プロペラが高速回転する構造であり、人が誤って指を入れて怪我をするリスクがあります。しかし、図（b）に示す扇風機は、基本設計の段階でプロペラを用いない新たな発想により送風するシステムを構築し、プロペラに関する危険源を根本的に除去しています。

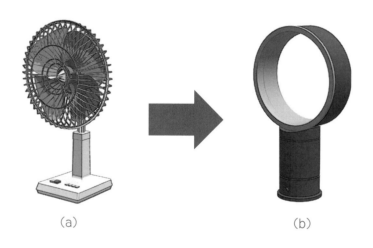

図4－15　危険源除去の例

図4－16に示すように、図（a）は金属板を切断加工した状態のままであり、4隅が角となっていて、切創などを起こすリスクが存在しています。これに対して図（b）ではR加工を施しており、リスクが低減していることが分かります。このようにR形状や面取り加工によりリスクを低減する方法は、人が手にする工業製品に多用されています。

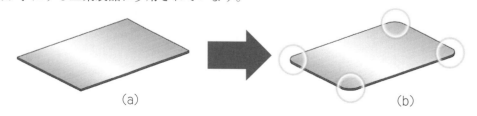

図4－16　アルミプレート

図4-17は、機械・設備において、その可動範囲を考慮し設置することでリスクを低減する例を示しており、図(b)のように最大の稼働範囲以上の空間を設けることで挟まれるリスクを除去することができます。

　また、一般に機械・設備は金属材料などの硬い材料が用いられており、それらの可動部分は高速かつ高出力で運転されますが、衝突した場合に人が怪我をしない又は軽傷で済むように、柔らかい材料を用いたり、低速、低出力で運転するように機械・設備が構成されています。

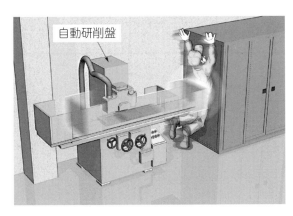
（a）稼働範囲内に立ち入ったために起きた事故

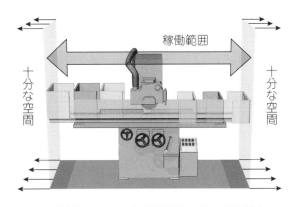
（b）稼働範囲以上に空間を設けてリスクを除去

図4-17　稼働範囲を考慮したリスク除去

　このように機械・設備により発生するエネルギーや力の大きさを「人に危害を与えない程度」に小さくすることによりリスクを低減することも危険源の除去の方法です。

（2）危険源への接近の不要化

　接近の不要化とは、産業用ロボット等により製造工程のすべてを無人化した場合など、人が非定常作業（修理、メンテナンス等）時以外に危険源に接する必要性をなくして、安全を確保する本質的安全設計の1つです。

　ただし、この場合においても非定常作業時には危険源に接近して作業を行う必要があるため、自動給油、無給油部品の使用等による非定常作業の削減や耐久性を向上させるフォールトアボイダンス設計などにより、非定常作業の削減を図るなどの対策を設計段階で行う必要があります。

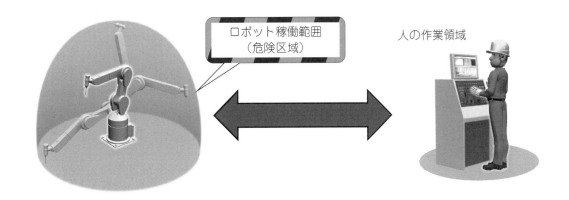

図4-18　危険区域に入る必然性をなくす

3-3 安全防護（ステップ2-1）

（1）隔離の原則と停止の原則

a　隔離の原則

隔離の原則とは、図4-19のように危険源である産業用ロボットと同じ作業領域で人が作業するような場合に、人の安全を確保するために危険区域をガードで囲い「人と機械・設備の危険源が接近・接触できないように、機械・設備を隔離する」ことをいいます。

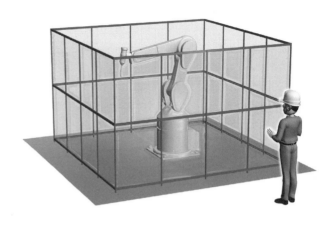

図4-19　隔離の原則例

図4-20の点線のように侵入経路をふさぐことで人の作業領域からの侵入を防ぐことが可能となりますが、実際の生産現場における機械・設備は、一点鎖線で示すように、危険区域の全周囲を囲むことによってあらゆる方向からの人の侵入を防止しています。

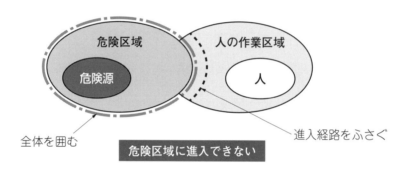

図4-20　隔離の原則

b　停止の原則

「停止の原則」とは、図4-21に示すとおり、「危険区域に人が存在しているなどの危険状態が確認できた際、機械・設備への動力源の供給を停止させ不活性化するとともに、安全が確認できるまでその状態を維持すること」です。

ただし、機械・設備の運動は、相当の質量を伴うので、慣性の法則からも即時停止することは困難であり、また、その過程で、機械・設備への損傷を与えることにもなりかねません。そのため、危険源と人との距離が取れるように設計する必要があります。

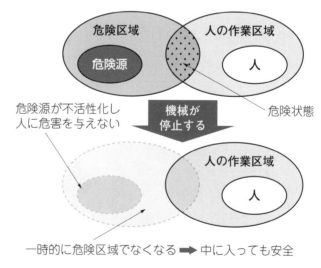

図4-21　停止の原則

c　隔離の原則と停止の原則の組合せ

機械・設備を用いた作業においては、「隔離の原則」により人を危険源に近づけないようにしたとしても、

工具の取付け、ワークの取付け、修理・保全などの非定常作業により、人が危険区域に入る必要性が発生します。そのため図4－22（a）のように隔離しているガードに扉を設けることが多く、そこからの侵入を許す場合は必ず「停止の原則」により機械を停止させます。このように現実的な機械・設備の安全の確保には、「隔離の原則」と「停止の原則」の両方を組み合わせることが必要です。図（b）に示すNC工作機械は主軸など機械が稼働する範囲をすべてガードによって覆っています。しかし、ワークの脱着、測定などを行う必要があるため、ガードの扉にリミットスイッチなどを取り付け、扉が開いた状態で主軸が固定され回転できない構造となっています。また、主軸の稼働時や完全に停止（固定）されていない状態では、扉が施錠されており、人が誤って開けることができない構造になっています。

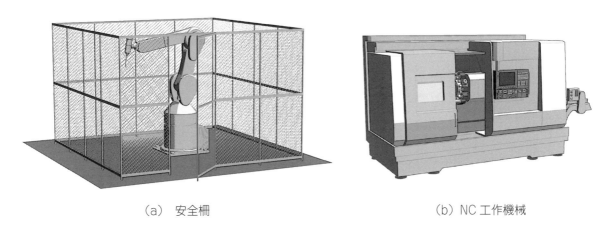

(a) 安全柵　　　　　　　　　　(b) NC工作機械

図4－22　隔離の原則と停止の原則の組み合わせ

（2）ガードの種類

隔離の原則及び隔離の原則と停止の原則の組み合わせによる安全対策において、ガードは不可欠な安全防護策です。図4－23にガードの分類を示します。固定式ガードは隔離の原則に基づいて用いられ、可動式ガード及び調整式ガードは、隔離の原則と停止の原則の組み合わせで用いられるガードです。

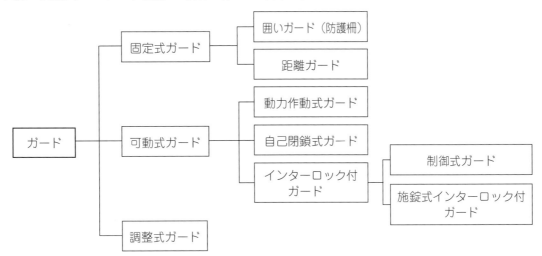

図4－23　ガードの種類

a　固定式ガード

固定式ガードとは「確実に取り付けられている状態」のときだけ有効なガードであり、その種類は図4－24の防護柵と図4－25防護カバーがあります。どちらとも扉などを設けず、容易に人が侵入することを妨いでいます。さらに、図4－26に距離ガードを示します。これは、ガード内部で加工・組立された製品が、

コンベア等で排出される機械で、搬出口のコンベア部にトンネルガードを取り付けることによって、加工・組立を行う危険区域に身体が入ることを防止しているものです。これらのガードを開く（外す）には、工具の使用（ねじ、ナット等の締結部品による固定を外す）又は、溶接やリベット等による固定箇所を破壊するなど、明確な意志を必要とします。これは、修理等で接近する必要性が生じた場合には、事前に運転の停止を確実に行わせる等の安全確保を人や組織に意識させる狙いがあります。

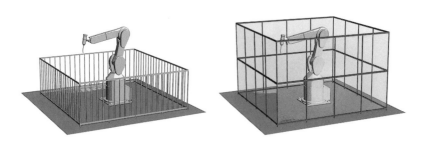

図4-24　防護柵

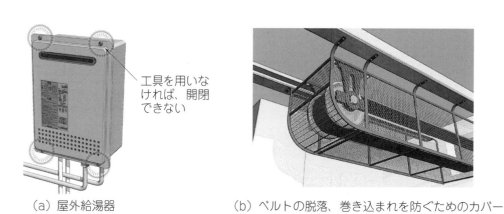

（a）屋外給湯器　　　　（b）ベルトの脱落、巻き込まれを防ぐためのカバー

図4-25　防護カバー

図4-26　距離ガード

b　可動式ガード

可動式ガードとは、「閉じた状態」のときだけ有効なガードであり、人が侵入するための扉など、工具等を使用せずに開くことができるものです。

図4-27に示すNC工作機械とロボットの組み合わせによる製造工程では、加工前及び加工後に自動でNC工作機械のドアが開き工作物（ワーク）の脱着を行いますが、このドアの開閉は電気又は空気圧等の動

力により行うものです。このように人・重力以外の動力で作動するガードを動力作動式ガードと呼び、鉄道のホームドアやエレベータのドアもこれに分類されます。

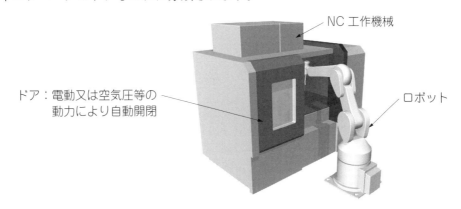

図4－27　動力作動式ガード

図4－28に示す電動丸のこには、のこ刃による災害防止のためガードが設けられています。木材切断時には木材がガードを押し開く構造になっており、切断が終わってのこ刃が材料から離れたときに、スプリングの力で自動的に元（のこ刃部を覆う）の位置に戻る構造となっています。このように作業時等に露出が必要な状況以外は自律的に閉じるガードを自己閉鎖ガードと呼びます。

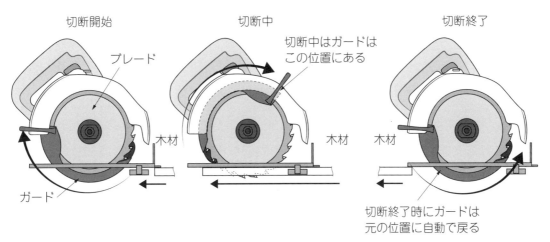

図4－28　自己閉鎖ガード

図4－29に示すガードは、インターロック機構を付けた可動ガードであり、制御式と施錠式があります。制御式とは、リミットスイッチや光電センサ等からの信号により、扉等の可動部の開閉を確認し、インターロックを作動させる方式のものをいい、施錠式とは、可動部に設けた施錠装置の鍵と機械の始動スイッチの鍵を同一なものとし、1つの鍵でどちらかしか機能させられないようにしたものです。

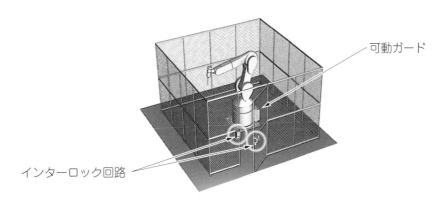

図4－29　インターロック付きガード

（3）安全の制御システム

インターロック機能の付いた可動ガードにおいて、安全な状態とは可動ガードが完全に閉じている状態又は可動ガードが開いているときは機械が完全に停止している状態です。その状態の検出は、ガードに取り付けられたスイッチやセンサと制御システムによって行われますが、機械・設備の設計段階では、これらが故障した場合の安全の確保も考慮しなければなりません。絶対に故障しない安全防護物・保護装置を作ることはできないので、故障したとしても安全側に故障するという「フェールセーフ」技術を用いることが重要です。

スイッチやセンサを用いる場合、その検出信号の取り出し方や取り扱い方によってフェールセーフとならない場合があります。

a. 安全確認型と危険検出型

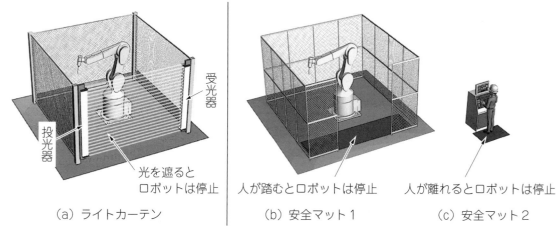

図4-30　安全確認型と危険検出型

図4-30（a）の産業用ロボットの安全防護物・保護装置としてライトカーテンを使用している場合、投光器から発信される光を受光器で受信しているときを安全な状態として、ロボットの運転が許可されます。このとき、ライトカーテンの故障や、人や物により光が遮られると、安全が確認されない状態となり運転が停止されます。つまり、この安全防護物・保護装置では、安全な状態のときに入力信号があり、危険な状態では入力信号がなくなります。このように安全な状態のみで運転が許可される制御方式を「安全確認型」といい、機械・設備の安全機能が故障しても停止状態を確保することで、フェールセーフになります。

一方、図（b）の安全防護物・保護装置で安全マット1を使用した場合、人がマットを踏んだときに信号が入力されることでロボットを停止させます。つまり、この安全防護物・保護装置では、安全な状態のときは入力信号がなく、危険な状態のときだけ入力信号があるということであり、安全マットが断線等の故障で入力信号を感知できない状態であっても、危険ではない（安全である）と判断（制御）して運転を継続させてしまうことになります。このように危険な状態でのみ機械を停止させる制御を「危険検出型」といい、機械・設備の安全機能が故障した場合には、停止を確保することができないのでフェールセーフにはなりません。

安全確認型及び危険検出型のインターロックの概念を論理回路で示したものが図4-31、図4-32です。

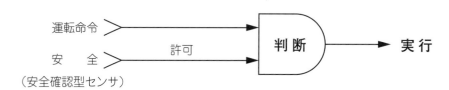

図4-31　安全確認型インターロック

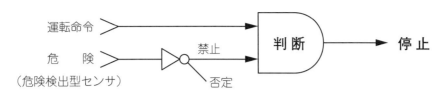

図4−32 危険検出型インターロック

図4−30（a）で安全確認型として示したライトカーテンなどの光電式センサであっても、その取り扱い方によっては、安全確認型にならない場合があります。

図4−30（a）で示した安全確認型の制御では、表4−1の（a）「透過型」を使用しています。これとは別の方式で、投光器と受光器を1つの機器内に収め、その対象物に照射した光の反射光を受光器で感知する「反射型」というものもあり、反射光の有無で感知する危険検出型も存在します。反射型の場合、光電センサの故障時には、受信機が信号を受信できないためにオフ信号となり、人間がいないという危険側の判断をします。対して、安全マットは、マット上に人がいない場合、常に入力信号をオフにして運転を停止し（ただし、作業者が1人の場合に限る）、図4−30（c）のように人がマットに乗ったときに、信号をオンにして運転を可能にする制御回路を用いることで、安全側の故障とすることが可能です。

制御の基本は、安全の確認をオン信号で知らせ、故障で安全が確認できないときはオフ信号で知らせ、機械・設備を停止状態にすることです。機械・設備の安全化には安全防護物・保護装置を安全確認型システムで構成することが不可欠です。

表4−1 光線式センサの故障モード

	安全確認型	危険検出型
	（a）透過型	（b）反射型
装置の形態	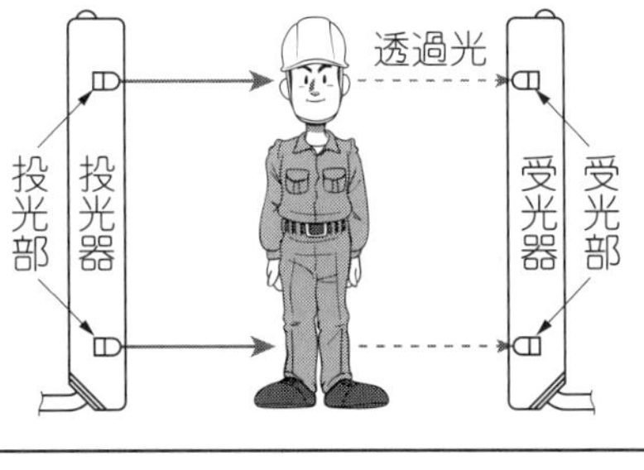 投光器・受光器（透過光）	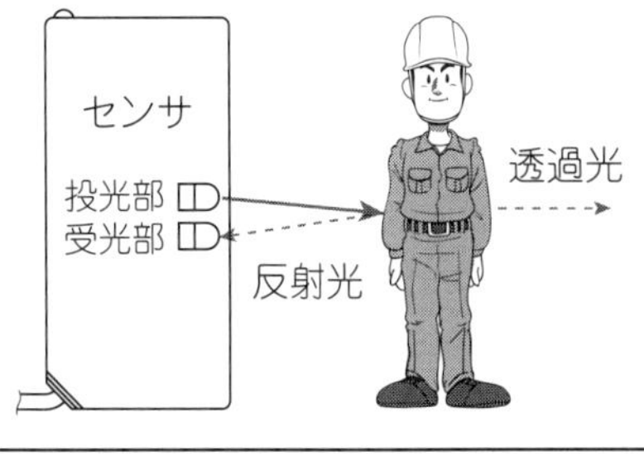 センサ（投光部・受光部）（透過光・反射光）
受光器出力	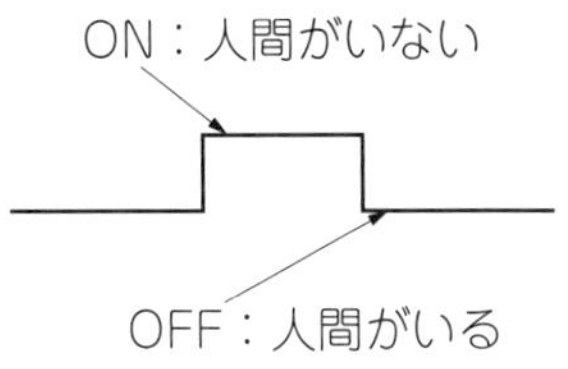 ON：人間がいない／OFF：人間がいる	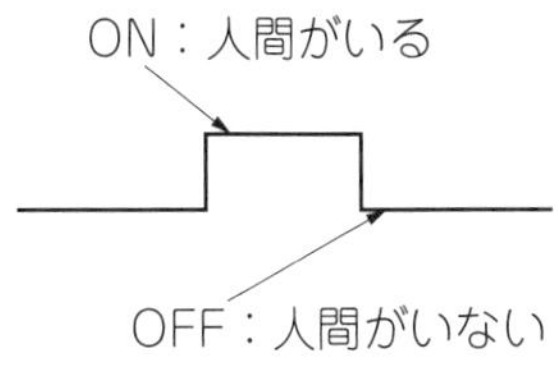 ON：人間がいる／OFF：人間がいない
故障時	受光器出力 OFF ＝ 人間がいる（安全側故障）	受光器出力 OFF ＝ 人間がいない（危険側故障）

b 可動式ガードのロック方式

工作機械などで見られるインターロック付き可動式ガードのロック方式は、安全確認型の制御方式を用いても、ロック装置そのものが安全側の故障となるような構造でなければフェールセーフを確保することはできません。

図4-33に示す可動式ガードのロック装置は、スプリングと電磁石（ソレノイド）の力によって動作するものですが、図（a）はスプリングの力でロックし、通電による電磁力でロック解除する構造です。電気回路等の故障が発生した場合は、スプリングの力でロックするので可動式ガードは閉じたままとなり、安全が確保される安全側故障となります。

　しかし、図（b）では、電気回路等の故障が発生した場合、ロックが解除されてしまうので危険側故障となります。そのため、可動ガードのロック方式には、スプリングロック形を使用しなければなりません。

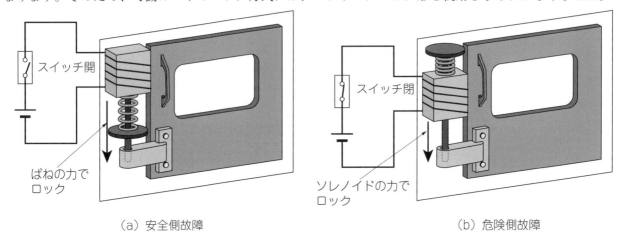

図4-33　可動ガードのロック方式

（4）制御用機器

a　安全スイッチ（インターロックスイッチ）

　安全スイッチは、安全柵やガードの扉に設けられており、その開閉を感知するスイッチで、作業者が機械・設備の危険区域で非定常作業を行う場合に、作業者に事故・災害等を与えないように危険源であるロボット、工作機械などを停止させるためのスイッチです。安全スイッチには、作動原理や使用目的などの違いで多様な種類が存在しますが、図4-34に代表例を示します。

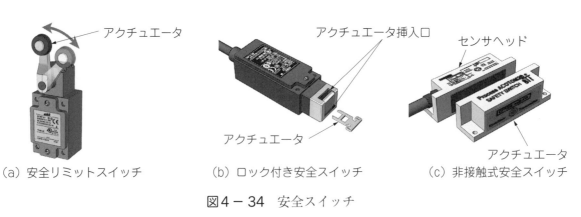

図4-34　安全スイッチ

（a）　安全リミットスイッチ

　機械的に作動して接点を開閉します。

（b）　ロック付き安全スイッチ

　火災等の緊急時等にインターロックを解除させる機能（通常時は解除できないようにロックをかける）を有したリミットスイッチです。また、スイッチを構成しているアクチュエータなどの可動部分をすべて剛性部品で構成されており、ノーマルクローズ（NC）タイプの接点（NC接点）を持っていなくてはなりません。

（ｃ） 非接触式安全スイッチ

電磁力で作動することで接触をなくし摩耗による誤作動を防止します。

アクチュエータと本体が直接接触することがなく、近づいたり、離れたりするだけで検出するスイッチです。種類はリードスイッチタイプとRFIDタイプの２種類があります。構造は図（ｃ）のようにアクチュエータとセンサヘッドにより構成されており、アクチュエータ内に磁石、センサヘッド内にリードスイッチが複数のペアで適度な間隔で配置されており、扉が閉まることにより接点が動作する構造です。

リミットスイッチには、図４－35に示すようにスプリングの力によりその接点が常時閉じているNC接点と常時開いているNO接点があります。このリミットスイッチをガードの開閉の検知に単体で使う場合は、NC接点を用いる必要があります。それは、スプリングが折れた場合、接点が接触せず信号が出力されないことからガードが開いているという判断で機械が停止する安全側故障となるためです。

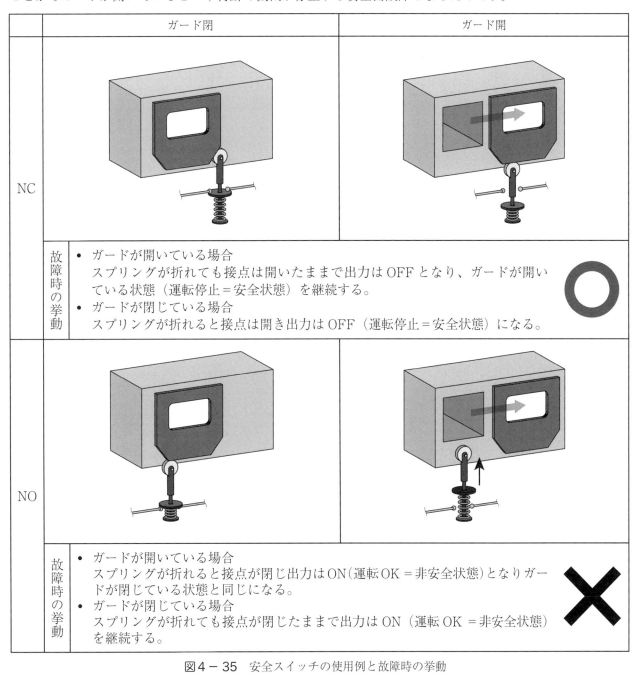

図４－35　安全スイッチの使用例と故障時の挙動

また、リミットスイッチは、機械的に作動することから、スプリングの折損のほかにも可動部の磨耗やスイッチの位置ずれ（ドアとスイッチが離れる）などの故障を生じる可能性があります。そのため、フォールトトレランス設計で複数のリミットスイッチを用いる場合は、NC接点を複数使用しても磨耗や位置ずれでは安全側故障を確保できないため、図4－36に示すようにNC接点とNO接点を合わせて用います。このように特性の異なるスイッチ等の機器を用いて、1つの原因で複数の機器の機能の損失を避けることを、共通原因故障の防止といいます。

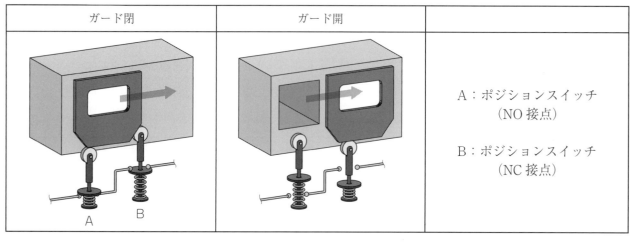

図4－36　共通故障原因の防止

b　光電センサ

人の危険区域への侵入を検知する光電センサは、光軸数や検出性能によりシングルビームセンサ、マルチビームセンサ、ライトカーテンの3種類に分別でき、図4－37はライトカーテンを用いた光カーテンを示しています。ライトカーテンは、光軸数を多くすることで、手や指のようなものより小さいものの侵入も検知することが可能です。図（a）に示すように投光／受光の間に遮る物体がない場合を安全な状態であると見なし、受光側の出力をオンにして機械の運転を許可します。作業者の手や体などによって光線の一部又はすべてが遮られた場合、危険な状態であると判断し、受光側の出力をオフにして機械を停止する仕組みになっています。

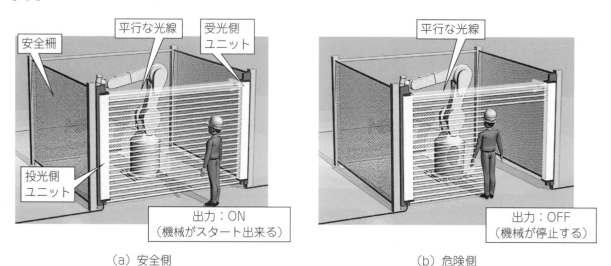

図4－37　ライトカーテン動作説明

c　レーザスキャナ

　レーザスキャナは、図4－38に示すように、レーザ光で扇形にスキャニングし、その範囲にいる人や物体を検出して機械を停止させる装置です。図（a）存在検知、図（b）進入検知、図（c）衝突防止のように用いられます。スキャンすることが可能な範囲はセンサ本体を中心に60〜270°程度で、人体検出は数十m以内で、20m以内に警告領域を設定することができ、侵入者に光や音で危険を知らせます。

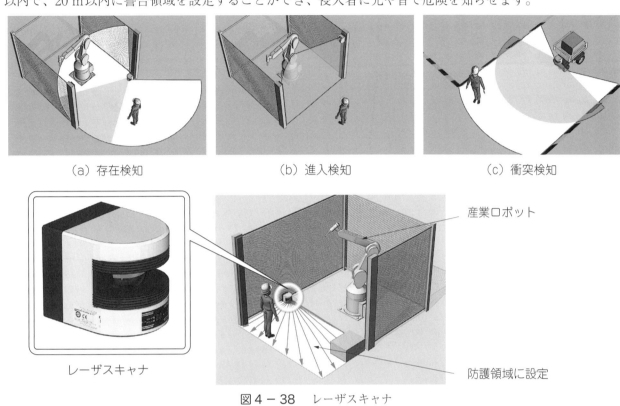

(a) 存在検知　　　　(b) 進入検知　　　　(c) 衝突検知

図4－38　レーザスキャナ

3－4　付加保護方策（ステップ2－2）

（1）非常停止スイッチ

　一般的に生産現場・プラント設備などで使用される機械・設備には作業者等の安全を確保するために、緊急に停止させることができる非常停止機能を備えています。これらの機械・設備には、異常やその兆候などが発見された場合、また、作業者が作業中に危険を感じた場合などに、非常停止機能を実行するためのスイッチが備えられており、非常停止スイッチといいます。

　非常停止機能は、図4－39のように入力部、論理部、出力部で構成されています。図4－40に非常停止スイッチの種類を示します。非常停止スイッチには、一般的に図（a）のキノコ形状をしたボタンが用いられ、操作盤上では他の操作ボタンより目立つ場所に、かつ押しやすいよう背丈の高いボタンを使用します。また、ボタンの色を赤色で目立たせ、非常時の混乱した心理状態でも確実に押すことができるようにしています。その他、図（b）ロープ式（長

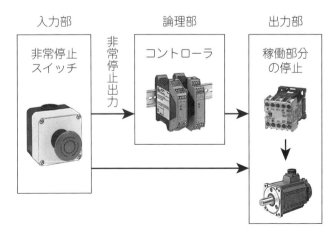

図4－39　非常停止機能

距離のコンベアなどで使用され、作業者が設備のどこからでも、ロープをつかんで引っ張ることによって非常停止をかけられるもの）や 特別な用途で用いられる図（c）足踏み式（保護カバーなし）[※1]がありますが、いずれも非常時の操作を考慮したものとなっています。

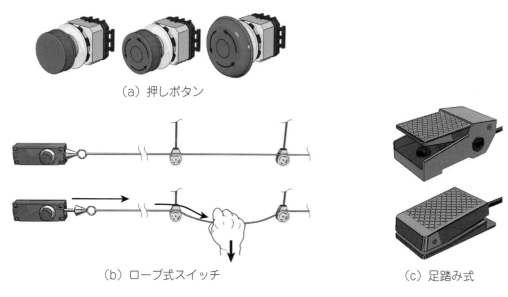

(a) 押しボタン

(b) ロープ式スイッチ

(c) 足踏み式

図4－40　非常停止スイッチ

3－5　使用上の情報の提供（ステップ3）

（1）信号・警報装置

　フォークリフトやクレーンのように人が運転する機械・設備を工場内での資材の搬送等に用いる場合は、運搬経路と作業領域を分けたとしても作業者の飛び出しや運転者の操作ミスなどの可能性により、確実に隔離と停止を行うことが保障できません。しかしながら、人に依存した安全確保の方法で災害のリスクをできる限り低減するために、信号、点滅灯などの光や警報音（サイレン、クラクションなど）で危険源の存在を知らせて注意喚起し、危険区域に作業者等が侵入しないようにすることが必要です。

　また、フォークリフトや搬送車にスピード超過の注意喚起をするための警告灯や警告装置を設け、使用者に対して、正しい使用を促すものもあります。

（2）表示・標識

　隔離と停止の原則により、生産活動中のリスクを除去した機械・設備であっても点検や修理等の保全作業を行う際には、隔離と停止の原則を解除した状態で作業を行わなければならない場合があります。

　例えば、電源や制御部の電気系装置は、通常、固定式のカバーで隔離され、感電のリスクを除去していますが、点検や修理でカバーを外すことになると充電部が露出し、感電の危険性が生じます。点検・修理等の保全作業は、技術的専門性を有する者が行いますが、「人間は間違えるもの」であり、リスクの低減を図るために表示や標識を用いて、作業時の注意喚起を促す必要があります。図4－41の変電所や特高・高圧受電設備のように、高圧危険や立入禁止といった表示が義務付けられている場合もありますが、表示義務のない設備であっても、注意喚起を行う目的で危険表示を行うことは重要です。

※1：足踏み式については、ISO13850:2006 又は JIS B 9703:2011 の 4.4.1 項に「特別の用途では、保護カバーなしの足踏みペダル」とされています。

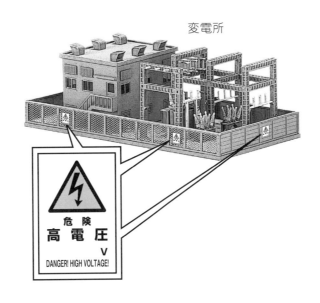

図4－41　表示・標式の例

また、インターロック機能付きの可動ガードで隔離された機械・設備で保全作業を行う場合は、作業者がガード内に入った状態となるので、主電源等を切り動力を遮断することで機械・設備の停止を確保する必要があります。この状態（安全柵又は扉が閉じられていると仮定）で他の作業者が保全作業中であることを知らずに、機械の主電源を入れてしまうと大事故になる可能性があります。そのような事故を防ぐために主電源スイッチ部分に図4－42に示すような作業中であることが明確に分かる表示を行います。

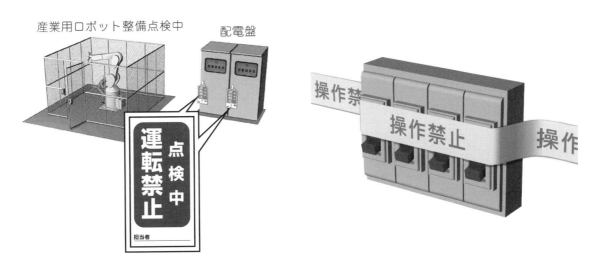

図4－42　点検作業中の表示

表示や標識は、機械・設備の残留リスクを作業者に知らせるだけでなく、リスクアセスメントでリスク低減措置を講じたものの、残留リスクとして作業環境中に存在しているさまざまなリスクを作業者を含む関係者に知らせ、共通認識とするために行う意味もあり、安全確保の最後の砦となります。

定期点検では、機械が停止している状態で行う項目と稼働させて行う項目があります。停止状態で行う点検については、誤って起動ボタンやレバーなどに触れて、誤動作させることを防ぐために、機械の主電源を切って（OFFにして、落して）行います。コンセントなどに接続して使用する機器については、電源プラグを抜いていること、また、配電盤から電源を接続している機器については、配電盤のブレーカを切って行

います。ここで重要なことは、配電盤で機械の主電源を切った際に、必ず「操作禁止」等の表示を行い、誤った電源の投入を防ぐことが事故を防止する最初の手順になります。

　機械を稼働させて点検を行う場合は、主電源を投入する前に点検対象の機械装置の電源スイッチがOFFになっていることを確認し、主電源投入後の突然の誤作動を防止しなければなりません。

（3）使用者への情報提供と残留リスクマップ

　機械の包括的な安全基準に関する指針又はISO12100では、本質安全設計→安全防護・付加保護方策→使用者への情報提供の3ステップメソッドによりリスク低減を図ることを要求しています（詳しくは第7章を参照）。リスクの低減は、基本的に本質安全設計及び安全防護・付加保護方策により行われることが前提になりますが、設計段階で除去又は低減できないリスクがある場合、メーカは、ユーザである事業者に、作業者に実施すべき保護方策（安全防護、付加保護方策、労働者教育、個人用保護具の使用など）の内容などについて残留リスク情報等として提供することが義務付けられています。これは「機械譲渡者（機械メーカ）等による機械の危険性の通知（安衛則第24条の13第1項)」により示されているとおりで、事業者が行うリスクアセスメントを適切かつ有効に実施するためのものです。情報提供の手段としては、機械メーカが作成する残留リスク一覧や残留リスクマップ等があります。

a　残留リスク一覧

　残留リスク一覧は、表4－2のようにリスクアセスメントにより残留リスクの項目を洗い出して作成されるものであり、そのほかには「作業に必要な資格・教育」、「取扱説明書参照ページ」、「機械ユーザが実施する保護方策」等の項目が記入されています。

表4－2　残留リスク一覧

No.	運用段階	作業	作業に必要な資格・教育	機械上の箇所	危害の程度	危害の内容	機械ユーザーが実施する保護方策	取説参照項目
1	運転	運転監視作業中		箇所の特定無し	警告	外装(シュラウド)の扉の安全装置が機能しなかった場合には、回転する機械に接触し巻き込まれる恐れがある。	回転中の機械に接近しないよう, 作業者に教育訓練を行う。	安全作業一般
2	運転	噛み込んだ容器の処理		箇所の特定無し	警告			
3	運転	噛み込んだキャップの処理		箇所の特定無し	警告			
4	運転	噛み込んだ容器を除去するとき		箇所の特定無し	注意	破びんで手を切る。	手袋等の保護具を着用するよう教育訓練を行う。	トラブルシューティング注意事項8
5	運転	リジェクト品を回収するとき	取説の内容を理解しオペレータ教育を受けた者	A	注意	回転中のリジェクトテーブルに手が触れる。	リジェクテーブル回転中は、リジェクトテーブルに手を近づけないよう, 教育訓練を行う。	警告ラベルの項
6	運転	リジェクト品を回収するとき		A	注意	容器に手を挟む。	リジェクト品の回収ときには、新たに排出されるリジェクト品に注意するよう, 教育訓練を行う。	安全に関する注意事項6
7	型替	蓋閉め機本体を昇降させるとき		B	注意	手を挟まれる。	手回しするときは稼動部分に人がいないか障害物がないか安全確認後必ず声をかけて合図をするなど、お互いに注意を促すよう, 教育訓練を行う。	保守点検に関する注意事項4
8	型替	機内を清掃するとき		C	注意	アタッチメントを足の上に落とす。	交換作業は安全靴等の保護具を使用するよう, 教育訓練を行う。	保守点検に関する注意事項12, 13

b　残留リスクマップ

　残留リスクマップは、図4－43に示すように、表の残留リスク一覧から必要な項目を特定して、その場所を機械・設備の写真、図面上に表示しているものです。機械・設備を使用する現場では、新たな機械・設備の導入時点において、この残留リスクマップを用いてリスクアセスメントを行う必要があります。しかし、現状としては、ユーザが残留リスク一覧、残留リスクマップの存在を知らない、知っていても活用しない、活用できないなどの問題があります。このことからも、日ごろから製品を購入した際は、取扱説明書を見て、機械・設備の残留リスクを把握する等の習慣をつけることが大切です。

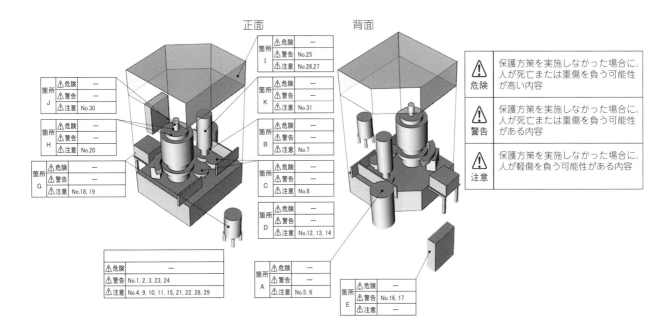

図4－43　残留リスクマップ

第5章	生産設備（機械・設備）の安全確保

　この章では、実践技術者の皆さんが従事する生産現場における安全確保について、身近で目に触れる機会の多い生産設備を題材として具体的に考察することによって、その基本的な思考パターンを習得するように編集しています。

　対象としている機械・設備は、第1節金属加工機械、第2節木材加工機械、第3節フォークリフト、第4節クレーン、第5節産業用ロボットの5種類です。これらの機械・設備は、生産設備として多様な現場で使用されているものです。皆さんのこれまでの日常生活や教育訓練環境での遭遇によって、その働きや動きを想像することができ、各人の技術的専門性の違いがあっても共通の認識を持つことが可能と思われるものを選定しています。

　各節の編成の基本は、最初に、その節で扱う機械・設備による代表的な労働災害を例題として示しています。皆さんは、第1章～第4章までの知識と各人の経験等を基にその発生原因と対策について考えてください。

　次に「なぜ事故が起きたのか？」を意識して、労働災害の特性等、機械・設備の構造、作業環境、安全対策等と読み進めることで、各節における原因分析と安全対策の検討を可能とする新たな知識を保有することができます。この部分については、自らの技術的専門性と異なる領域を含んでいるかも知れませんが、各機械・設備について深く学ぶわけではなく、生産現場における安全確保のための必要最少限の知識なので、先入観を持たずに読み進めてください。

　また、技術部分の知識に関しては、設計段階でのリスクの低減方法の手順に従い、①本質的安全設計、②安全防護対策（安全装置）、③使用上の情報提供の順番で整理するように努めています。

　そして、第1章～第4章＋本章各節の新たな知識を基にして、改めて例題の発生原因を解析していきます。その解析方法は、①技術（機械・設備）、②人（作業者等）、③システム（組織、仕組み）の三つの視点、つまり事故の発生メカニズムを考慮して紐解いていく思考パターンです。

　さらに、発生原因を特定した後に効果的な安全対策を検討しますが、その方法は、第2章に示す「リスク低減措置の決定方法」に基づき、①危険性又は有害性等を除去又は低減する措置、②工学的対

本章の構成と流れ

84

策、③管理的対策、④個人用保護具の使用、の順番で対策を立てています。ただし、例題の設定上、①危険性又は有害性等を除去又は低減する措置については、検討の対象外としています。

また、②工学的対策については、執筆時点で普及している技術を用いた対策としています。

各節の最後に設けてあるトレーニング問題は、そこまでの知識と思考パターンを使って解析及び対策の検討可能なものとして設定しています。実践技術者として現場で安全を確保できるよう、仮想的経験による知識の定着を図るために挑戦してください。

そして、工学的対策については、既存の対策に限定することなく、IoT、AI、VR、ARなどを含め、皆さんが想像できる技術を用いて検討してください。皆さんが活躍する生産現場は、近未来の生産現場ですから。

さらに、第6節には、暖房や蒸気発生等で使用されるボイラーについて記しています。ボイラーは長い産業史の中で多くの災害を引き起こしてきた装置ですが、現在は、ほとんど災害を発生させない安全対策の優等生といわれるまで進歩しています。本章のまとめとしてその安全対策を概観してください。

第1節　金属加工機械

1-1　事故事例

(1) 事例①

CNC（数値制御装置：Computer Numerical Control）旋盤を使用して軸部品（シャフト）の加工を行っていました。仕上げ加工が終わり、寸法を測ってみると、図面指示されていた寸法公差から1/100mm大きくなっていることが分かりました。最終の仕上げをするため、CNC旋盤の前扉を開け、軍手を着用してサンドペーパーを手で持ち、回転させている材料に押し当てて削ったことにより、手が巻き込まれ身体ごとCNC旋盤内に引き込まれた結果、身体を強打して死亡に至りました。

使用していたCNC旋盤は、前扉を開けても主軸が回転できるようになっていました。

図5-1　事故事例①

(2) 事例②

ボール盤を使用して金属のブロックに穴あけ加工を行っていました。

バイスの口金で固定できないような大きな材料だったため、手で押さえて作業を行いました。穴あけ作業中に、ドリルが材料にくい込み回転したことで、材料に手を強打し、切創及び骨折の重傷となりました。

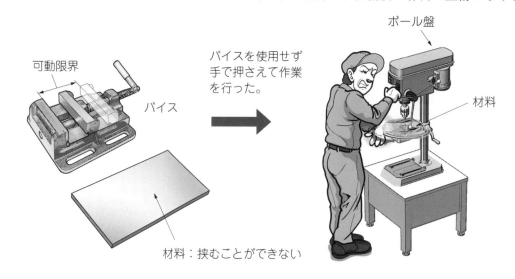

図5－2　事故事例②

（1）及び（2）の事故の原因と対策を考えてみましょう。

1－2　概　要

　ものづくりの現場において、材料を切削する加工は欠かせないもので、その方法には、ボール盤等を用いたドリルによる穴あけ加工をはじめ、面体を切削加工するフライス盤、主に円筒形の外周や内側を切削加工する旋盤、歯車加工の歯切り盤など、数多くの種類があります。

　中でもボール盤は、金属の加工のみならず、木材の加工、樹脂の加工などに広く用いられ、さまざまなものづくりの現場で活躍している工作機械です。ものづくり現場で働く誰もが、一度は使ったことのある機械といえるのではないでしょうか。

　また、フライス盤や旋盤は古くからものづくり現場での主力加工機として活用され、職業訓練の現場においても、金属加工機械の基本を学ぶものとして、ボール盤と併せて加工実習の題材として取り上げ、技能者の養成が行われてきました。現在では、大量生産の製品製造現場をはじめとして、CNC金属加工機械などの自動機に置き換わってきていますが、一品製作の試作品や機械保全の現場など、まだまだ活躍している機械です。

　これらの使用方法は、職業訓練のように、ある一定の教育訓練を受けることで、多くの人が使用できるようになるものですが、使い方を間違えると、大きな落とし穴が数多く潜んでおり、十分な安全作業の知識を持って作業を行わなければ、大きな災害につながる可能性があります。当節では身近な金属加工機械をいくつか取り上げ、安全の基本を学びます。

（1）災害統計からみる金属加工機械

　ボール盤、フライス盤及び旋盤の災害を厚生労働省が発表している事故型別起因物別労働災害発生状況(平成27年：死傷者数2,641人）で見てみましょう。ボール盤とフライス盤（ボール盤と同様に工具を回転さ

せて材料を切削する金属加工機械）を同じ分類として扱い、その災害は、金属加工機械で発生している災害の 11.9％となっています。同様に、旋盤（材料を回転させて、回転する材料に工具を接触させて切削する金属加工機械）は 10.8％を占めています（図 5 － 3）。

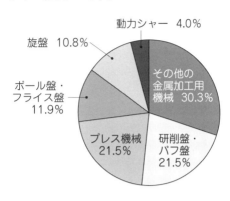

図 5 － 3　金属加工用機械による労働災害の起因物状況（平成 27 年）

「ボール盤・フライス盤」の災害を事故の型別分類で見ると、はさまれ・巻き込まれによる災害が最も多く 78％を占めています。「旋盤」の災害についても同様に、はさまれ・巻き込まれによる災害が最も多く 68％を占めています（図 5 － 4）。

また、自動加工機である CNC 加工機については、マシニングセンタが「ボール盤・フライス盤」に、CNC 旋盤は「旋盤」のカテゴリにそれぞれ含まれています。

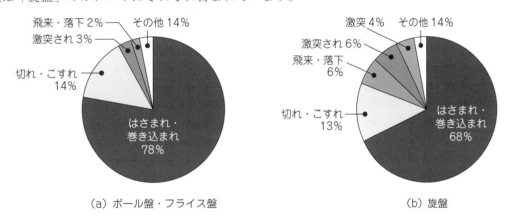

（a）ボール盤・フライス盤　　　　　　　　（b）旋盤

図 5 － 4　金属加工用機械事故型別労働災害発生状況（平成 27 年）

機械の災害全体を見ると以上のような割合となっており、ボール盤、フライス盤、旋盤の事故の型を比較すると、いずれも「はさまれ、巻き込まれ」が大多数を占め、次に「切れ、こすれ」が続く結果となっています。上記のデータでは、災害の具体的内容までイメージすることは難しいため、実際に発生した災害事例の具体例を確認してみましょう。

（2）金属加工機械による災害の主な状況

① ボール盤の災害

　（ア）ボール盤災害の「はさまれ・巻き込まれ」

- 刃物部に手や指を巻き込まれてしまった。

　　想定される災害　指の切創、骨折、切断、死亡　など

- 長袖の袖口をボタン留めしていなかったため、開けた袖口が巻き込まれてしまった。

想定される災害 指・腕の切創、骨折、切断、死亡　など

（イ）ボール盤災害の「切れ・こすれ」
- 手で材料を押さえて穴あけを行ったため、ドリルが材料にくい込んで回転したことにより、材料の端部に手を打ち付けてしまった。（事例②：図5-2）

   想定される災害　指の切創、切断、骨折　など
- 手で切り屑を取り除いたところ、指を負傷してしまった。

   想定される災害　指の切創、指の腱の切断　など

② 旋盤の災害

（ア）旋盤災害の「はさまれ・巻き込まれ」
- 回転しているチャック、材料などの回転部に絡みついた切り屑を手や刷毛などで払おうとしたり、回転部にウエスなどを持って接近したことにより手が巻き込まれた。

   想定される災害　手、腕の切創・骨折・切断、死亡など

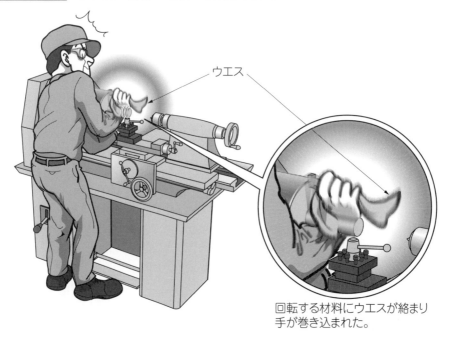

回転する材料にウエスが絡まり手が巻き込まれた。

- 回転している丸棒に注油するため、横送り台の上に置いていた注油用容器を手で取ろうとしたところ、回転中の丸棒に作業服の袖が巻き込まれた。

    想定される災害　腕・手首の骨折・切断、死亡など

回転中の材料に袖が巻き込まれた。

- 主軸を回転させ、手でサンドペーパーをかけたところ、丸棒（回転部）に手を巻き込まれてしまった。（事例①：図5-1）

    （旋盤災害における割合）31％（うち手袋、軍手を着用　39％）

    想定される災害　指の切創、骨折、切断、死亡　など

(イ) 旋盤災害の「飛来、落下」

- 旋盤を使用して、丸棒の中心に穴をあける加工を行っていた時に、チャックから材料が外れ、顔面に当たった。

    想定される災害　激突部の打撲、骨折、死亡　など

③ CNC旋盤の災害

（ア）CNC旋盤災害の「はさまれ・巻き込まれ」
- 誤って機械を操作し、その操作によって機械が動くことを予期していなかったため、材料と工具の間に手を挟んだ。

  想定される災害　手の切創、つぶれ、骨折、切断　など

（イ）CNC旋盤災害の「切れ・こすれ」
- 材料の切削加工中に切り屑を手で払おうとして、手を切った。

  想定される災害　指、手の切創・切断、巻き込まれによる死亡　など

1-3　金属加工機械の種類及び構造

上記の災害統計等で、金属加工機械の基本的な機器として、ボール盤や旋盤を紹介しましたが、ここで、その構造について説明します。

（1）ボール盤

ボール盤にはさまざまな種類がありますが、ここでは、卓上ボール盤及び直立ボール盤を紹介します。

a　ボール盤の種類

① 卓上ボール盤（ベンチドリル）

安定した作業台にボルトで固定して使用する金属加工機械で、金属材料や木材に直径13mm以下のストレートシャンクドリルを用いて穴あけ加工を行うことができます。材料へのドリルの送りは手動レバーで行います。

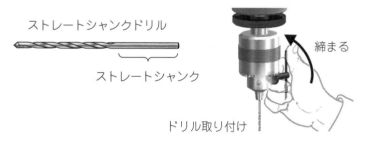

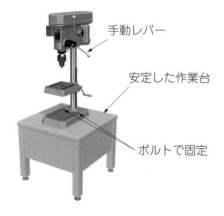

図5-5　卓上ボール盤

② 直立ボール盤

卓上ボール盤よりも大型で、コンクリート等の頑丈な床上に固定して使用します。電動機と減速機を有しており、複数の歯車の組み合わせで8段程度の変速を行うことができ、主軸回転数はおおよそ60min^{-1}から1800min^{-1}です。卓上ボール盤より低回転で使用できることで、より高いトルクで大きな穴径の加工ができます。穴あけ加工は、機種による違いはあるももの、おおよそ25mmまでの大きさのテーパシャンクドリルを使用して加工します。加工時の送りは手動及び自動送りが選択でき、タッピング機能（ねじ切り）を備えた機種があります。

図5-6　直立ボール盤

b　ボール盤の構造と性能

卓上ボール盤を取り上げて説明します。各部の名称は図5－7のとおりです。

ボール盤の動力は、単相又は三相の電源で稼働する電動機です。電動機の回転を装置の上部カバー内に配置されている3段から5段の多段プーリを介して増減速し、チャック部に取り付けているドリルなどの切削工具に伝えます。

主軸回転数は250min^{-1}から4000min^{-1}程度のものが多く使われています。

作業者は切り込みハンドルを用いて回転するドリル等の切削工具を下降させて、切削します。

詳しい使用方法については、使用するボール盤の取扱説明書・各種教材等を確認してください。

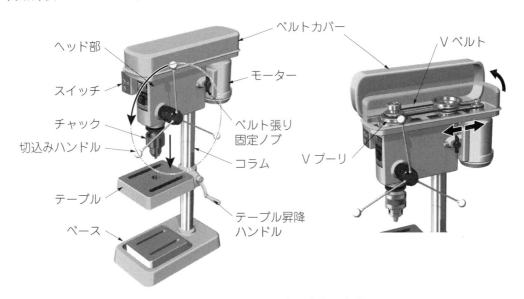

図5－7　卓上ボール盤の各部の名称

ボール盤の上部を見ると、VプーリとVベルト部はベルトカバーで覆われ、巻き込まれ防止措置は取られていますが、作業を行う場所（チャック部（回転部）から材料を固定するテーブル上部（切削加工を行う場所））と作業者は、ガードやカバー等で隔離されていません。このため、材料が作業者に向かって飛来することや、作業者の手が回転する切削工具に触れて切創や巻き込まれの災害が発生する可能性があります。安衛則第111条では、ボール盤に限らずすべての回転機械において、巻き込まれの災害を防止するため、作業者に手袋を着用させてはならないとしており、作業者は、事業主から手袋の着用を禁止された場合、これを使用してはならないとされています。

ここで、手袋を使用して作業を行うとどのくらい危険なのか確認してみましょう。200Wクラスの電動機を搭載する小型の卓上ボール盤であっても、鋼材に直径13mm程度の穴を加工することができます。これを考えると、人の手を巻き込み、重傷を負わせる力が十分にあるとイメージできるのではないでしょうか。

具体的に回転する工具のトルクTを計算すると次式のようになります。

トルクT【N・m】＝定格出力【W】÷定格回転数【rad/s】 ……………………………………（1）

　※min^{-1}は、1分間の回転数です。これをrad/s（毎秒で何ラジアンか）の角速度に換算します。

$$N\,(\mathrm{rad/s}) = \frac{n\,(\min^{-1})}{60} \times 2\pi \quad\quad\quad\quad\quad (2)$$

（2）を（1）に代入すると次式となります。

$$T = W \div \left(\frac{n}{60} \times 2\pi\right) \quad \cdots\cdots\cdots (3)$$

例えば、200Wのモータを1750min^{-1}で使用すると（3）式より

$$T = 200 \div \left(\frac{1750}{60} \times 2\pi\right)$$

$$= 1.1 \text{ N·m}$$

1kgf＝9.8Nで換算すると、1.1÷9.8≒0.1 kgf·m

あくまで負荷を考慮しない状態での値ですが、図示するとおおよそ図5－8のようなイメージになります。

これは1750min^{-1}で回転している状態のトルクであるため、高速で回転している軸に手を入れると危険であることはイメージできると思われますが、プーリベルトの掛け替えにより570min^{-1}まで回転数を落とします。

図5－8

（1）及び（2）式から定格出力【W】を求めると次式となります。

$$W = T \times \frac{n}{60} \times 2\pi \quad \cdots\cdots\cdots (4)$$

モータの定格出力【W】は一定（各種抵抗は考慮しない仮定）のため（4）式より

$$W_1 = 1.1 \times \frac{1750}{60} \times 2\pi \qquad W_2 = T \times \frac{570}{60} \times 2\pi$$

$$W_1 = W_2$$

$$\therefore T = \frac{1750}{570} \times 1.1 = 3.4 \text{N·m} ≒ 0.34 \text{kgf·m} \quad \cdots\cdots (5)$$

1750min^{-1}の時のおおよそ3倍のトルクに変化したことがわかります。

また、直立ボール盤や旋盤で確認してみると、歯車の変速機構を備えており、卓上ボール盤よりもさらに低い回転速度が可能となり大きなトルクで大きな径の穴加工を行うことができます。

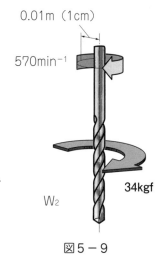

図5－9

ボール盤や旋盤の災害で最も多いのは、当節の1－2で紹介した事例のような、手袋の着用による巻き込まれです。主軸が空転している状態で巻き込まれた場合、おおよそ上記の計算で想定する状態から災害が発生することになります。プーリで動力伝達しているので、若干の滑りはあるものの、巻き込んだ瞬間、材料の加工時と同様にモータへの負荷は増加しますが、増加した負荷に対し、電流を多く流してトルクを増加させる特性があるため、結果として上記の式で示す以上の力が発生します。これを人の力で押さえようとすることは不可能であり、致命的なダメージを負うのは一瞬の出来事です。

また、身に着けている軍手を考えた場合、複数本の繊維を紡いだ糸から編み込んで生地を作っていることで、伸縮性に優れ、切れにくくなっています。実際に軍手を手に取り、素手で引きちぎれる方はそういないでしょう。これを着用して、回転する切削工具や切り屑に触れた場合、その素材の「破れにくい・切れにくい」という特徴から手ごと引きずり込まれ、大きな災害に発展します。手袋を引きちぎって人力で逃げることは非常に難しいといえます。これは皮手袋の場合も同様です。

さまざまな製造業の事業所で回転機械は使われています。ここで重要なのは、回転する機械の回転部分は、機械の特性にもよりますが、低速回転であっても、その力は人間の力では到底止めることができない大きな力であるこということです。電源を切った後に、惰性で回っているものも同様です。このことから、ボール盤に限らず、あらゆる回転物に手を触れる、近付くということは絶対に行わないよう、肝に銘じて業務を行う必要があります。

（2）旋　盤

旋盤にはさまざまな種類がありますが、ここでは、旋盤（汎用）及びCNC旋盤を紹介します。

a　旋盤の種類

① 旋盤（汎用）

旋盤は主に円筒形状の外径、穴、内径に加え、テーパやねじ加工等にも使用できる軸加工には欠かせない工作機械です。

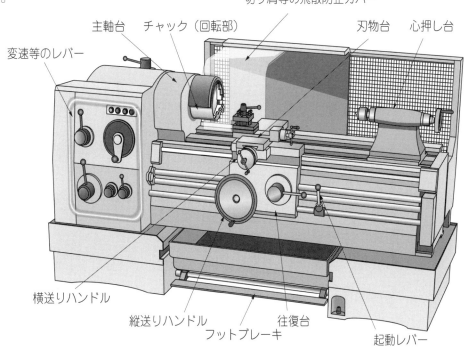

図5－10　旋盤（汎用）

作業者が機械の前に立ち材料や切削工具を取り付け、切削工具を取り付けている刃物台の送りなど、手動の操作で切削工具の位置を移動させ、回転する材料に接触させて切削する機械です。

旋盤の各部ハンドルによる往復台及び刃物台の動きを図5－11に示します。

図5－12に材料を三つ爪チャックに取り付ける際の取付け作業を示します。チャックハンドルを締付け用ネジ頭部に差し込んで回すと材料をくわえる爪が動き、材料の取付け取外しを行うことができます。

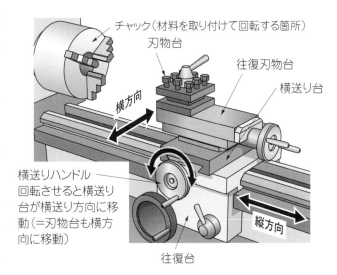

図5－11　往復台及び刃物台の動き

第1節　金属加工機械

図5-12　旋盤への材料の取付け作業

表5-1　外径切削と内径切削

加工方法	図	加工方法	図
外径切削 （円筒の外周面を切削）		内径切削 （穴の内側を奥に向かって切削）	

　表5-1で示した加工では、外径切削バイト、内径切削バイトがそれぞれ必要になります。他にも仕上げ加工に使用するバイトや、円筒部に垂直な溝や材料を切り落とす際などに使用する突切りバイト、ねじを加工するためのねじ切りバイト、側面（旋盤では端面という）を削る端面削りバイトや面削りバイトなどさまざまなバイトがあります。刃物台には、概ね4種類のバイトを取り付けることができますが、加工の作業中に、加工方法に合わせて、バイトを交換する必要があります。

② CNC旋盤

　CNC旋盤は、上記①で紹介した旋盤の工具の動き、主軸回転数の制御に加え、使用工具の交換、切削油の吐出等の制御や、材料をロボット等で自動送給し、自動でチャッキングすることや長尺の加工対象物を加工して切り落とし、自動で送給して連続切削できるものなど、切削加工の一連の動作を数値制御装置を用いることにより可能にした機械です。

　複数の工具をタレットと呼ばれる旋回可能な台座に取り付け、プログラムによって必要な工具を適宜使用することができます。またターニング機能（フライス削り、穴加工）を備えている機械もあり、ドリルを装着しているホルダは、ドリルそのものを回転させることができるので、円周上に穴を開けるなど、幅広い加工が可能となっています。

図5-13　CNC旋盤

　CNC旋盤は、切削加工中は自動運転されることと、チャックや切削工具等がガードで覆われることにより、作業者と危険源を完全に隔離できるので、災害発生

のリスクはきわめて低くなります。ただし、材料の取付けや工具の交換など切削が終わった後に、機械の中に身を乗り出して（機械の大きさによっては中に入って）作業を行う必要があり、このとき、作業者と切削工具等との隔離はできないため、他の作業者による誤操作など予期せぬ機械の動作により、巻き込まれ災害が発生するなど、汎用機械とは異なる災害発生リスクが生じています。

CNC工作機械はCNC旋盤のみならず、フライス盤を自動化したマシニングセンタ、そのほかにもレーザ加工機、放電加工機などさまざまな機械があり、これらCNC工作機械の普及は、作業者が加工作業に直接関与する時間を大幅に減少させ、汎用機械と比較して、災害の発生リスクを大幅に減少させることに寄与しているといえます。

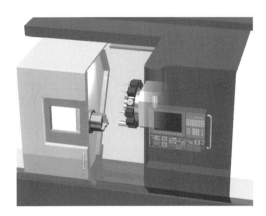

図5-14　タレット

（3）機械加工における切り屑の危険性

図5-15は、旋盤加工によって材料切削しているときに発生した切り屑です。加工の条件や材料によっては、図(a)のように、長い切り屑が出ることがあり、切り屑による災害も発生しますので危険性を十分に把握してください。

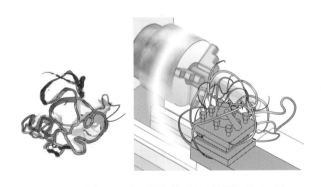

（a）長い切り屑（工具や材料に絡まる）　　　　（b）短く切れる切り屑（良好）

図5-15　旋盤の切り屑のかたち

長い切り屑が出ると、切削工具や材料に絡まって材料（製品）を傷付けることがあります。また切り屑の引っかかり方によっては、切削工具の刃先を破損することがあるので、加工作業者は、材料に絡まった長い切り屑を除去したいという発想になります。作業を急いで手で取り除こうとした場合、長い切り屑は針金のように強くまたカッターのように鋭利なため、手などを切創することがあります。また切り屑が作業服にからみ付いて身体を引き込まれるなど、大きな災害になることがありますので、切り屑を取り除く際は、ニッパーなどの工具を使用してください。

1-4 作業環境等

ボール盤や旋盤などの金属加工機械の災害には、巻き込まれや切創などの災害のみならず、感電や火傷、切り屑や油の飛来など、さまざまな事例があります。それらの対策として、機械の設置時の一般的な安全対策及び作業者が作業をしやすい環境をつくるための基本である「整理・整頓・清掃・清潔・しつけ」について説明します。

また、機械に添付されている取扱説明書には、安全に関する注意や警告が掲載されていますので、機械を使用する前に必ず確認する癖をつけてください。

(1) 金属加工機械の設置時（購入時や設置場所の変更など）における安全措置

- 工作機械の設置

　卓上ボール盤であれば、安定した土台（床）に設置されている作業台に設置します。また、旋盤やフライス盤、CNC工作機械のような重量のある金属加工機械は、平滑で傾斜のないコンクリート床にアンカーボルトを埋め込んで固定するなどの方法をとります。コンクリート施工の条件については、金属加工機械の設置時にどのようなコンクリート床が適切なのか、推奨される施工の方法を公開しているメーカもあります。図5－16は、卓上ボール盤を作業台に据え付ける際の取り付け例です。

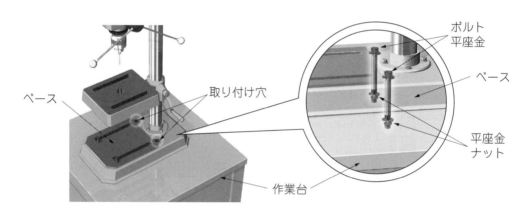

図5－16　卓上ボール盤の作業台取付け方法

- 漏電遮断器の設置

　機械の配線経路上に、感電防止用の漏電遮断装置（漏電遮断器）を取り付ける必要があります。漏電遮断器の種類としては、作業場所に設置されている分電盤内の配線上に設置する漏電遮断器、電動工具や卓上ボール盤のような小型の工作機械をコードリールで接続する場合は、漏電遮断器付きのコードリール、壁に設置されているコンセントに直接接続する場合は、壁等のコンセントと電源プラグの間にプラグ型漏電遮断器（漏電保護タップ）を取り付ける方法があります。

漏電遮断器　　　　漏電遮断器付きコードリール　　　　プラグ型漏電遮断器

図5－17　漏電遮断機

- アース施工

 機器内で短絡(ショート)等による漏電が原因で発生する感電事故を防止するため、アース施工(接地)を行ってください。

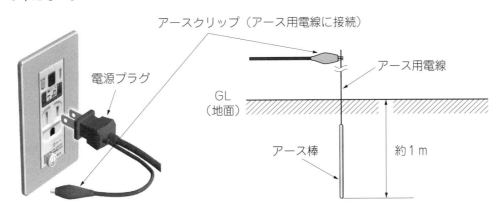

図5-18 アース施工

- 手元の明るさ

 作業をする上で適切な照度を確保する必要があります。

(2) 整理・整頓・清掃・清潔・しつけ(5S)

 5Sについては、第3章第2節で述べたとおりですが、金属加工機械を安全に使用するためには、使用する工具や材料が整理されており、いつでも使いやすいようにあらかじめ決めた場所に置かれていることが必要です。このように整理・整頓を行うことで、動作時間の短縮や無理な動きを少なくするなど、効率よく安全に作業を行うことができます。このことは、長時間の作業で疲労を少なくさせる効果があり、安全と関連深いものです。

 また、機械や工具を清掃し、常によい状態を保っておくことは、これらの破損による災害を防止するためにも確実に行っていく必要があります。清掃により、切り屑や汚れを取り除くことで機械の故障などの不具合を発見することもあります。破損等が見つかった場合は、他の作業者にも分かるよう、破損していることを張り紙などで表示するなどして使用を停止し、できる限り早く破損箇所の補修を行って本来の性能が発揮できる状態に保つことも災害を防止する上で重要になります。

1-5 安全対策

(1) 金属加工機械に備わる安全対策 ～技術的側面として～

a ボール盤

 ボール盤は、古くから基本的な構造は変化していませんが、巻き込まれ防止のカバーなど、安全対策が講じられてきています。図5-19に示すベルト・プーリ・モータ回転部のカバーのように直接的な安全対策のみならず、作業中にテーブル上下移動を容易に行えるよう稼働ハンドルを装備したこと、バイスや材料を固定する長穴など、安全に作業できるような改善が図られています。

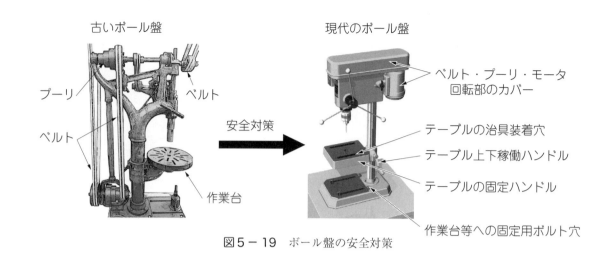

図5-19 ボール盤の安全対策

　以上のように、過去に発生した災害の事例やリスクアセスメントなどを経て安全対策が取られてきていることを十分に理解し、安易にカバーを取り外さないこと、ボール盤本体が作業台にしっかり固定されていること、バイスやシャコ万力等を使って材料の固定を確実に行うことなど、危険な状態が発生しにくい作業環境を維持することが重要です。

b　直立ボール盤

　直立ボール盤は、卓上ボール盤と同様の手動操作による加工に加え、自動送りを備えているため、材料へのかみ込み時など、機械の破損を防止するために、ヒューズや可逆式電磁接触器（正転時と逆転時の両方を保護するため）などの過負荷に備えるための装置が備えられています。

c　旋盤

　旋盤は、機械ごとに電動機を装備しており、電動機及び歯車などの回転部を筐体内に収め、巻き込まれや挟まれ防止策を講じています。

　切り屑や切削中に材料が外れた場合など、作業者を保護する目的で、飛散防止のガードが取り付けられている機種もあります。作業の特性を考慮すると、作業者と機械（材料や切削工具含む）をガードの設置などによって十分に隔離することが難しい機械ではありま

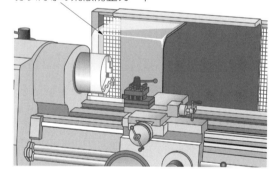

図5-20 旋盤の安全対策

すが、多くの種類で、後付けすることもでき、リスクの低減を図ることができることから、教育訓練の現場のみならず、事業所の現場でも見られるようになってきました。

　自動送りについては、往復台内部の歯車装置により、縦送り、横送り、ねじ切り送りができるようになっていますが、そのうちの一つが動作している間は、他の送りはできないようになっており、また、一定以上の負荷がかかった場合に送りを停止させる過負荷防止装置が設けられています。

d　CNC旋盤

　旋盤で課題となっていた、人と加工エリアの隔離に関する措置として、機械全体を大きな箱で覆っており、段取り替えや点検などの非定常作業時に行う工具の交換や材料の取付け取外しは、決められた扉を開けて行います。作業を行っているときに、誤った電源投入で誤作動を起こすことのないよう、扉端部にセ

ンサを設置して、扉が開いているときには動作することのないよう、インターロックを備えています。インターロックについては、第4章を参照してください。

（2）教育訓練による安全対策　～人間的側面として～

ボール盤や旋盤のように、安全管理を作業者に任せざるを得ない機械における災害を防止するため、入職間もない者や配置転換等でその業務に従事することになる経験の乏しい者に対する安全教育を確実に行うことが義務付けられています（安衛法第59条、安衛則第35条）。重要なことは、これらの安全教育で習得した安全作業の内容を継続させることです。そのためには、作業開始前に作業内容を確認した上でKYを行うことや定期的に作業手順書の見直しを行うなどの取組みを継続させ、安全教育を受けた際に習得した作業内容の忘れ、ケアレスミスや近道行動の防止を徹底（意識付け）することで、予見可能な危険性による災害を防止することができます。

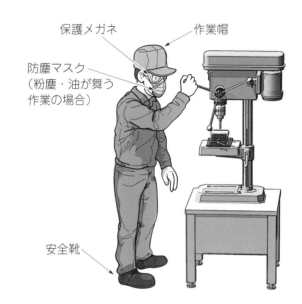

図5－21　金属加工作業（ボール盤）における保護具例

上記の教育では、作業に必要な保護具の着用について理解し、確実に使用する必要がありますが、その選択については、あくまでリスクアセスメント結果を踏まえ、金属加工機械に対する保護方策を講じた上で、残留するリスクに保護具で対応するという手順を踏んでいることが必要です。第2章でも述べたように、安易に保護具に頼り、本質的安全の突き詰めをおろそかにすることはできません。保護具は、第3章で紹介したように、適切に身に着けることで、本来の性能が発揮されます。ボール盤の作業を行うに当たり、適当と考えられる保護具の例は図5－21のとおりです。

作業に従事する自らの身を守るのはもちろんのこと、共に働く者が災害に遭わないよう、使用する機械の構造、安全作業手順の確認を行うことが重要になります。また保護具には、推奨される使用期限が定められているものもあります。これらの内容は、保護具メーカが発行する取扱説明書や検査証書等にも記載されていますので、必ず目を通し、記載されている安全作業を必ず守るようにしましょう。

以上のことは、本章で取り扱う生産設備（機械・設備）を用いた作業に共通した考えであり、すべてのものづくり現場に当てはまることです。

（3）組織として取り組むべき安全対策　～管理的側面として～

事業者に災害が発生しないような職場環境の構築・改善を求めるのは、先に述べたとおりですが、作業に従事する者についても、事業者が構築した作業環境で災害が発生することのないよう、次の内容に注意を払って作業を行うことが求められています。これらの取組みは、労働安全衛生マネジメントシステムの日常的な安全衛生活動に組み込み、事業所で行われているすべての安全衛生活動を常に改善し、スパイラルアップさせる仕組みを作ることが重要です。そのためには、労働安全衛生マネジメントシステムにおいて策定する安全衛生計画に明記され、組織として合意を得た上で実施されていることが必要になります。

a 作業手順書の策定及び周知

第3章第4節でも記載したとおり、材料の種類、形状等のさまざまな状況に対応できるよう作業方法と手順を定め、手順から外れる作業を無くすことが災害撲滅の第一歩です。

新たな材料や形状の加工が指示された場合は、新たに作業方法及び手順を定め、随時、作業者に周知徹底することが重要です。

点検及びメンテナンス時において注意すべきことは、必要な点検表や作業手順書が整備されていること、作業手順書には、第3章第4節で説明したように、安全作業に関する注意事項などの記載があり、作業開始前のKYに使用できるようにすることが基本となります。

b SDSシート（安全データシート）の周知

金属加工作業では、潤滑油や脱脂材などさまざまな油や有機溶剤等を使用することがあります。使用する化学物質は必ずSDSシートを入手し内容を確認した上で、作業者にも周知し、必要な保護具の使用や局所排気装置などのばく露防止対策を行う必要があります。万一、目に入った場合など、想定される災害時の対応方法についても把握しておきましょう。

c 危険性の表示

明確になった危険性は、機械の見えるところに貼付又は機械の近くに掲示することが災害を防止するための意識付けに必要です。図5-22は、機械の使用上の危険性を図示したもので、その一つ一つを警告ラベルと呼んでいます。

警告ラベルは機械の製造メーカが使用者に対し製品に残留するリスクを絵で表現して情報提供しているものです。それぞれのデザインは、大筋その災害の状況を表現しているものの、製造メーカによって異なりますので、警告の内容に関する詳細を把握したい場合は、当該機械に添付されている取扱説明書を確認してください。

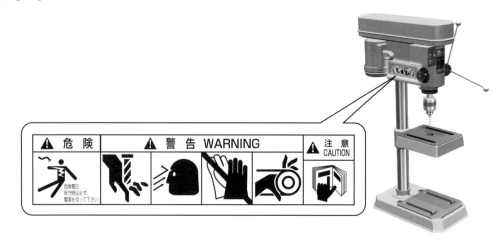

図5-22　警告ラベルの例

d 各点検、メンテナンス等による管理的対策

作業開始前点検、月次点検など、ある一定の期間を定めて、定期的に行い機械の状態を把握することが重要であり、各点検において不具合等が発見された場合は、放置することなく速やかにメンテナンスを行う必要があります。

点検を行うに当たり、次のような点検項目を取りまとめた点検表を作成し、機械の近くに設置しておくことで、点検の忘れや点検もれを防止することができます。近年では、タブレット端末などを使用して、

点検結果を機器データベースに直接記録できるような仕組みを導入している例もあります。

表5-2　卓上ボール盤の点検項目例

点検項目	点検方法	点検基準
本体の据え付け	手触	据え付け不良（ぐらつき）がない
プラグ・コード	目視・手触	破損がない
Ｖベルト	張り具合	適切な張りに調整されている
各部の注油	目視	可動部がスムーズに動く
主軸操作レバー	手動でレバーを回す	スムーズに昇降し、離すと元の位置に戻る
テーブル	目視	かえり、ひびがない
テーブルの昇降	昇降レバーを回す	スムーズに昇降する
テーブルの回転	水平に移動する	スムーズに移動する
テーブルの固定	固定レバーを回す	しっかり固定できる
ドリルチャック	手で回す	爪の動きにガタがなくスムーズに動く
	目視	爪に傷・かえりがない
主軸の起動・停止	起動スイッチを入れる	表示ランプが点灯する
		主軸が回る
		異常音・発熱がない

1-6　事故の解析

（1）事例①の解析

　この事例は、作業者が軍手を着用していたこともあり、結果として回転する加工物に手が巻き込まれ、身体ごとCNC旋盤内に引き込まれた結果、身体を強打して死亡するという痛ましい災害となりました。

a　CNC旋盤の構造上の特徴から原因を探る

　作業者の身体の一部が機械に入った状態で作業を行うことができたことからも、インターロックが備えられていなかった、又は、インターロックが無効化されていたことが、原因としてあげられます。

b　作業者の作業方法から原因を探る

　回転する材料に対して軍手を着用した手でサンドペーパーを持ち、回転する材料に押し当てて仕上げ加工を行うことは、特に危険な行為であり、作業者の慣れや油断、又は、危険に対する知識不足から行ってしまった行動に原因があるといえます。

c　業務管理上から原因を探る

　この会社では、受注した加工物に対応した作業に使用する機械、作業方法、作業に関する禁止事項等を、会社の組織として検討せず、作業手順書を作成することもないままに、作業者の判断に任せて作業を行わせていました。さらに、作業者に対する基本的な安全衛生教育、経営者による職場の巡視等の安全衛生管理について行っていなかったことからも、社内の安全意識の希薄さが原因であると考えられます。

d　対策

　管理的対策として、1/100mmのように僅かに要求されていた寸法よりも大きくなった場合の対策を改めて、検討する必要があります。仕上げの切削工具でもう一度削ることが考えられますが、社内でそのような

場合の対応策を決め教育しておくことが必要です。事例のようにサンドペーパーを使って、直接材料を研磨するような方法を取ることのないようにしなければなりません。

そこで、機械的措置として、前扉を開けた状態（加工するエリアと作業者が隔離されていない状態）で機械が稼働することは危険なため、インターロックの条件を改めて確認・検討し、安全確認型の自動加工機として使用できるように整備することが必要です。

（2）事例②の解析

この事例は、作業者がバイスで固定できない材料を手で持って加工したことにより結果として、手が材料に強打され、切創及び骨折するという重傷を負うことになりました。

a　ボール盤の構造上の特徴から原因を探る

ボール盤に備え付けられているべき固定治具がなく、製作を急ぐあまり、手で押さえて穴あけ作業を行ってしまったことが原因としてあげられます。

b　作業者の作業方法から原因を探る

本節の1-3で述べたように、回転機械が回転する力は、人の力で押さえられるような力ではありません。手で材料を固定して作業を行った場合、材料がドリルにかみ込み回転することなど、回転する材料で手を切ったり、打ち付けたりする可能性があり、大変危険な行為となります。このような作業を行わないよう周知し、バイスやクランプ等の固定器具を用いて、材料に合わせた固定の方法を決め、機械の周囲にこれらの道具が常に設置されているよう整理整頓された状態にしておくことが重要です。

c　業務管理上から原因を探る

事例①と同様に、安全な作業手順の検討を怠り、作業手順書の作成も行っていませんでした。受注した後に、加工工程を決める過程において、自社の設備でどのような加工を行うのか計画しておく必要がありますが、これを現場の作業者一人ひとりに丸投げしており、そのような状態から場当たり的な対応をせざるを得なかったことが問題です。製作することが第一となり、安全に対する意識が希薄になったことで、このような事故が発生したといえます。

d　対策

ボール盤ではなく、マシニングセンタやフライス盤などの別の工作機械で、材料を固定できる器具がある場合は、使用する機械を変更することも対策の1つになります。適切な機械がない場合は自社内での加工はできないという判断をすることも重要になりますが、これは、現場でなかなか判断できないため、組織として、問題が発生した際の課題解決の方法（外注など）を決めておく必要があります。

トレーニング問題

旋盤の作業を行っている作業者Ａが、チャックハンドルで材料を固定する作業を行っています。（作業の状況は、図5-12「旋盤への材料の取付け作業」を参照して下さい。）
下記の問について考えてください。
リスクの同定及び低減方法については、第2章第2節の手順及び第4章を参考にしてください。

（問1）　旋盤の作業において、チャックからチャックハンドルを取り忘れた場合の事故の発生を想像し、その原因と対策を技術的側面、人間的側面、及び組織的側面から考えてください。

（問2）（問1）以外にチャックハンドルで材料を固定する作業における危険性を同定し、同定した危険性をリスク評価してください。

さらに、評価したリスクに対するリスク低減措置を検討してください。

第2節　木材加工機械

2－1　事故事例

（1）のこ刃との接触による災害（事例①）

この事故は、横切り丸のこ盤を使用して、板材の切断作業時に発生したものです。

作業者Aが板材を切断していたところ、丸のこが節部にかかり加工材が激しく振動したので、あわてて挽き道を手で押さえたところ、のこ刃と手が接触して指を切断しました。

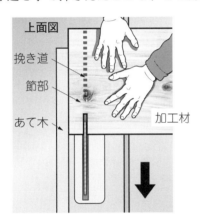

図5－23　事故事例①

（2）材料の反ぱつによる災害（事例②）

この事故は、木材や木製品を製造する事業場で、丸のこ盤を使用して、板材の縦びき作業時に発生したものです。

この事業場の木材加工部門は、丸のこ盤1台、帯のこ盤1台、かんな盤6台が設置されており、主に建築資材を注文に合わせて加工する作業を行っていました。

災害発生当日、作業者B及びCは、共同で丸のこ盤による縦びき作業を行い、Bが板材（長さ4,920mm、幅150mm、厚さ20mm）の供給側に立ち、切断する板材を供給し、Cが切断された板材を受け取る側に立ち、切断した板材を丸のこ盤の横にある台車に乗せていました。

約30本の板材を切断し終え、それまでと同様に、Cが切断し終わった板材を台車に重ねようとしていたところ、この板材が回転中の丸のこ盤の刃に引っかかって反ぱつし、Bに飛来・激突しました。Bは直ちに病院に搬送されたが、死亡しました。

第2節　木材加工機械

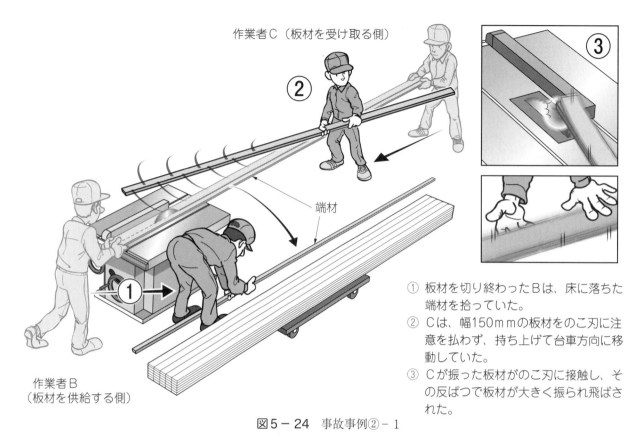

① 板材を切り終わったBは、床に落ちた端材を拾っていた。
② Cは、幅150mmの板材をのこ刃に注意を払わず、持ち上げて台車方向に移動していた。
③ Cが振った板材がのこ刃に接触し、その反ぱつで板材が大きく振られ飛ばされた。

図5－24　事故事例②－1

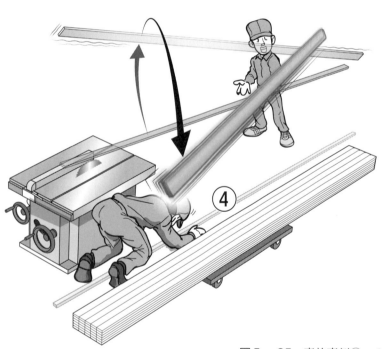

④ 飛ばされた木材が、端木を片付けていたBに激突した。

図5－25　事故事例②－2

👉 （1）及び（2）の事故の原因と対策を考えてみましょう。

2－2　概　要

　木材加工機械には、丸のこ盤、帯のこ盤、かんな盤、ほぞ取り盤などがあり、本節では、木材加工機械の危険性と作業上の安全確保の留意点及び作業者の基本行動について学びます。

木材加工機械は、現場作業の能率向上を図るため、手工具で行っていた木材の切断、表面切削等の加工作業を迅速かつ効率的に行うものであり、一般に、他の工作機械類と比べて構造が簡単であり、人手による操作や作業が多く、取扱い上の危険性や災害要因を多く含んでいます。

平成 27 年の労働災害発生状況を見ると、全業種の死傷者は 116,311 人で、このうち木材加工用機械による死傷者数は 1.8% の 2,059 人です。

この死傷者数を業種別に並べると、図 5 − 26 に示すとおり建築工事業が 480 人、木材・木製品製造業が 479 人、林業が 322 人、家具・装備品製造業が 235 人です。

これらの死傷者数が各業種で発生した労働災害に占める割合は、建築工事業が 5.4%、木材・木製品製造業が 38.8%、林業が 19.9%、家具・装備品製造業が 52.1% となることから、木材・木製品製造業と家具・装備品製造業で木材加工用機械による災害の占める割合が高い傾向です。

次に、起因物別（機械ごと）の災害発生状況は、図 5 − 27 に示すとおり丸のこ盤が 42.3% と突出し、続いて、チェンソー、かんな盤、帯のこ盤の順です。

さらに、事故型別では、図 5 − 28 に示すとおり切れ・こすれが 78.5% と突出し、続いて、はさまれ・巻き込まれ、飛来・落下、激突されの順です。

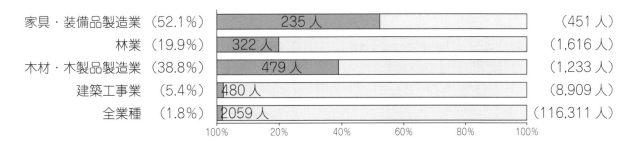

図 5 − 26　業種別の労働災害発生状況のうち、起因物が木材加工用機械の割合

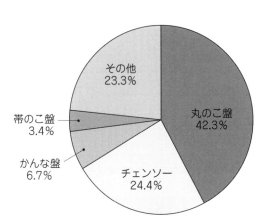

図 5 − 27　木材加工用機械による労働災害の起因物状況（平成27年）

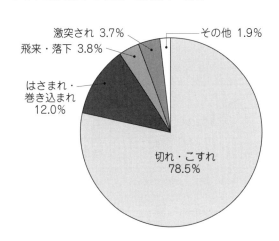

図 5 − 28　木材加工用機械事故型別労働災害発生状況（平成27年）

また、木材加工機械による切断作業及び切削作業における災害の多くは、のこ刃に起因するものであり、①作業者の手や腕等が鋭利な刃先に接触することによる災害、②切断作業のため高速回転するのこ刃に木材を手で押し出すときの材料の反ぱつによる災害の2つに分けられます。

2-3 木工機械の種類及び構造

　木材加工機械には、多種多様な機械があり、製材機械、木工機械、集成材機械、合板機械に大別されますが、さらに、製材機械は、丸のこ盤、帯のこ盤、調木機械、（例：チェーンソー）などに分類され、木工機械は、切断や切削用の木工のこ盤、表面加工用のかんな盤、穴あけ加工用の木工穿孔盤（木工ボール盤、角のみ盤）等に分類されています。

　ここでは、上述の災害統計で最も多い起因物である木工のこ盤を取り上げて、その構造と切削理論から災害発生のメカニズムを探っていきます。

(1) 丸のこ盤の構造

　丸のこ盤は、円盤状の丸のこ刃をモータで高速回転させ、作業テーブル上の木材をガイドに沿って、刃にあてがうよう動かし切断する機械であり、この機械の外観を図5-29に示し、この主要部分を表5-3に示します。

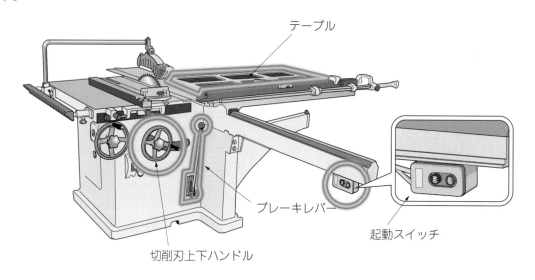

図5-29　丸のこ盤

表5-3　丸のこ盤の主要部分

		名　称	役　割
主要部分	1	回転軸	丸のこ刃を取り付ける。
	2	軸受	高速回転する回転軸を支持する。
	3	機体	テーブル及び各部品を支持し、高速回転による振動に耐える構造で、機体内部に昇降及び傾斜装置を有する。
	4	テーブル及び定規	木材を安定して送り、所定のサイズで支えて引く。

　丸のこ盤は、図5-30のとおり鋭利でかつ高速で回転する丸のこ刃によって切断します。切断作業時は、テーブルと安全カバーとの間隔は、材料の厚さ＋aが必要となり、手や指が刃部に接近し接触する危険性と切断中に材料がバタつく危険性があります。

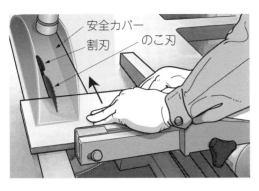 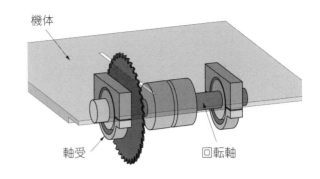

図5－30　丸のこ盤による切断作業

次に、図5－31（a）に携帯用丸のこ盤の外観を示します。

携帯用丸のこ盤は、木材加工を行う建設業などのさまざまな現場作業で広く使用され、家庭内の日曜大工やDIYでも使用されています。

この機械は、図（b）のような回転方向のため、回転する丸のこ刃と切断する材料とが反ぱつする危険性があります。この災害としては、指の切断、大腿部の裂傷等の重篤なものが多く発生しています。

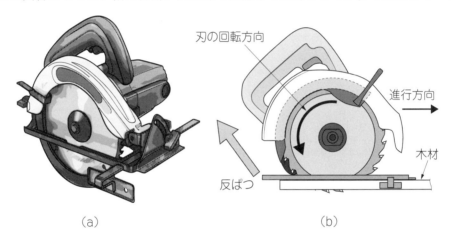

図5－31　携帯用丸のこ盤

これらの災害を防止するためには、安全教育実施要領に基づき、特別教育に準じた教育である「携帯用丸のこ盤作業に従事する労働者に対する安全教育（平成22年7月14日基安発0714第2号）」を行って、安全に必要な基本的な知識や正しい使い方を理解する必要があります。

特に、反ぱつ予防装置や歯の接触予防装置の取扱いを理解するとともに、のこ刃が回転しているのこ盤を振り回したり、切断作業を空中（支えがない状態）で行わないよう心掛けます。

（2）帯のこ盤の構造

帯のこ盤は、輪状にした帯状ののこ刃を同じ直径の上下2つののこ車にかけ、モータで回転させ、のこ車間の直線部分で木材を切断する機械であり、切断のときは、テーブル上の木材をガイドに沿って、スライドさせながら刃に向かって木材を手で送り込みます。

帯のこ刃は、帯状の鋼帯（のこ板）の片側に超鋼合金等の歯が付いており、これが上から下へ一方向に運動して木材を切断します。

この機械の特徴は、丸のこ盤に比べ、広幅材の製材ができる、一般に縦びきに使用する、反ぱつがない等

です。機械の外観を図5－32に示し、この主要部分を表5－4に示します。

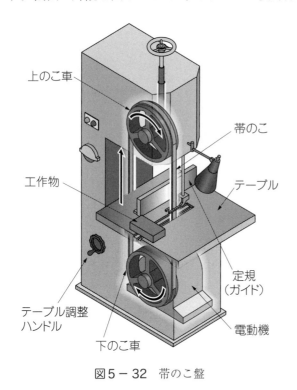

図5－32　帯のこ盤

表5－4　帯のこ盤の主要部分

		名　称	役　割
主要部分	1	のこ車（上下）	帯のこ刃を上下にかけ回転運動する。上は軽量の従動車、下は重い主動車ではずみ車の作用がある。
	2	機　体	各部品を支持する。
	3	テーブル	木材を支えてひく。
	4	昇降装置	上部ののこ車を昇降し、帯のこ刃を装着及び脱着する。
	5	帯のこ緊張装置	ひき材作業中の帯のこ刃の膨張に応じて、帯のこ刃の振れを防止する。
	6	せり装置	帯のこ刃の固定位置を調整し、帯のこ刃の振れを防止する。

　緊張装置は、帯のこが、のこ幅、のこ厚、切削条件などに対応して常に適正な緊張力を保持し、作動する機構を備えています。

　せり装置の構成は、図5－33に示すせりアーム、せり棒、せり棒保持器であり、このうち、帯のこ刃の振れを防止するせり棒の固定位置は、のこ幅に応じて調節します。

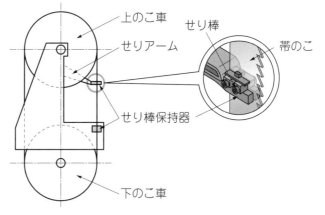

図5－33　せり装置の略図

（3）のこ盤の切削理論

a　のこ刃の原理

　のこ刃には、円盤状の鋼板（のこ身）の円周上に超硬合金等の歯が付いており（チップソーと呼びます）切削性と耐摩耗性を向上させています。切削時の木材とのこ身の抵抗を減らし、のこ身より広い引きみぞができるよう、歯（刃先）を左右にわずかに振り出しています。

　この振り出しを「あさり」といい、これには、図5－34に示す刃先を三味線のばちのようにつぶす「ばち形あさり」と刃先部分を槌打ち又は折り曲げによって交互に振り分ける「振り分けあさり」があり、この鋭利な刃先の取扱い等に特段の注意が必要です。

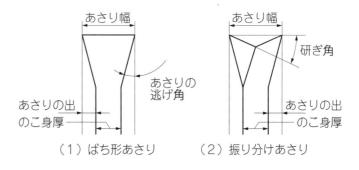

図5－34　のこ歯のあさりの種類

のこ歯の各部名称は、図5－35のとおりです。

図中の各部分は、使用するのこ盤の大きさ、回転数、用途、材料等によって変わるので、仕様に沿って適切なものを選択する必要があります。

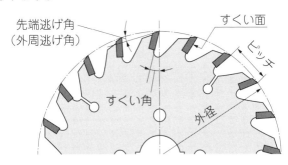

図5－35　丸のこ歯の各部名称

木材の切り方には、図5－36に示す縦ひき、横ひき、斜ひきがあり、横ひきは、木材の繊維方向に直角又は交差する（木目を断ち切る）方向に切断し、縦ひきは、木材の繊維方向（木目と平行）に切断し、斜ひきは、木材の繊維方向に斜めに切断します。使用するのこは、のこ歯を傷めず、性能を発揮し安全な作業ができるよう、それぞれに適したものを使用します。それぞれのひき方によって、ピッチやすくい角などが変わります。

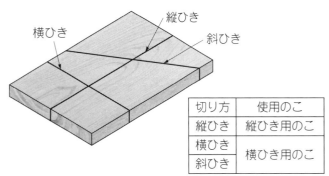

図5－36　木材の切り方

b　丸のこ盤の反ぱつ（キックバック）の原理

反ぱつ（キックバック）とは、材料とのこ刃が接触する瞬間に回転力で材料が跳ね上げられる現象をいいます。

丸のこ盤作業における正しい切断ののこ刃調整位置は、図5－37の左図のとおり刃の深さが材料からわずかに出ている位置です。

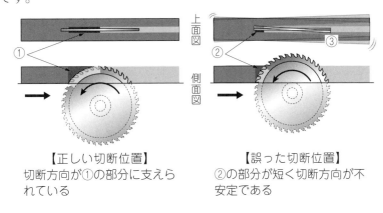

図5－37　丸のこ盤による木材の切断位置

この場合、のこ刃には、下向きの力が作用し安定した切断ができます。これを上から見ると、のこ刃が切断方向前方の切断途中の材料（完全に切れてない部分：①）に支えられ、のこ刃の切断方向が安定し、まっすぐ進みます。

図5-37の右図は、誤った切断ののこ刃調整位置であり、材料から刃を出しすぎています。

この場合、のこ刃を支える切断方向前方の切断途中の材料(完全に切れていない部分:②)が短いため、のこ刃の切断方向が不安定になります。

これを上から見ると、前方の刃の支えが少ないため、刃が斜めに傾きやすくなり、この傾きによって図の③部分(後方の切り離された材料切断面)にのこ刃が接触します。

図5-38の左図は、反ぱつの前兆であり、のこ刃と木材との後方接触面(③部分)の抵抗が増大し、浮き上る力が働いた図です。

図5-38の右図は、反ぱつが起きる図であり、切断面がのこ刃から浮いて刃先(チップ)が材料表面に接触し、のこ刃の回転力で材料が急激に矢印の方向へ動きます。(材料が太い矢印の方向に飛ばされることが反ぱつです。)作業者は、切断方向の前方へ力を加えていますが、浮き上り抑制の力を加えていないため、急な浮き上りには対応できず、材料が急激に飛ばされ、そこに手や足があれば大きな災害となります。

携帯用丸のこ盤の場合は、反ぱつによって丸のこ盤本体が急激に後方に飛ばされるため、回転するのこ刃による災害の危険性があります。

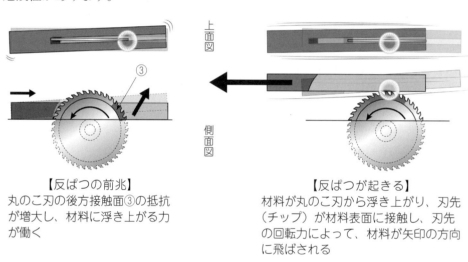

【反ぱつの前兆】
丸のこ刃の後方接触面③の抵抗が増大し、材料に浮き上がる力が働く

【反ぱつが起きる】
材料が丸のこ刃から浮き上がり、刃先(チップ)が材料表面に接触し、刃先の回転力によって、材料が矢印の方向に飛ばされる

図5-38 反ぱつの原理

(ア) 反ぱつが起きやすい場合

次の場合は、反ぱつが起きやすいので注意が必要です。

① 剛性が弱く、たわみが多い薄いのこ刃の使用
② 刃が摩耗し、切削抵抗が大きいのこ刃の使用
③ 剛性が弱く、傾斜や振動のある安価な丸のこ盤の使用
④ 反りの多い木材の切断(木材は、一般に切り離された瞬間、反ろうとするので注意が必要)
⑤ 携帯用丸のこ盤の場合、節が多い材料、未乾燥の材料、板厚の厚い材料の切断に使用

(イ) 反ぱつの予防策

反ぱつを予防する主な対策は、次のとおりです。

① 反ぱつ防止装置を確実に使用する。
② 木材を安定した台の上に置く。
③ 切削能力ぎりぎりの厚い木材を切削しない。
④ 未乾燥の堅い木材を切削しない。

⑤　丸のこのブレを防ぐため、しっかりとしたベースプレートを使用する。

⑥　側面接触を起こしやすいのこ刃を使用しない。（チップ数が多く、薄くたわみやすいのこ刃を使用しない）

⑦　刃のブレを防ぐため、直線切り治具を使用する。

⑧　のこ刃の後方には、手や身体を絶対に置かない。

2－4　作業環境

木材を使用する産業には、生の木材を用いる一次木材産業（伐採業、製材所、パルプ工場など）、乾燥木材を用いる二次木材産業（家具製造などの木材加工業など）や建設業があります。これらの産業における木材加工機械の作業環境は、作業場、工場等の建屋内に据え付けて使用する場合と建築現場や山林等の屋外で使用する場合が想定されます。

いずれの場合も木屑や切り屑が飛散し、資材、工具、端材、枝木等が散乱する狭隘なエリアの中で、重量物の持ち上げ等の作業等もあるという特徴があります。そのため、整理、整頓、清掃により、安全な作業環境を確保する必要があります。

山林傾斜地等の不安定な足場での作業が多いチェンソー作業は保護服着用のほか、長時間使用による振動障害防止のため、作業時間を一日2時間以内とする等の対策を講じます。

（1）粉じん対策

木材粉じんは、木材を切断又は削る機械・機材を用いた際に発生します。一般に、粉じんは、大量吸入により気管支炎を発生させ、木材粉じんもばく露すると、慢性気管支炎を発生させ、人の体質によっては、木材に含まれる少量の物質によっても気管支ぜん息が発生します。

この対策は、次のとおりです。

①　製材機や木工機械から発生する粉じんを捕集し排気するため、局所排気装置を設ける。

　　集塵機を接続できない機械から出る木屑は、繋ぎ替え式のホースを使って、床から吸い上げるなどの対策を講じる。

②　マスクを活用する。特に粉じんの多い作業の場合は、定期点検により適正に保持された防じんマスクを着用する。

③　就業時（雇い入れ時又は配置換え時）及び定期の健康診断をする。

（2）作業環境測定

作業環境測定を行うべき作業場は、労働安全衛生法施行令に定められており、丸のこ盤、帯のこ盤等木材加工用機械を用いる作業場では、騒音による難聴の障害を防ぐ観点から作業環境測定を行わなければなりません。

この測定は、作業環境測定士や衛生管理者が実施するか、作業環境測定機関への委託が望ましいです。

2－5　安全対策

木材加工機械による労働災害の防止は、機械のリスク低減の考え方に基づいて安全性向上の努力を十分に行った上で、作業の安全を徹底することが重要です。

災害原因の多くは、歯の接触予防装置がない、又はその機能を無効にしている等の安全装置の設置状況に起因したり、木材加工用機械作業主任者が選任されていない、又はその職務が徹底されていない等の基本的な安全対策の未定着状況に起因しています。

このため、平成10年9月には、厚生労働省が木材加工用機械災害防止総合対策及び次のガイドラインを策定し、安全対策を推進しているところです。

① 丸のこ盤の構造、使用等に関する安全上のガイドライン

② 帯のこ盤の構造、使用等に関する安全上のガイドライン

③ 手押しかんな盤の構造、使用等に関する安全上のガイドライン

④ 面取り盤の構造、使用等に関する安全上のガイドライン

⑤ ルータの構造、使用等に関する安全上のガイドライン

これらのガイドラインは、①法令に適合した安全装置（歯の接触予防装置、反ぱつ予防装置、送りローラー、自動送材車等）、②構造に関する基準、③使用に関する基準、④これらの遵守に関する指針を示しています。

（1）木材加工機械に備わる安全対策　～技術的側面として～

木材加工機械の導入に当たっては、機械そのものの安全性を高めるため次の安全対策を講じ、安全装置（①歯の接触予防装置、反ぱつ予防装置、覆い等、②安全上の治具又は工具）は、定められた取付け及び使用方法を徹底します。

① 作業中に機械の誤操作を行っても作業者の安全が確保される安全対策を講ずる。

② 作業自動化の自動送り装置を設置する。

③ 自動制御木材加工用機械等を設置する。

④ 使用する安全装置の調整頻度を低減化するため、機械を専用機と汎用機に区分けする。（例：合板・板材の切断作業の専用機等）

⑤ 加工する材料の形状、加工方法等に応じて適切な安全装置を使用する。場合によっては、複数の適切な安全装置を使用する。

a　労働安全衛生規則に定める予防装置

労働安全衛生規則に定める予防装置の概要は、表5−5のとおりです。

表5−5　労働安全衛生規則に定める予防装置の概要

労働安全衛生規則	内　容
第122条	【丸のこ盤の反ぱつ予防装置】 木材加工用丸のこ盤には、割刃その他の反ぱつ予防装置を設けなければならない。
第123条	【丸のこ盤の歯の接触予防装置】 木材加工用丸のこ盤には、歯の接触予防装置を設けなければならない。
第124条	【帯のこ盤の歯及びのこ車の覆い等】 木材加工用帯のこ盤の歯の切断に必要な部分以外の部分及びのこ車には、覆い又は囲いを設けなければならない。
第125条	【帯のこ盤の送りローラーの覆い等】 木材加工用帯のこ盤のスパイクつき送りローラー又はのこ歯形送りローラーには、送り側を除いて、接触予防装置又は覆いを設けなければならない。

表5－5　労働安全衛生規則に定める予防装置の概要（続き）

労働安全衛生規則	内容
第126条	【手押しかんな盤の刃の接触予防装置】 手押しかんな盤には、刃の接触予防装置を設けなければならない。
第127条	【面取り盤の刃の接触予防装置】 面取り盤には、刃の接触予防装置を設けなければならない。

さらに、立入禁止及び掃除等の場合の運転停止等として、次項が定められています。

- 事業者は、自動送材車式帯のこ盤の送材車と歯との間に労働者が立ち入ることを禁止し、かつ、その旨を見やすい箇所に表示しなければならない。
- 事業者は、機械の掃除、給油、検査、修理又は調整の作業を行う場合において、労働者に危険を及ぼすおそれのあるときは、機械の運転を停止しなければならない。

b　反ぱつ防止装置

反ぱつ防止装置の例としては、図5－39に示す割刃があります。

丸のこの直径が610mm以下の丸のこ盤に使用する鎌形式割刃（黒い部分）は、木材が左に寄ったり右に寄ったりするのを防止する役割により、反ぱつを防止します。

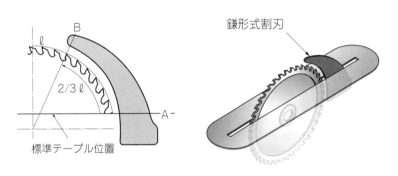

図5－39　割刃による反ぱつ防止装置の例

c　送材装置

送材装置は、加工材料の材質、厚さ等に応じて送材速度や走行距離が調節でき、この措置の構造例を図5－40に示します。

加工材料を送る機構部分は、ローラー、チェーン、履帯、ベルト等によるものがあり、この部分に加圧装置を組み合わせて、加工材料の反ぱつを防止しています。

過大切削による送材装置の自動停止装置を備えている丸のこ盤の丸のこ軸及び送材装置は、送材装置の停止と同時に丸のこ軸及び送材装置の電源が遮断される安全措置を備えています。

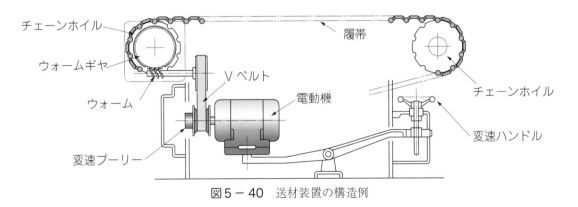

図5－40　送材装置の構造例

d　歯の接触予防装置

丸のこ盤に取り付ける歯の接触予防装置には、可動式（図5－41）又は固定式（図5－42）があり、木

材と接触する刃の露出部分を必要最小限とする構造となっています。

ただし、刃に人が近づかない構造の製材用丸のこ盤及び自動送り装置を有する丸のこ盤には、この予防装置が不要です。

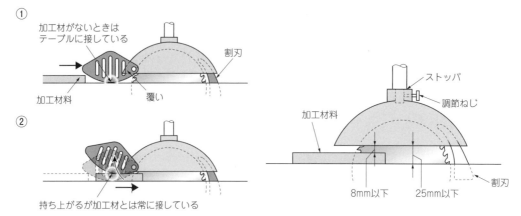

図5-41　可動式刃の接触予防装置の例　　図5-42　固定式刃の接触予防装置の例

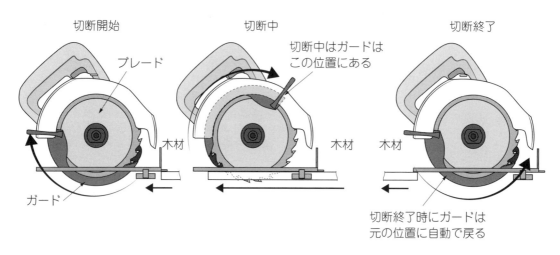

図5-43　携帯用丸のこ盤の安全カバー

（2）教育訓練による安全対策　～人間的側面として～

安全衛生教育等は、働く労働者全体の安全意識を高揚し、作業能力を高めるために行います。この実施に当たっては、それぞれの事業場の実態に即して、必要な教育内容及び対象者を検討した上で、年間安全衛生推進計画等に基づいて行い、その記録等については、教育実務担当者（部署）等が確実に整備、保存する必要があります。

法律上実施が義務付けられている安全衛生教育には、木材加工用機械作業主任者技能講習があり、さらに、その他通達によるものとして、上記2-3の「（1）丸のこ盤の構造」で説明した「携帯用丸のこ盤に従事する労働者に対する安全教育」があり、安全確保のためこれらの教育を徹底する必要があります。

（3）組織として取り組むべき安全対策～組織的側面として～

a　作業の適正化

木材加工機械作業の適正化による安全確保のため、次項の徹底を推進します。

- 定常作業及び非定常作業については、機械の種類、加工材料等に応じた作業手順を定め、作業主任者及

び安全確認者を通じて作業者に周知する。

- 小物加工等の作業では、作業内容に応じて治具又は工具を使用する。
- 長尺材、幅広材等の過大な材を加工する場合には、補助テーブル、ローラコンベア等を使用する。

b　自主点検

表5-6に示す自主点検は、機械等の安全性確保と機能保全のため、作業開始前、毎月及び定期的に行います。

表5-6　自主点検

安全対策	概　要	
	点検名	点検内容
自主点検の実施	作業開始前の点検	毎日、作業開始前に、機械、安全装置等の点検を行う。
	毎月の点検	例えば、毎月第一木曜日を「木工作業点検の日」とし、「木工加工用機械自己点検表」により点検を行う。
	定期点検	少なくとも1年以内に1回、定期に機械メーカの点検基準又は「丸のこ盤のガイドライン」等の定期点検基準を参考に、機械、安全装置及び付属設備の点検を行う。

c　安全衛生管理体制及び木材加工用機械作業主任者

表5-7に示す安全衛生管理体制の整備は、労働災害を防止し、快適な職場環境づくりのため行います。

事業者は、労働安全衛生法に基づく安全衛生管理組織と調査審議機関の管理体制を確立し、この体制の運用は、事業者と労働者とが協力して行う必要があります。

表5-7　安全衛生管理体制

安全対策	概　要
安全衛生管理体制の整備	安全管理者、安全衛生推進者、作業主任者及び安全確認者の選任等による安全衛生管理体制を整備し、それぞれの者が担う職務が徹底できるよう、機械の安全点検の実施及びその実施状況の確認に関する責任と権限を明確化する。
	木工加工用機械（丸のこ盤、帯のこ盤、かんな盤、面取り盤及びルータに限るものとし、携帯用のものを除く）を5台以上有する事業場の事業者は、木工加工用機械作業主任者技能講習を修了した者のうちから、木材加工用機械作業主任者を選任しなければならない。なお、自動送材車式帯のこ盤が含まれる場合には、3台以上有する事業場が対象となる。

木材加工用機械作業主任者技能講習を修了した者のうちから選任する木材加工用機械作業主任者の主な職務は、次のとおりです。

① 木材加工用機械を取り扱う作業を直接指揮すること。

② 木材加工用機械及びその安全装置を点検すること。

③ 木材加工用機械及びその安全装置に異常を認めたときは、直ちに必要な措置をとること。

④ 作業中、治具、工具等の使用状況を監視すること。

（4）木材加工業界を取り巻く木材加工機械の安全対策の現状

木材加工業界には、次のような厳しい背景があり、木材加工機械の安全対策が加速していません。

① 単品手作りが主流を占め、多品種少量生産性の傾向が強いため、機械化や自動化導入の弊害が見られる。
② 生産性向上を重視する傾向から、安全性を後回しにする傾向がある。
③ 木材加工業界は、全体的に設備投資に積極的でなく、専用機を導入するよりは、在来の汎用機で多種作業を行う傾向がある。
④ 木材加工業は、小規模な事業所がほとんどを占め、また木工機械メーカも中企業以下がほとんどであり、革新的技術の開発や他業種からの技術移転の遅れが見られる。
⑤ 作業者の高齢化から保守性が強く、新しい安全技術が導入されにくい傾向がある。

2-6 事故の解析

(1) 事例①の解析

a 機械から原因を探る

安全カバーが取り付けられていませんでした。

横切り丸のこ盤で切断する板材をしっかりと固定するための治具等（右図に示す材料押しブロックとクランプ）を使用していませんでした。

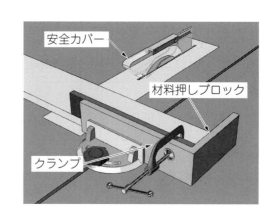

さらに、非常時に丸のこの回転を停止する非常停止装置のスイッチが作業近くに取り付けられていなかったと思われます。

b 作業者から原因を探る

安全カバーが取り付けられていないことが常態化していたのか、その危険性を認識できていなかったと思われます。また、作業前に節部等がある板材の材料特性チェックを怠った上に、板材の節部を切断する際に発生した板材の振動と浮き上がりに慌てることから、作業経験の少ない者であったと考えられます。

c 業務管理上から原因を探る

安全カバーが取り付けられていなかったことから、日常点検を含め、木材加工機械の定期的な安全点検が徹底されていなかったと思われます。

経験の浅い作業者に対し、作業手順書を準備し、事前に具体的な作業指示及び木材加工作業を安全に行うための安全衛生教育を実施していなかったと考えられます。

d 対策

次の対策の徹底が必要です。

（ア）回転する刃部に手を近付けるリスクを低減するため、必ず安全カバーを取り付けること。

（イ）横切り丸のこ盤を使用する際は、切断する材料をしっかり固定して安全な状態で使用すること。

（ウ）横切り丸のこ盤の点検の実施に当たっては、点検責任者、点検時期、点検項目等を記載したチェックリストを作成し、これに基づき確実に行い、摩耗や異常を認めたときは直ちに交換、補修等を行うこと。

（エ）横切り丸のこ盤を使用する作業者に対し、その危険性、安全カバー、非常停止装置等の安全装置の機能、安全な作業方法について教育を実施すること。

（オ）作業者に対する作業指示は、作業手順書に基づき安全な作業方法及び緊急時の対処方法を具体的に示すこと。

（2）事例②の解析

a　機械から原因を探る

丸のこ盤に設置された安全装置を使用していませんでした。

丸のこ盤には、歯の接触予防措置及び反ぱつ予防措置が一体となった安全装置があったにもかかわらず、作業効率の低下等の理由により、これを取り外して作業を行っていました。

b　作業者から原因を探る

丸のこ盤の作業に従事するために必要な知識及び技能を習得していなかった上に、危険な作業をしているとの認識及び作業環境が危険だという感覚がなかったのではないかと考えられます。

c　業務管理上から原因を探る

安全カバーが取り付けられていなかったことから、日常点検を含め、木材加工機械の定期的な安全点検が徹底されていなかったと思われます。

経験の浅い作業者に対し、作業手順書を準備し、事前に具体的な作業指示及び木材加工作業を安全に行うための安全衛生教育を実施していなかったと考えられます。

この事故事例の実際の事業場では、8台の木材加工用機械が設置され、製造課長Dが木材加工用機械作業主任者に選任されていましたが、Dは木材加工の作業場にいることがほとんどなく、木材加工用機械を取り扱う作業の直接指揮、木材加工用機械及びその安全装置の点検等、木材加工用機械作業主任者の職務を行っていませんでした。

さらに、この事業場では、作業手順書を作成しておらず、作業者に対し木工加工作業を安全に行うための安全衛生教育を実施していませんでした。

d　対策

次の対策の徹底が必要です。

（ア）丸のこ盤には、歯の接触予防装置及び反ぱつ予防装置を設置し、これらの使用を徹底すること。

（イ）木材加工用機械作業主任者に必要な職務を確実に行わせること。

- 木材加工用機械を取り扱う作業を直接指揮すること。
- 木材加工用機械及びその安全装置を点検すること。
- 木材加工用機械及びその安全装置に異常を認めたときは、直ちに必要な措置をとること。
- 作業中の治具、工具等の使用状況を監視すること。

（ウ）丸のこ盤を使用する作業等について作業手順書を作成すること。

（エ）作業者に対し、安全に作業を行わせるための安全衛生教育を実施し、作業手順書に従った安全な作業方法を徹底させること。

（3）木材加工作業における災害発生の危険性（参考）

表5−8　木材加工作業における災害発生の主な危険性

作業の区分	災害発生の危険性	災害の具体例
丸のこ盤、帯のこ盤による木材の切断作業	材料が反ぱつし、飛ぶ危険性	ひき割り中に材料が跳ねる
		棒状の材料の端を切ったところ、切れ端がのこに当たって飛ぶ
		幅の狭い板材が、のこの上に当たって飛ぶ
	材料が引っ張られる危険性	板のひき割りでダウンカット（反対方向）から材料を入れ、材料と一緒に指を引っ張られる
	丸い材料が回転する危険性	小径丸太の輪切りや塩ビパイプの切断中に、切断する材料がのこ刃に触れ、回転して指が巻き込まれる
	スイッチ操作を誤る危険性	機械の後ろでのこ刃の取替え作業中、別の人がスイッチを入れて巻き込まれる
		携帯用丸のこ盤で切断した端材を取り除く際に誤って起動する
		携帯用丸のこ盤のスイッチにストッパーをかけ、回転したままで放置する
	刃に接触する危険性	木材を押えている指先にのこ刃が接触する
		丸のこ盤の使用中、見えない台の下のスイッチに手を入れ、指がのこ刃に触れる
	安全装置を外す危険性	安全カバーを開けたままで作業を行い、材料が反ぱつした
	携帯用丸のこ盤が材料の上を走る危険性	定規を使用せずに切断していて、方向がずれて、携帯用丸のこ盤が材料に乗り上げて走り出す
かんな盤による木材の切削作業	材料が反ぱつし、飛ぶ危険性	材料をしっかり押えておらず、材料が後方に飛ぶ
		治具による材料の固定が弱く、回転力で材料が飛ぶ
		安定しない短い材料を加工中、材料が反ぱつにより飛び出す
	刃に巻き込まれる危険性	手袋や袖口が巻き込まれた力で、腕がかんなに巻き込まれる
		かんな盤に材料を差し込むときに、材料とともに手を挟んで、かんな胴に巻き込まれる
	刃に接触する危険性	幅が狭い薄板の切削で指や手が刃に接触する
		手が滑って、回転刃に接触する
	材料が挟まる危険性	挟まった端材を覗き込んだときにその端材が飛び出す

トレーニング問題

次に示す木工加工機械の作業状態から、事故の発生を想像し、その原因と対策を技術的側面、人間的側面及び組織的側面から考えてください。

（問1）スパイク付き送りローラ付き帯のこ盤を使用して、木材を2枚に縦割り作業

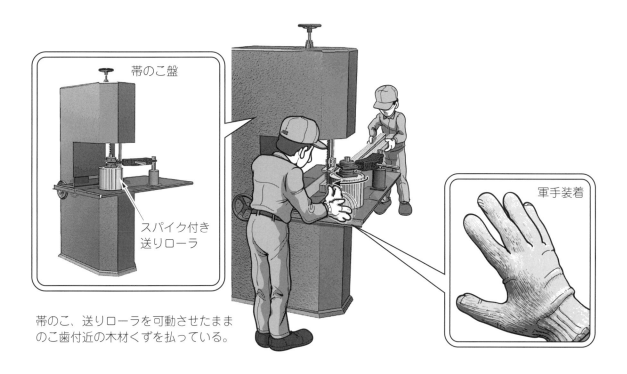

帯のこ、送りローラを可動させたままのこ歯付近の木材くずを払っている。

（問2）小型ギャングリッパー（板材を一度に縦びきで小割り加工できるように、丸のこ刃が多数取り付けられているのこ盤）を用いた板材の加工作業

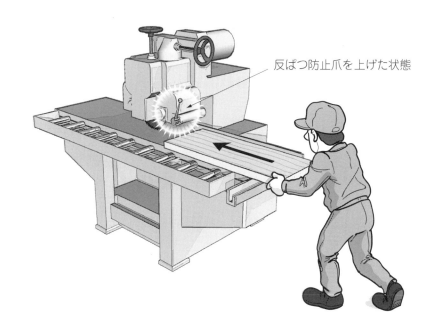

第3節　フォークリフト

3-1　事故事例

　工場内にて、荷物なしでフォークリフトを運転し、坂道を下りました。坂道の先に大型トラックが止まっていたので、追突を避けようとハンドルを切ったところ、切りすぎてしまいフォークリフトが横転しました。運転者も転倒し骨折しました。

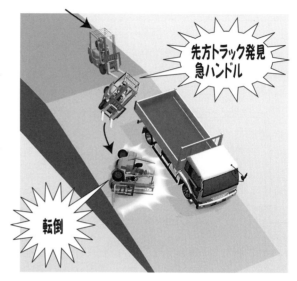

図5-44　事故事例

 この事故の原因と対策を考えてみましょう。

3-2　概　要

　ものづくりのサプライチェーンにおいて、原材料・資材の搬入から仕掛品の移動、製品の搬出等の物流を効率的に行うことが求められています。その手段の一つとして、パレット等の規格化された物流機材を用いた物流方法（パレチゼーション）が用いられ、その荷役運搬（物流トラック等への積み込み、積み下ろし、工程間の移動、資材の管理等）にフォークリフトが多用され、労力の軽減と物流効率を高めることに貢献しています。

　フォークリフトの操作系は乗用車に似ており（道路交通法上は大型・小型特殊自動車に分類される）運転が比較的容易ではありますが、車両の特殊性や荷役操作等について十分な知識や経験がないと大きな災害につながる機械です。

　災害発生状況（死傷者数）は、業種別では製造業が全産業の約23％を占めており、これまでもさまざまな安全対策がとられてきていますが、現在においても安全対策は喫緊の課題です。

　また、事故の型別では「はさまれ・巻き込まれ」「激突され」「激突」を合わせてフォークリフト全体の74％を占めており、これらはものづくり現場におけるフォークリフトの作業環境や、フォークリフトの構造上の特殊性が起因しているものと考えられます。

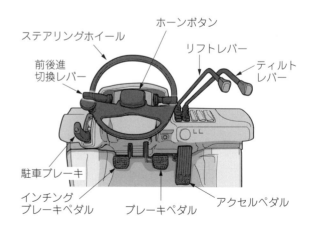

図5-45　トルコン車の運転装置例

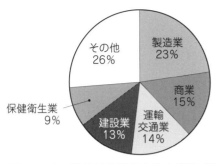
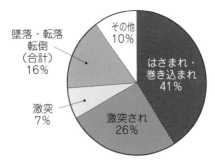

図5-46　業種別労働災害発生状況（平成27年）　　図5-47　フォークリフト事故型別労働災害発生状況（平成27年）

3-3　フォークリフトの構造

(1) 分類

フォークリフトは作業環境や用途等によって使い分けられ、外観形状、原動機、最大荷重等により分類されています。

外観形状では、主にカウンタバランスフォークリフトとリーチフォークリフト等に分類され、対象となる荷の重量や床面の平坦さや空間の狭隘さ等によって使い分けられます。

カウンタバランス型は、荷役装置（昇降するフォークとそれを支えるマスト）を前方に備え、車体後部にバランスウエイトを取り付けたものです。

リーチ型は、荷役作業時には荷役装置を前車輪より前方に押し出し（リーチ）、走行時には荷を前車輪の内側へ引き込み、荷の安定を図るとともに全長を短くし小回りを可能にしたものです。

(a) カウンタバランスフォークリフト　　　　　　　　(b) リーチフォークリフト

図5-48　各種フォークリフト

原動機では、内燃機関式（ガソリン、ディーゼル、LPG）と電気式（バッテリー）に分類され、屋外や屋内、食品や衛生品の取扱い等、主に作業環境によって使い分けられます。

最大荷重とは、フォークリフトの構造や荷役装置の材料・形状に応じて、基準荷重中心に積載することのできる最大の荷重のことをいい、0.3tから50t位まで数多く分類されています。パレチゼーションで使用されている機種としては1.5t、2t、2.5t、3tというような機種が多く使われています。

基準荷重中心はフォークの垂直前面からの距離で最大荷重により定められており、1t以上5t未満では

500mm（必要により 600mm）とすることが望ましいとされています。

以下（2）～（4）に述べる構造上の特徴において対象とするフォークリフトの種類は、カウンタバランス型で内燃機関式又は電気式で、最大荷重1t以上5t未満の機種とします。

（2）走行装置の特徴

a 前車軸

前車軸は原動機の力を路面に伝える駆動車軸であり、最終減速装置やドライブシャフト、左右の回転差をつけるディファレンシャル装置を内装した堅牢なハウジングケースで構成されています。負荷状態では荷重の多くを支えさせるため、フレームへ緩衝装置（スプリング等）を用いずに直接ボルトで固定されています。そのため左右輪の段差は、そのまま車体の傾きとなります。

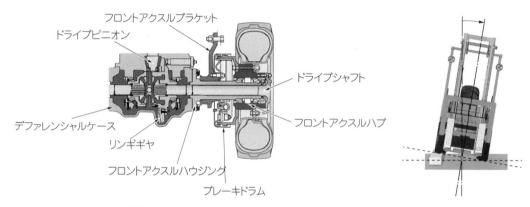

図5－49　カウンタバランスフォークリフトの前車輪

b 操舵方式

上記のように前車軸が大きな荷重を支えて駆動することから、操舵輪とすることは機構上困難なため後輪操舵方式となります。乗用車は前輪操舵式であり、低速旋回時には、前輪の軌跡よりも後輪の軌跡が内側を通る内輪差が生じますが、フォークリフトは後輪の軌跡が外側を通る外輪差が生じます。

またフォークリフトの場合、狭い場所で頻繁に旋回することが多くなることから、操舵輪の最大切れ角が70数度～80数度と、乗用車の30度～40度に対して非常に大きくなっています。そのため最小回転半径は小さいものの外輪差は大きく、しかも後方で発生するため確認が難しくなります。

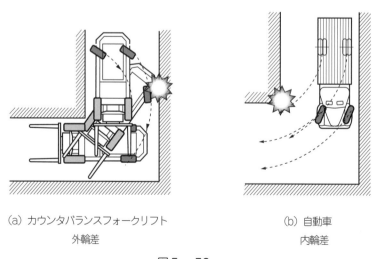

（a）カウンタバランスフォークリフト　　　　（b）自動車
　　　外輪差　　　　　　　　　　　　　　　　内輪差

図5－50

c　ブレーキ（制動装置）

　ブレーキは、乗用車と同様にペダルを踏むことによって作動する足踏みブレーキと、手動レバーによって作動する駐車ブレーキを備えています。どちらのブレーキも荷重が集中する前輪にのみ作動する仕組みとなっています。そのため負荷状態で前進中に急制動した場合、前輪を支点とした回転モーメントが発生します。

図5-51　急制動による回転モーメント

（3）荷役装置の特徴

　荷役装置は、荷の積み取り、取り降ろし作業のための装置で、荷を載せるフォーク、フォークを支え上下運動をガイドするマスト、そしてフォークの上下運動及びマストの前後傾運動をさせるための油圧シリンダー等で構成されています。

a　フォーク

　パレチゼーションのためのフォークは2本で一組、パレットの差し込み口の位置に合わせるため調整可能ですが、左右均等な位置にセットすることを基本としています。形状はL字型で炭素鋼又は特殊合金鋼で作られており、基準荷重中心に最大荷重を負荷しても十分な強度（3倍以上の降伏強さ）を有することが必要とされています。

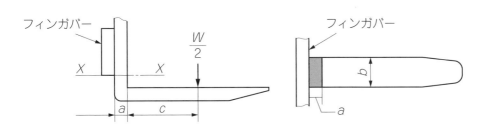

図5-52　フォーク

　しかし、荷の形状や作業方法によって基準荷重中心より内側に荷を置くことができない場合や、重心位置（高さ）の変化により安定度が変化する場合があるため、荷重中心の位置と揚高により許容可能な荷重以下での荷役作業を行うことが必要です。そのため各状態における許容可能な荷重を、運転者の見やすい場所に表示するように義務付けられています。

　またバックレストは、フォークを取り付けるリフトブラケットを取り囲むように取り付けられ、荷がフォークの後方（運転席側）に落下させないようにするためのものです。

b　リフト機能

フォークを昇降させるリフト機能は、油圧シリンダに圧油を送ってピストンロッドが伸びることで上昇し、送油した圧油をフォークの荷重によって戻すことによって下降します。フォークとアウタマストは、リフトチェーンによってピストンロッドの先端のチェーンホイールを介して繋がっています。動滑車の原理により、フォークの上下移動量はシリンダロッドの伸縮量の2倍とります。

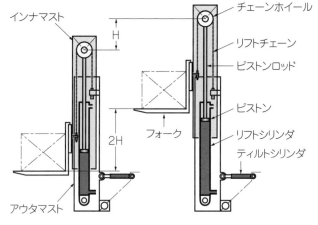

図5-53　リフト

c　ティルト機能

マストを前後傾させるティルト機能は、前傾側及び後傾側の両方の動きを油圧シリンダに圧油を送って行います。マストの下端は前車軸に支持され、そこを支点として前後傾運動を行います。

d　操作レバー

リフト及びティルトの操作は、ハンドルの右側に位置する操作レバーにより行います（P.120図5-45参照）。レバーの操作量により圧油の流量が変わり、速度の調整が可能となります。エンジン式の場合、油圧ポンプがエンジンと機械的に接続しているので、さらにエンジン回転数によって大きく流量を変化させ速度を調整することができます。ただしリフトの下降側の操作では、フォークにかかる荷重によって下降することからエンジン回転数とは関係がなく、エンジン停止状態でもリフトレバーが押されれば下降してしまいます。

操作レバーの操作方向は人間の感覚と乖離(かいり)することなく、リフトレバーは手前側に引くと上昇、押すと下降となっており、ティルトレバーは手前に引いて後傾、押すと前傾となっています。

（4）視　界

運転席の前方に荷役装置があり、左右にはマスト、リフトシリンダなどがあり、基本的に前方視界はよくありません。まして大きな荷を積載した状態では、前方視界が完全になくなる場合もあります。そのため後進運転を余儀なくされますが、体をひねっての後方確認が十分にできない場合や前方への荷役作業時には、誘導者による誘導が必要になります。

3-4　作業環境

ものづくり現場におけるフォークリフトの作業環境は、工場建屋や倉庫棟の屋内と、トラックへの荷役での屋外が想定されます。いずれの環境においても製造装置や資材等のものが沢山あったり、走行路が入り組んでいたり、という特徴があります。各現場には他の労働者が存在している場合が多く、フォークリフトと近接する可能性が高いうえ、それが死角となりうる場合も多く存在しています。

また工場敷地内では、製造工程での騒音も大きく、フォークリフトの走行音を認識できない場合があります。

フォークリフトの走行速度は、屋内等においては低速で運転されることから、危険性を感知できない場合があります。

屋外においては、作業路面に水はけ勾配、段差、劣化等が存在する場合が多いことから、それらの影響で車体が傾くことがあります。

3-5 安全対策

上記のような構造上の特徴や作業環境を考慮したうえで、次のような安全対策がとられています。

(1) フォークリフトに備わる安全対策　～技術的側面として～

a　安定度及び強度（安全確保のための要件）

フォークリフトの安定度は、フォークリフト構造規格（厚生労働大臣告示、以下構造規格という。）で定められ、フォークリフトを前後又は左右に傾けた場合に転倒しない限界の勾配（パーセント）を表したものです。フォークリフトの各状態に対して次の値が定められています。

表5-9　フォークリフトの安定度

測定方向	フォークリフトの状態	こう配（％）	（角度）
前後	基準負荷状態にした後、フォークを最高に上げた状態	4	2.3
前後	基準負荷状態にした後、フォークを最高に上げた状態 ＊最大荷重5t以上のもの	3.5	2.0
前後	走行時の基準負荷状態	18	10.2
左右	基準負荷状態にした後、フォークを最高に上げ、マストを最大に後傾した状態	6	3.4
左右	走行時の基準負荷状態	15+1.1V	

Vは最高速度でkm／時

フォークリフトは、これらの数値以上の安定度を確保するように設計されていますが、計測状態は、あくまでも振動や衝撃を受けない静的な状態でのことです。実際の作業においては動的な力が作用するため、限界値付近での作業では細心の注意が必要です。特に基準負荷状態でフォークを最も高く上げた状態では、前後、左右とも安定度は低く、発進、制動、旋回等の走行及び荷役操作は慎重に行わなければなりません。

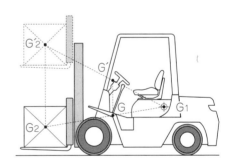

図5-54　フォークリフトの重心

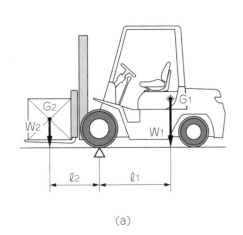
(a)

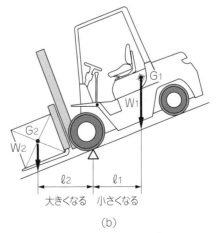
(b)

図5-55　水平面，傾斜面での安定

また、荷役装置の強度についても構造規格で定められています。

フォークの強度は「基準荷重中心に最大荷重の荷を負荷させたときに生じる応力は、鋼材の降伏強さの3分の1以下であること」とされています。

リフトチェーンの強度は、「リフトチェーンの破断荷重の値を、リフトチェーンにかかる最大の荷重で除した値が5以上でなければならない」とされています。

これらは荷役装置の急激な操作や、走行時の衝撃等による荷重上昇に対しての安全確保です。すべての操作において「急」のつく操作を行わないことが、安全確保につながります。

b ヘッドガード及びバックレスト（防護装置）

ヘッドガードは、落下物から運転者を守るため、運転席上部を覆う保護枠です。安衛則では「強度はフォークリフトの最大荷重の2倍の値（その値が4tを超えるものにあっては、4t）の等分布荷重に耐えるものであること」と定められており、また各開口の大きさ（16cm未満）及び上部枠の高さ（座面から95cm以上）も定められています。

強度を表す荷重は、ヘッドガード全体に等分布でかかる静的な荷重です。落下物の高さや荷重の局所的なかかり方によっては、その値よりはるかに小さな荷重でもヘッドガードを変形させてしまう可能性があります。

図5－56　ヘッドガード及びバックレスト

バックレストはフォーク上の荷が背後（運転席側）に落下しないように、安衛則でその取付けが義務付けられています。しかし、バックレストの上端部より荷の重心が越えるような荷役作業（積み付けられた荷の最上部の荷の重心がバックレストの上端部を越える場合も同じ）では、バックレストは機能しないことになるので、重心位置の確実な確認が必要です。

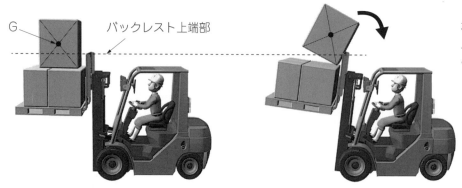

図5－57　バックレスト

c フールプルーフ

工場内等で障害物や労働者等との近接が想定される場所においては、危険回避できるよう低速での走行が必要です。しかし運転者の操作ミスでアクセルペダルを深く踏み込んでしまった場合、速度が速くならない

ようスピードリミッターを装着したものもあります。

　また、座席を立ってバックレスト越しに荷の位置調整や、荷の確認をすることは、身体や衣服が荷役装置操作レバーに触れ事故につながる危険行為であり、行ってはなりません。このような運転者のうっかりミスによる事故を防ぐために、運転者が座席に着座しない限り操作レバーが作動しないようなインターロックをかけたものがあります。同様に走行装置にインターロックをかけ着座しないと走行しないものもあります。

d　接触防止対策（情報の発信による隔離）

　工場内におけるフォークリフトの走行では、労働者等との近接の頻度が高く、また騒音等によりその存在に気付きにくい問題があります。そのためフォークリフトには、警報装置や方向指示器の装着が構造規格で定められています。さらに視覚や聴覚による確認性を向上させるため、走行時のチャイム、回転灯の装着やタイヤにマークを塗装し走行時の確認を容易にしているものもあります。

　後進時の視認性確保のため、大型ミラーやバックモニターを装着したものもあります。また、後進時のひねり姿勢の安定的な保持のためのグリップや、そのグリップに後進時用の警報装置のスイッチを装着したものもあります。

e　許容荷重曲線等（使用上の情報の提供）

　運転者が安全な荷重の範囲内で荷役作業を行う判断をするために、運転者の見やすい場所に許容荷重を表示することが、構造規格で定められています。許容荷重は、荷重中心と揚高で変化するため、判断しやすいように許容荷重曲線として表現され、一般には前方パネルに表示されています。

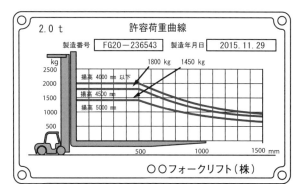

図5-58　許容荷重曲線例

　またエンジンを始めとして各装置の状態を表示する計器類や警報装置が備わっており、液晶パネルで見やすく表示するものが多くなってきています。その中には、フォークにかかる荷重を簡易的に測定し表示する荷重計を備えたものもあり、許容荷重曲線の読み取りと合わせてより安全な荷役作業を可能にしているものもあります。

（2）運転業務の制限及び教育訓練による安全対策　〜人間的側面として〜

　上記（1）のように、フォークリフトの安全確保についてはさまざまな対策がとられているものの、自動車運転以上に運転者の技能や判断にゆだねる部分が多いことも特徴です。そのため、ある一定以上の知識や技能を有した者以外は運転の業務に就かせてはなりません。

a　就業制限

　安衛則により、最大荷重が1t以上のフォークリフトの運転の業務については、「フォークリフト運転技能講習」を修了した者等でなければならないと就業が制限されています。また最大荷重が1t未満のフォークリフトの運転の業務については、就業制限ではなく、新たに業務に就かせる場合に安全のための特別教育を受けさせなければならないとされています。

b　技能講習及び特別教育の内容

　技能講習の科目の範囲及び時間については、フォークリフト運転技能講習規定により、以下の内容について教本等必要な教材を用いて行うこととなっています。

表5－10　技能講習及び特別教育の範囲及び時間

	範　囲	技能講習	特別教育
学科	走行に関する装置の構造及び取扱い	4時間	2時間
	荷役に関する装置の構造及び取扱い	4時間	2時間
	運転に必要な力学	2時間	1時間
	関係法令	1時間	1時間
実技	走行の操作	20時間	4時間
	荷役の操作	4時間	2時間

　講習終了時には試験を行い、合格者に技能講習修了証が交付されます。この技能講習修了証は、運転の業務に就く場合は必ず携帯しなければなりません。

　また、特別教育の科目の範囲及び時間については、安全衛生特別教育規定により行うこととなっており、試験の実施は定められていません。

（3）組織として取り組むべき安全対策　～組織的側面として～

　フォークリフトの安全確保のために事業者が行うべき対策について、安衛則に定められている事項を中心に以下に記します。これらの安全対策は、事業者が自らすべてを実施するということではなく、事業者の責任において、組織として確実に実施できるような仕組みづくりが重要です。

a　作業計画の立案及び周知

　フォークリフトを用いて荷役運搬作業を行う場合は、作業計画を定めて、その作業計画に従って作業を行う必要があります。作業計画は、作業場所の広さや状態、車両能力、荷の種類や形状、荷の質量等に適応し、運行経路及び作業の方法が示されていることが必要です。

　作業計画を策定後、あらかじめ関係労働者に周知し、作業計画に基づき作業指揮者を選任する必要があります。

b　接触の防止対策

　フォークリフトを用いて作業を行うときは、運転中のフォークリフト又はその荷に接触することにより労働者に危険が生じるおそれのある箇所に労働者を立ち入らせてはなりません。

　工場によっては、フォークリフトの走行路と労働者の歩行路をあらかじめ分離しているところもあります。しかし、走行路を分離できない場合には、誘導者を配置し、周囲の労働者等の有無を確認させ、フォークリフトを安全に誘導させることが必要です。

c　作業前点検

　その日の作業を開始する前に、フォークリフトの各装置（走行装置、操縦装置、荷役装置、油圧装置、車輪、安全装置、警報装置等）の機能が正常であるか点検する必要があります。

　また、作業場所の路面状態、荷の積み付け状態、障害物の有無等の点検も作業開始前に行う必要があります。

　点検は運転者が行いますが、確実に行われるよう点検記録簿等の整備と点検結果の報告、管理者による確認を徹底する仕組み作りが重要です。

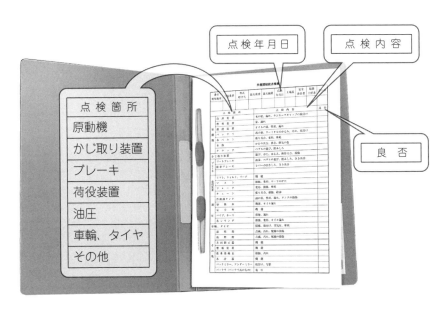

図5-59 作業前点検記録簿

d　定期検査の実施

フォークリフトの各装置は、機械部品、電気・電子部品等で構成されており、長時間使用すると劣化し、安全作業に支障をきたすことがあります。

そのため、定期に検査を行うことが義務付けられており、1年に1回特定自主検査として、定められた点検項目について、有資格者による点検を行い、その記録を3年間保存することになっています。

また、特定自主検査のほかに1月に1回、検査項目を重要部位に限定して検査することも定められています。これは、フォークリフトの使用において、誤った操作により、許容荷重以上の荷重、急な操作による衝撃、接触等で各装置を損傷させる可能性があるからです。

e　その他の制限の遵守等

上記a～dのほか、安衛則には事業者が遵守すべき数多くの事項が定められていますが、これらは最低限措置すべき安全対策であると理解すべきであり、自組織内で、事故防止のためのKY活動、安全教育の実施、専門家の指導等、それ以上の安全対策を講じる努力をすべきです。

3-6　事故の解析

(1) 本節の事故事例の解析

この事故は、坂道を前進で下り走行中に急なハンドル操作で横転したことから推察して、それなりのスピードが出ていたと考えられます。またトラックの認知が突発的な状況でないことから、ハンドル操作が適切でなかったことも考えられます。

a　フォークリフトから原因を探る

フォークリフトの安定度は、走行時無負荷状態で $15+1.1V$ （Vは最高速度であり、15kmとする）であることから、31.5％（約17.5度）の勾配で転倒しない構造にはなっています。ただこの勾配は、走行時に平坦な路面で操舵しても遠心力により転倒しない安定度を示しているものであり、走行できる勾配を表しているものではありません。この安定度に関しての知識があれば、スピードがそれなりに出ていて下り勾配で旋回した場合、遠心力で容易に転倒することが想像できたはずです。

また、トラックを避ける程度のハンドル操作で十分であるにもかかわらず、坂道の傾斜に対して横になるほどの操作をしたということは、フォークリフトの後輪操舵の特殊性（大きな切れ角）を理解していなかったと共に、運転操作に習熟していなかったと思われます。

　このような運転操作のミスに対して、フォークリフト本体に何らかの対策をすることは現時点では難しく、安全確保は運転者の知識と技能にゆだねられています。

　この事故では、運転者は放り出されず、転倒したフォークリフトの下敷きにならなはなかったので、死亡事故にはなりませんでしたが、一つ間違えば大惨事になっていました。

b　運転者から原因を探る

　上記aから、運転者がフォークリフトの運転業務に就くことが可能な知識及び技能を習得していなかったことが、大きな原因であると考えられます。例え荷役作業を伴わなくても最大荷重1t以上の運転の業務には、技能講習を修了した者等以外は就業させてはなりません。

c　業務管理上から原因を探る

　人事管理面としては、適切でない者が運転したことの管理体制に問題はなかったか、技能講習を受講させる等の教育訓練を実施していたか、などの原因が考えられます。

　施設管理面としては、工場内の坂道を走行する他の車両の妨げにならないよう、車両の停車位置を安全確保できる位置に設定していたか、また坂道での速度制限や徐行の指示が標識等で明確に伝えられていたか、などの原因が考えられます。

d　対策

　第1に、フォークリフト運転業務の人的管理を徹底することです。フォークリフト運転技能講習を修了した者等以外に就業させないこと、また新たに業務に就かせる場合は必ず当該技能講習を受講させ、安全確保のための知識と技能を習得させること、です。

　第2に、安全な作業環境の構築です。車両の停車位置や各種の制限の表示、それらの安全対策を含めた安全の取組みについて、関係労働者に周知徹底するための措置をとること、です。

　またフォークリフト自体に設ける技術的対策としては、スピードリミッターやスピード警告装置の装備が考えられます。

トレーニング問題

次に示すフォークリフトの作業状態から、事故の発生を想像し、その原因と対策を技術的側面、人間的側面及び組織的側面から考えてください。

（問1）運転席で立って積み荷の崩れを直そうとしている

（問2）後進時に後方を確認していない

第4節　クレーン

4-1　事故事例

工場内に搬入された丸棒鋼材の束（6束）を所定の材料置き場に移動するため、床上操作式天井クレーン（つり上げ荷重2t）で、鋼材の束（0.95t）を2束合わせて、玉掛け用繊維ベルトで4本つりにしてフックに掛け、つり上げました。

運行経路の障害物を避けるため高さ2.5mまでつり上げてから走行に入ったとき、同僚から玉掛けの状態について注意されたので急いで停止しました。しかし、この急停止により、つり荷が大きく揺れ、玉掛け用繊維ベルトから荷がずれて滑り落ちたため、つり荷のそばで運転していた本人がその下敷きとなり被災しました。

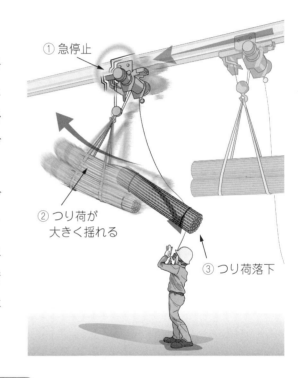

この事故の原因と対策を考えてみましょう。

4-2　概　要

クレーンとは、荷を動力でつり上げ、水平に運搬する機械装置のことです。一般的に「クレーン」といえば、工場等の屋内や資材置き場等の屋外に定置されたクレーンのことをいいます。トラック、特殊車両、台船等の移動体に取り付けられている移動可能なクレーンのことは、「移動式クレーン」と呼び区分しています。

本節では工場内等のものづくり現場で広く利用されている定置式の「クレーン」を対象として、その安全について考えることとします。

ものづくり現場においてクレーンは、質量の大きい原材料や製品の移動のほか、生産設備の部分変更やメンテナンス等で重量物を移動する場合や支持等する場合にも利用されています。

例えば、プレス、射出成型、ダイキャスト等の金型を用いる生産設備では、金型の交換によって多種の製

品を製造しています。この金型等の重量物の部品交換を行う等の正確な移動の際にもクレーンを多用しています。

操作系は、ボタンやジョイスティック等により、荷の上下運動、前後左右（東西南北）の水平運動を制御します。運転は比較的容易に思えますが、重量物を扱うこと、他の作業者が存在する環境が多いことから、機械の特殊性、運転操作、玉掛け作業（荷の取り扱い等）等について、十分な知識や経験がないと大きな災害につながります。

これまで長年にわたりさまざまな安全対策がとられてきましたが、その災害発生状況（死傷者数）は、年間742人（平成27年）と決して少ないわけではありません。また、業種別では製造業が全産業の約23％を占めており、安全対策は喫緊の課題となっています。

また事故の型別では「はさまれ・巻き込まれ」「激突され」でクレーン全体の6割を占めるほか、「飛来・落下」が約26％を占めています。これらはものづくり現場におけるクレーンの作業環境や、クレーン操作の特殊性等に起因しているものと考えられます。

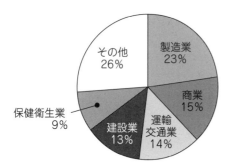
図5-60 業種別労働災害発生状況（平成27年）

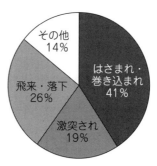
図5-61 クレーン事故型別労働災害発生状況（平成27年）

4-3 クレーンの構造

（1）分類

クレーンは、その用途や設置場所に合わせてさまざまな工夫がなされ、進化してきました。そのため多くの種類があり、構造体の形状や用途等により、天井クレーン、ジブクレーン、橋形クレーン、アンローダ、ケーブルクレーン、テルハ、及びスタッカークレーンに大きく分類されています。

図5-62 ジブクレーン

図5-63 橋形クレーン

ものづくり現場においては、屋内では天井クレーンが多く使われており、資材置き場等の屋外では橋形クレーンが多く使われています。

（2）操作位置

　運転操作を行う位置の特徴として、高い位置に運転席を設けているものと、床の上で操作し荷とともに移動する「床上操作式」があります。

　ものづくり現場では、製品の移動や位置の微調整に精度の高さを必要とする作業が多く発生します。そのため荷の近くで操作するほうが正確な操作が可能であり、さらに玉掛け作業とクレーン操作を一人で行うことが可能なことから、床上操作式が多く用いられています。

（3）つり上げ荷重

　つり上げ荷重とは、クレーンの構造及び材料に応じて負荷（つり上げ）させることのできる最大の荷重（質量）をいい、フック、クラブバケット等のつり具の質量も含まれます。

　このつり上げ荷重は 0.5 t、1 t、2 t、2.8 t、5 t、10 t、20 t、・・・と扱う荷の質量に応じて各種設計されています。中でも、1 t、3 t、5 t の境は重要な意味を持ちます。

　例えば玉掛け作業に必要な資格は、つり上げ荷重が 1 t 以上なら技能講習、1 t 未満なら特別教育と分かれています。クレーンの運転資格は、つり上げ荷重が 5 t 以上のクレーンと、5 t 未満のクレーンで大きく分かれています。

　また検査対象として、つり上げ荷重 3 t 以上のクレーンは 2 年に 1 回の性能検査に合格したものでなければ使用してはならないとされています。

　クレーン作業に係る資格と教育は後述（P.143（2）運転業務の制限及び教育訓練による安全対策）を参考にしてください。

　以下の（4）～（5）の構造上の特徴において対象とするクレーンの種類は、床上操作式の天井クレーンとします。

（4）作動装置の特徴

　クレーンを動かす作動装置は、ワイヤロープにより荷を巻上げ・巻下げする巻上装置、巻上装置を載せたトロリをガーダ（主桁）に沿って移動させる横行装置、これらを載せて建屋に設けたレールを移動する走行装置で構成されています。

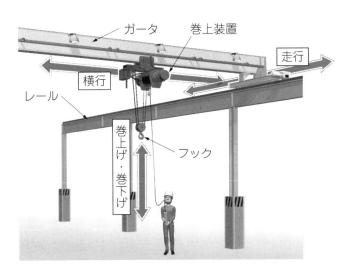

図 5 − 64　巻上げ・巻下げ、横行、走行

いずれも専用の電動機により作動し、作動停止と停止状態の維持のためのブレーキ（制動装置）を設けています。

a　巻上装置

巻上装置は、電動機、ブレーキなどのほか減速機、ドラム、フック等で構成されます。電動機の力を減速機で増加させてドラムを回転させ、ドラムに巻かれたワイヤロープを出し入れし、ワイヤロープに取り付けられたフック等のつり具を上下させます。

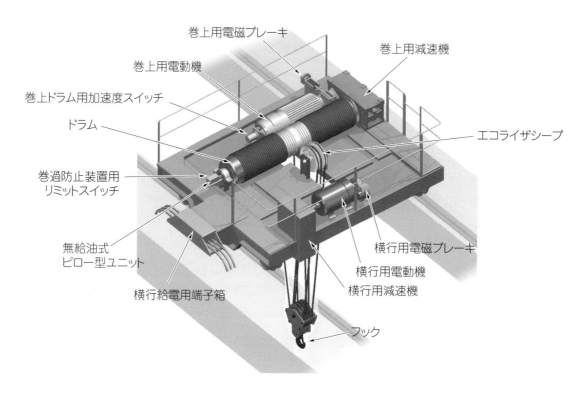

図5－65　クラブトロリ

フックには複数の滑車が取り付けられ、動滑車としてロープにかかる荷重を分散させています。図5－66は、4本掛けと6本掛けを示していますが、4本掛けの場合はロープにかかる荷重は1/4となり、電動機の負荷も1/4となります。ただし、巻き上げるロープ長さは荷の移動量の4倍必要です。

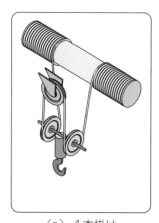
（a）4本掛け

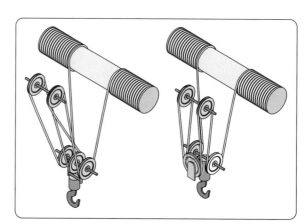
（b）6本掛け

図5－66　動滑車

フック等のつり具を上下に可動させたとき、その上限と下限の間の距離を揚程（リフト）といいます。揚程はクレーンが設置されている建屋のレールの位置によって決まり、荷の大きさや玉掛け用具等により、荷

の移動高さが限定されます。

揚程の最下限（フックが地面につく位置）まで巻下げたとき、ドラムには2巻以上のワイヤロープが残ることがクレーン構造規格で義務付けられています。またドラムにはワイヤロープの損傷や乱巻きを防ぐためにロープ溝がついています。

フックが床につく等ロープがたるんだ状態で巻上げると乱巻きが起こることがあります。乱巻きはワイヤロープを変形、損傷させ、その耐荷重を低下させます。

b　横行装置及び走行装置

横行の場合はトロリ、走行の場合はガーダという質量の大きな装置を移動させることから、電動機の回転を大きく減速して車輪に伝えます。

車輪は、使用頻度や車輪圧により鋳鋼製や鍛鋼製が用いられていますが、最近は騒音を抑えるためにウレタン製の車輪を装着したものもあります。

c　ブレーキ（制動装置）

各作動装置のブレーキは、自動車のように運転者が意識して掛けるものではなく、各動作を止めたとき、つまり動力を遮断したときに自動的に作動する仕組みです。

ブレーキは機構としてドラムブレーキとディスクブレーキに大別できます。

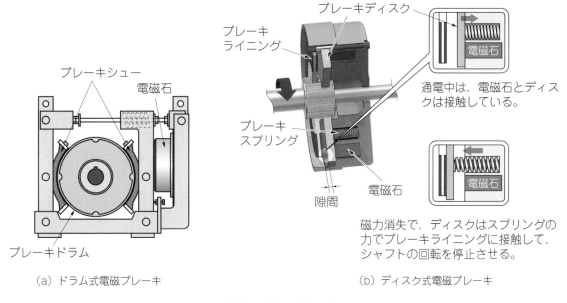

図5-67　ブレーキ

制動力は、ばねの力によってブレーキシューやブレーキパッドが押しつけられて発生し、電磁力や油圧力（電気的に発生）でばねを縮め、ドラムとシュー、又はディスクとパッドに隙間を作ることによって解除されます。つまり電動機への作動電源が入ったときに電気的に連動し、ブレーキが解除になる仕組みであり、停電や故障による電源喪失の場合にブレーキが作動するフェールセーフとなっています。

ディスクブレーキは構造的にシンプルで小型化できるため、走行装置、横行装置、大型機以外の巻上装置のブレーキとして多用されています。

またクレーン構造規格により、巻上装置の制動力は、定格荷重をつり上げたときのトルク値の1.5倍以上を有していることが義務付けられています。

ブレーキの欠陥は大きな事故原因となり得ますので、その機能が100％発揮できるよう、メンテナンスが必要です。パッドの厚さ、パッドとディスク（又はドラム）との隙間等、必要項目の管理を徹底する必要があります。

(5) 電動機及び制御の特徴

クレーンの作動用電源には三相交流（200V 又は 220V）が用いられており、作動用電動機はほとんどが三相誘導電動機です。

a　かご形誘導電動機

クレーンに用いられる三相誘導電動機は、回転子の構造から、かご形と巻線形に分類されています。現在はシンプルな構造で故障が少なく扱いやすい、かご形が多く用いられています。

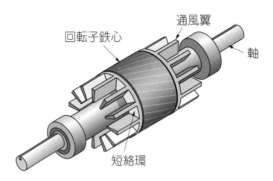

図5－68　かご形誘導電動機

かご形回転子（鳥かごの形であることから）は、複数極のコイルを固定したケーシングの中心にベアリングを介して取り付けられています。コイルに通電する交流の変化により発生した磁界が回転子の周りを回転します。その磁界により回転子に電流が流れ、磁界が発生し、回転する仕組みです。

かご形誘導電動機の回転数は、電源電流の周波数とコイルの極数で決まり、クレーンでは、主に周波数を制御することで速度を制御しています。また回転方向については、三相のうちの2線を入れ替えることで、コイルに流れる相の順番が変わり、逆転する仕組みです。

b　インバータ制御

インバータ制御装置は、作動装置の速度制御のため電源電流の周波数を変化させ、かご形誘導電動機の回転数を制御する装置です。

交流電源の周波数（50Hz 又は 60Hz）をコンバータ（順変換装置）で直流電流に変換し、インバータ（逆変換装置）で任意の周波数及び電圧の交流に変換し、速度を制御します。

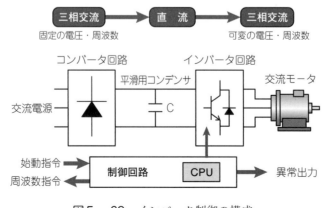

図5－69　インバータ制御の構成

インバータにより回転数を無段階で連続的に制御することで、スタート時や停止時に緩やかな速度変化の操作が可能となり、作動開始・停止時の荷の揺れを押えることで、安全作業につながっています。

c　操作ボタン（制御器）

床上操作式天井クレーンの操作は、トロリやホイストから垂れ下がったペンダントタイプの押しボタンスイッチで行います。押しボタンスイッチには、各作動装置の作動方向ごとに、巻上では（上）（下）、走行・横行では（東）（西）（南）（北）の記号が付いてます。また巻上げ用の微速操作ボタンや、低速・高速の切替えボタン、1段押しで微速・2段押しで定格速度となる2段階操作ボタンが付いているものなどがあります。

この2段階の速度制御はインバータにより行うため、停止から1段、1段から2段、またその逆といった場合に連続的な速度変化が可能です。そのため、扱う荷や作業内容等に合った安全で効率的な速度を選択することが可能となります。

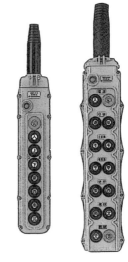

図5－70　操作ボタン

d　接地（アース）

クレーンにおいて漏電があると、電流はフックからロープを掛ける作業者の体を通って大地へ流れ、作業者が感電します。そのため、クレーン本体や電動機の外枠等を導線で大地に接地し、感電事故を防止しています。

4－4　玉掛け作業

クレーン等のつり具を用いて行う荷掛け及び荷外しの作業を、玉掛け作業といいます。クレーンによって荷を移動する作業は必ず玉掛け作業が伴うため、その安全確保はクレーン本体やその操作だけでなく、玉掛け作業と一体となって対策を講ずる必要があります。また床上操作式の場合、運転者と玉掛け作業者が同一であることが多いことから、両方の知識と技能を習得しておく必要があります。

（1）　クレーン運転及び玉掛け作業に必要な力学

クレーンで荷を安全に移動するためには、使用するクレーン、つり具、玉掛け用具等を許容荷重以内の負荷で使用すること及び荷を安定した状態で移動させることが重要です。そのため、これから述べる必要最低限の力学の基礎知識をクレーン操作と玉掛け作業に適用して、危険予知を行うことが重要となります。

a　質量

質量は物体そのものを構成する物質の量（kg又はt）であり、地球の重力場においては重量となり、クレーンの場合は荷重となります。質量は物質により密度（単位体積当たりの質量）（t/m^3）が異なり、同じ体積であっても荷重は異なります。

例えば、コンクリートの密度は$2.3 t/m^3$、鋼材は$7.8 t/m^3$です。つまり鋼材を移動する場合、コンクリートと比べて3倍以上の荷重が掛かることになります。

荷重を見積もる場合は数学的に体積を求め、それに密度を乗じて求めることができます。許容荷重を超えないためには、常に荷の質量を見積もる習慣づけが重要です。そのためには、荷の材質や形状等の情報を記憶し、それとの比較で対象となる荷の質量を見積もる訓練が有効となります。

b　重心

すべての物体は小さな部分の集まりであり、地球上ではその各部分に重力が作用しています。これらの重力の和を、1点に働く1つの力として表すことができ、この点を重心といいます。

図5-71のような形状の物体の重心をGとします。重心の真上でないA点（実線で表した状態）でつると、重心に働くモーメントによってA点を中心に回転し、重心が糸の鉛直線上になった状態（点線で表した状態）で安定します。玉掛け作業時に荷の回転や転倒による危険を回避するためには、このように荷の重心の鉛直線上でつることが重要となります。クレーン作業で荷の重心位置を知るためには目測で重心位置を定め、その真上にフックの中心をおき、地切り位置程度までつり上げて、つり荷の傾きをもとに確認します。つり荷に傾きがあった場合は、一度着地させ、下がっていた側に玉かけ用ワイヤロープを移動し、再びつり上げ荷の傾きを確認します。この作業を繰り返し行い、荷が水平状態になった位置が重心位置ということになります。

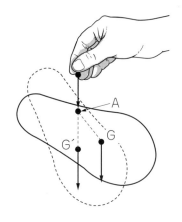

図5-71　重心に働くモーメント

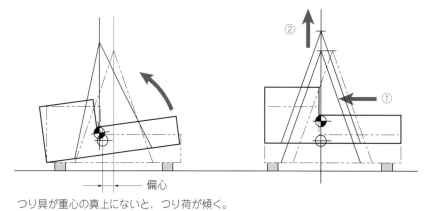

つり具が重心の真上にないと、つり荷が傾く。

図5-72　偏心

c　慣性

物体が外から力を受けない限り、運動しているときはそのまま等速運動を続け、静止しているときは静止し続けようとする性質を、慣性といいます。このため、クレーンで荷をつった状態で急に横行・走行を行うと、荷が取り残されてから動き出し、振れて危険な状態になります。同様に、横行・走行状態から急な停止を行っても、荷が振れて危険な状態になります。

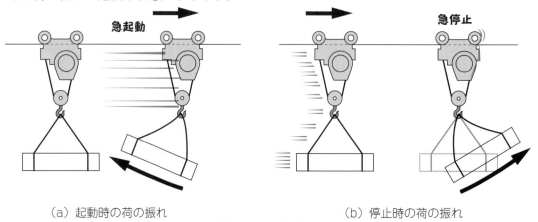

（a）起動時の荷の振れ　　　　　　　　　　（b）停止時の荷の振れ

図5-73　慣性

慣性力は、物体の質量や速度変化が大きいほど大きくなる「慣性力＝質量×加速度」の関係があります。

巻き上げ・巻き下げにおいても慣性は発生します。地切り前のロープが緩んでいる状態から定格速度で巻き上げた場合や、定格速度で巻き下げている状態から急停止する場合に、玉掛け用具、クレーンのワイヤロープ、そしてクレーン本体等に許容荷重以上の荷重が掛かる危険性があります。

d　力の合成と分解

物体に２つ以上の力が作用している場合、この力と同じ働きをする１つの力にまとめることができます。この力を合力といい、合力を求めることを力の合成といいます。逆に１つの力を、同じ働きをするいくつかの力に分けることを力の分解といいます。

玉掛け用ワイヤロープを用いて荷をつるとき、荷の荷重はワイヤロープの張力として作用します。この張力は単純に荷重のみが作用するのではなく、つり角度（図中のワイヤロープの開き角度 $α$）により発生する圧縮力との合力となります。したがって、つり角度が大きくなれば同じ荷重でも張力は大きくなります。

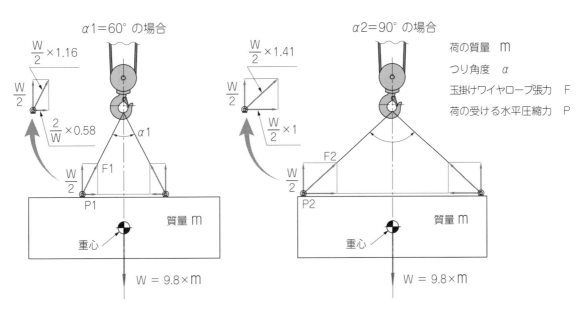

図５-７４　ワイヤロープのつり角度とワイヤロープの張力の関係

e　応力、ひずみ、安全係数

フックに荷が掛かるとフックの内部には、その荷重（外力）による変形を防ごうとして内力が発生します。この内力を断面積で除した単位面積当たりの力を応力といいます。

クレーン本体、つり具、ワイヤロープ等の材料は、主に鋼材が用いられており、その性質として、荷重が加わり応力が発生すると、応力に応じて材料が変形します。その変形量をひずみといい、応力との関係を示したものが図５-７５の応力―ひずみ曲線です。

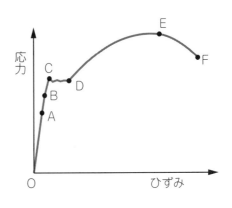

図５-７５　応力－ひずみ線図

応力がある一定の大きさ（A点までは比例、B点が弾性限界）までは、ばねのように弾性変形し、力を除くと元に戻ります。それ以上の荷重が掛かると、応力はほぼ一定のままひずみが大きくなり（CD点）、力を除いても元に戻らなくなります。この点を降伏点といいます。

さらに荷重が掛かるとひずみが大きくなり、応力が最大となります。この点（E点）を引張り強さ、極限強さといい、さらに引っ張ると応力は減少し、最後（F点）は切断します。

クレーン作業では、弾性限界内の荷重で作業することが必要です。しかし慣性や荷振れ等による荷重の増加、材料のばらつき、摩耗等による断面減少等を考慮すると、弾性限界を目安とすることは非常に危険です。そのため実際には弾性限界よりも小さい荷重で作業をするために、許容応力を設定しています。

基準強さ÷許容応力＝安全係数（安全率）

基準強さには降伏応力や極限強さの値が用いられ、法や規則等により安全係数が定められています。

（2）　玉掛け作業とつり荷の運搬

玉掛け作業とクレーンによる荷の運搬における、基本的な作業手順等については以下のとおりです。

① 作業開始前の準備

- 保護帽及び安全靴の着用等、適切な作業服装
- 作業に携わる関係者との作業工程の確認
- 作業工程上の運行経路等の安全の確保
- 玉掛け用具の点検　など

② 玉掛け用具を荷に掛ける前に行わなければならない事項

- クレーン等の定格荷重の確認
- 荷の大きさ、材質を調べ、荷の正確な質量を見積る
- 荷の形状等から重心位置を見積る
- 荷の質量、重心位置、形状等から適切な玉掛け用具を選定
- 玉掛け用具のかけ方、巻き方を決める　など

③ 荷のつり方

玉掛け用具をフックに掛け終わってから荷を持ち上げる場合、

　ⅰ　微動巻き上で静かに巻上げてワイヤロープを緊張させ停止する

　ⅱ　ワイヤロープの張り具合が均等であるか、フック位置が重心上か、つり角度が適切か等を確認する

　ⅲ　作業者の退避を確認後、地切りまで微動で静かに巻き上げ一旦停止し（床上20cm以下）、荷の傾斜、回転、つり具の状態等を確認し、不具合があれば、巻き下げてやり直す

　ⅳ　異常がなければ、安全な高さ（原則として床上2m）まで巻き上げる

④ つり荷を運搬する場合の留意事項

- つり荷の運搬は、障害物や作業者がいない最短距離のコースを選択する
- 運搬中、荷の下に人が入らないように監視する
- 急停止は荷振れの原因になるので、緊急時以外は行わない
- 運搬中、荷を押さえたり、支えたりしない

⑤ 荷の置き方、積み方等の留意事項
- 置き場は平らで荷重に耐え、できるだけ周囲の間隔を広くとる
- 玉掛け用具を取り外しやすいように枕や台木を使用する
- 荷が転倒や崩れないように、重心、形状等に合った安定した積み方をする。場合によっては、かませ物（歯止め）を使用する

4－5　安全対策

上記のような構造上の特徴や作業内容を考慮したうえで、次のような安全対策がとられています。

（1）床上操作式天井クレーンに備わる安全対策　～技術的側面として～

a　強度（安全確保のための要件）

クレーンの構造体及び各部位の強度は、クレーン構造規格により定められています。例えば巻上装置のワイヤロープについては、使用条件によって異なりますが、3.55〜5以上の安全率を有することとされています。このような安全率等から導き出された許容荷重の範囲内での作業なら、クレーンの各部位が損傷することはありません。

玉掛け用つり具については、クレーン則により安全係数が定められており、ワイヤロープの安全係数は6以上でなければなりません。

b　接触防止対策（情報の発信による隔離）

工場内における床上操作式天井クレーン作業では、運転者が常に荷の近くで操作していること、玉掛け作業者等共同で作業する人が近くにいることから、本質的隔離による安全確保は困難です。

そのため、作動開始を知らせる警報装置、走行時のチャイム、走行注意灯を装着し、近接の作業者等につり荷の存在を知らせています。しかし、機械側での安全確保はその程度に留まり、運転者及び作業者による安全確保に頼らざるを得ない状況です。

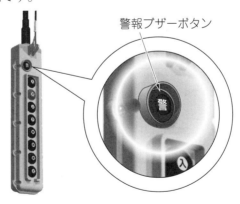

図5－76　警報ブザーボタン付き押しボタンスイッチ

c　機構上の安全対策

玉掛け用ワイヤロープが外れるのを防ぐため、フックには外れ止め装置を装着することが、クレーン構造規格で定められています。外れ止め装置にはスプリング式とウエイト式等がありますが、スプリングの損傷等で機能しない場合は速やかに修復する必要があります。

図5-77 外れ止め装置

d フールプルーフ

クレーンの巻上装置、横行装置、走行装置には、運転者の操作ミスによる事故を防止する仕組みが取り入れられています。

（ア）巻過防止装置

巻上装置には、ロープの巻き過ぎによる切断、機械の損傷、荷の落下等を防止するため、巻上げの上限に達したときに停止させるリミットスイッチが取り付けられています。リミットスイッチを作動させる重すいにフックが当たると、巻上装置の電源を切る仕組みになっています。

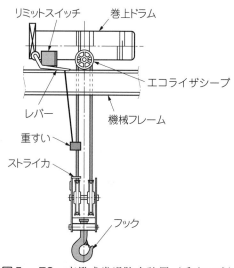

図5-78 直働式巻過防止装置（重すい式）

（イ）過負荷防止装置

許容荷重以上の荷重の荷をつり上げようとした場合に、巻上げを停止する装置です。誤った判断で無理な荷重をかける等による重大な災害を防止するため、多くのクレーンに取り付けられています。天井クレーンの場合は許容荷重が運転条件で変化しないので、装着が義務付けられてはいません。

（ウ）横行・走行のオーバーラン防止

クレーンのガーダが走行してレールの端に達したときや、ホイストが横行してガーダの最端部に達したとき、ガーダやホイストが端から飛び出すのを防止するために、緩衝装置や車止めが付いています。

緩衝装置はゴムやスプリングでできていますが、衝突時は急停止の状態になることから、最端部近くにリミットスイッチを取り付け、リミットスイッチが作動すると速度を微動にして停止させる装置もあります。

（エ）インバータによる速度制御

　　床上操作式の制御装置は、停止状態から微動そして定格速度までを２段階の押しボタンスイッチにより制御しますが、インバータ制御により速度が緩やかに増減するよう設定されているものもあります。これによりワイヤロープ等に掛かる負荷の増加を抑えるとともに、荷の揺れを抑えることができるようになりました。

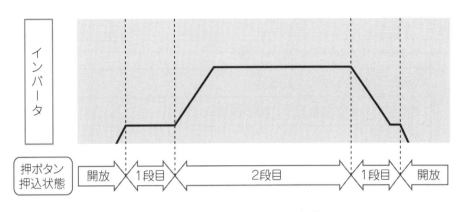

図5-79　インバータによる制御

e　フェールセーフ

　クレーンの巻上装置、横行装置、走行装置のブレーキは、電磁ブレーキと呼ばれるように電気で作動する構造です。前述のとおり制動力はスプリングの力により得られ、電磁力はブレーキの解除のために作動します。これは停電等の電源喪失状態になった場合、荷を安定的に保持するためです。

（2）運転業務の制限及び教育訓練による安全対策　～人間的側面として～

　上記のとおり、クレーン作業の安全確保については機械本体としてもさまざまな対策がとられています。しかし工場内の作業環境や作業内容等を考えると、運転者及び玉掛け作業者の技能や判断にゆだねられている部分が多いのも特徴です。そのため、ある一定以上の知識や技能を有している者以外は、運転操作の業務に就かせてはなりません。

a　就業制限

　クレーンの運転操作に必要となる資格と教育は法令により定められており、つり上げ荷重や構造によって異なります。

　安衛則により、つり上げ荷重が5t以上の床上操作式のクレーンの運転の業務については、「クレーン・デリック運転士免許」を受けた者、又は「床上操作式クレーン運転技能講習」を修了した者でなければならいとされています。

　また、つり上げ荷重が5t未満の床上操作式クレーンを含む定置式のクレーンの運転の業務については、就業制限ではありませんが、新たに業務に就かせる場合に安全のための特別教育を受けさせなければならないとされています。

　つり上げ荷重が1t以上のクレーン等の玉掛けの業務については、「玉掛け技能講習」を修了した者等でなければならないと就業が制限されています。

b　床上操作式クレーン運転技能講習及び特別教育の内容

　クレーン等運転関係技能講習規定により、技能講習の科目の範囲及び時間については表5-11のとおり定められており、教本等必要な教材を用いて行うこととなっています。

講習終了時には試験を行い、合格者に技能講習修了証が交付されます。この技能講習修了証は、運転の業務に就く場合は必ず携帯しなければなりません。

また、安全衛生特別教育規定により、特別教育の科目の範囲及び時間については表5-11のとおり行うこととなっています。なお、試験の実施は定められていません。

表5-11 技能講習及び特別教育の範囲及び時間

	範　　囲	技能講習	特別教育
学科	床上操作式クレーンに関する知識	6時間	3時間
	原動機及び電気に関する知識	3時間	3時間
	運転のために必要な力学に関する知識	3時間	2時間
	関係法規	1時間	1時間
実技	床上操作式クレーンの運転	6時間	3時間
	運転のための合図	1時間	1時間

（3）組織として取り組むべき安全対策　～組織的側面として～

安全確保のために事業者が行うべき対策について、安衛則、クレーン則等に定められている事項を中心に以下に記します。これらの安全対策は、事業者が自らすべてを実施するということではなく、事業者の責任において、組織として確実に実施できるような仕組みづくりが重要です。

a　作業計画の策定

クレーンを用いて荷を運搬する業務は安衛法上、作業主任者の選任は義務付けられていません。しかし作業を安全に行うためには作業責任者のもと、運転者、玉掛け作業者、合図者等と、作業内容について事前に打ち合わせを行うことが重要です。また作業計画は、玉掛け用の十分なスペース、つり荷の安全な通路、避難場所等の確保のほか、作業関係者以外の侵入の制限方法等も加味したものであることが重要です。

b　作業前点検

事業者は、その日の作業開始前に、以下について点検を行わなければなりません。

- 巻過防止装置、ブレーキ、クラッチ、コントローラの機能
- ランウエイの上、トロリが横行するレールの状態
- ワイヤロープが通っている箇所の状態

点検は実際には運転者が行うことになるため、点検記録簿等の整備と点検結果の報告、管理者による確認を徹底する仕組み作りが重要となります。

c　定期自主検査の実施

クレーンの各装置は、機械部品、電気・電子部品等で構築されており、長時間使用すると劣化し、安全作業に支障をきたすことがあります。

そのため次のように定期に検査を行うことが義務付けられています。

自主検査として1年に1回、荷重試験（定格荷重をつり上げ作動を検査する試験）を含め、定められた点検項目について点検を行うことと定められています。

また、そのほかに1月に1回、検査項目を重要部位（各種安全装置、ブレーキ、ワイヤロープ、フック、コントローラ等）に限定して点検を行うことも定められています。これはクレーンの使用上において、誤っ

た操作により、許容荷重以上の荷重、急な操作による衝撃、接触等で各装置を損傷させる可能性があるからです。

なお、点検記録は3年間保存することとされています。

d　検査の受検

つり上げ荷重が3t以上のクレーンを設置した場合、所轄労働基準監督署長が行う落成検査を受けなければなりません。また検査合格後は、検査合格証の有効期限（主に2年）内に、各労働基準監督署長又は登録性能検査機関が行う性能検査を受検しなければなりません。

e　その他の制限の遵守等

安衛則やクレーン則には上記のほかにも、事業者が遵守すべき数多くの事項が定められています。

これらは最低限措置すべき安全対策であり、自組織内で、事故防止のためのＫＹ活動、安全教育の実施、専門家の指導等、それ以上の安全対策を講じる努力をすべきです。

４−６　事故の解析

（1）　本節の事故事例の解析

この事故は、走行中の急停止によるり上部の荷が滑り、落下したものと考えられます。玉掛けの状態が繊維ベルトの半掛けであることから、上部鋼材は下部鋼材に自重で載っているだけであり、鋼材間の摩擦力が小さく、重力に耐えられなかったものと考えられます。

a　クレーンの構造上の特徴から原因を探る

このクレーンは、急停止を抑制する微動と定格速度の2段階制御か、インバータ制御であったかどうかは、明確にはなっていません。

b　運転者の就業制限等から原因を探る

このような玉掛け方法を選択したこと、慣性による荷の動きを予測できなかったこと、ボタン操作で急停止を起こしたこと等から、作業者がクレーン運転、玉掛けの知識及び技能を習得していないであろうことが原因と考えられます。

c　業務管理上から原因を探る

人事管理面として、業務に就くことが適切でない者が運転したことの管理体制に問題はなかったか、また技能講習を受講させる等の教育訓練を実施していたか、などの人事管理面での原因が考えられます。

d　対策

まず、人事管理面として、クレーンの運転及び玉掛け作業を、有資格者以外に行わせないことを徹底することです。クレーンの運転業務には、床上操作式クレーン運転技能講習の修了者又はクレーン運転の特別教育を受けた者、玉掛けの業務には、玉掛け技能講習の修了者等以外に就業させないことです。

次に、事故事例のような荷を玉掛け用繊維ベルトで扱う場合、重心位置から均等な位置に、ベルトを1回あだ巻にして荷を締め、摩擦力を増やし安定させます。またつり荷の運搬高さを不必要に高くせず、落下時のリスクの低減を図ります。これらのことは、玉掛け技能講習を修了等して確かな知識と技能があれば十分判断可能な対策です。

クレーン自体に設ける技術的対策としては、インバータ制御による緩やかな速度制御の設定が考えられます。

第5節 産業用ロボット

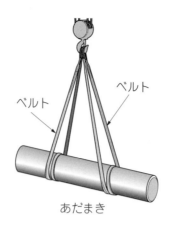

図5-80 4点つりの例

トレーニング問題

次に示すクレーンの操作及び玉掛けの作業状態から、事故の発生を想像し、その原因と対策を技術的側面、人間的側面及び組織的側面から考えてください。

① 定期自主検査が形骸化しており、巻上げ用ディスクブレーキのブレーキパッドの厚さを確認していない。

② 押しボタンスイッチのケース内のアース線が図のような状態。

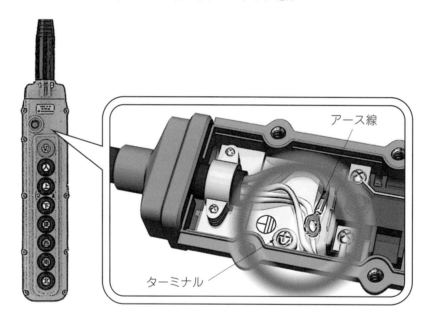

第5節　産業用ロボット

5-1　事故事例

夜勤時、製造ラインの監視を担当している作業員がコンベア内に破片があることを発見したので、コンベアに接近して破片を取り除いたところ、移動中にロボットのマニピュレータと減速機の間に頭部を挟まれて死亡しました。

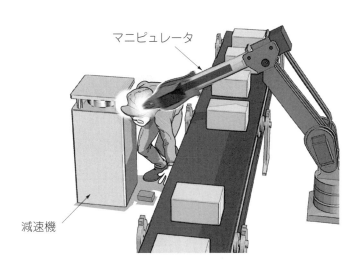

図5-81 事故事例

 事故の原因と対策を考えてみましょう。

5-2 概　要

　産業用ロボットは労働集約的で生産性が低いプロセスや、単純な繰り返し作業、過重な労働等の自動化に適しており、企業では人手不足対策、人件費削減、人材の高付加価値分野への移動など企業活動として、生産性の向上という競争力の強化のために使用されています。また、危険作業を人からロボットに置き換えることで労働災害の防止に大きく貢献しています。

　製造工程の中では、溶接、ハンドリング、加工、組立等の作業は元々、人の技能に依存する部分が多かったところでしたが、そこにロボットを導入することで省人化、無人化を図ることができ、生産性を大幅に向上させることが可能となりました。

　また、近年、ロボットに組み込まれるセンサ、モータなどの性能が著しく向上し、これらにより、ロボット自体の小型軽量化などが可能となり、細かい作業や複雑な作業に対応することが可能になっています。JIS B 8433-1:2007 では、人とロボットの協調運転について、「特別の目的で設計したロボットが、定義した作業空間で人間と直接協働して働く状態」と規定され、協調運転用に開発されたロボットも販売されはじめています。

　さらに、第4次産業革命のキーワードは IoT、ビッグデータ、AI、そしてロボットですが、これら4つが融合することで新たな目的、機能、付加価値等を持った産業用ロボットが開発され、労働力の減少等製造業の課題への対処が可能となることが期待されています。

　次に、ロボットに起因する労働災害の現状をみてみます。実際に産業用ロボットを使用する場合は、作業をロボットに行わせる前に、作業内容の動作を入力し、その動きを確認（再生、記録）する作業である教示（ティーチング）が行われます。また、教示はロボットによる作業結果（例えば、加工なら精度）への影響が大きいため、慎重に行わなければならない作業です。

　この教示作業のほか、点検や修理作業では、ロボットの可動範囲内に入って作業を行うことがあるため、ロボットにはさまれ・巻き込まれ、激突される危険性を考慮する必要があります。

第5節 産業用ロボット

　実際に、事故型別災害発生状況（平成27年：死傷者数）は、図5－82に示すとおり、そのほとんどが、はさまれ・巻き込まれ、激突され、です。表5－12の死亡災害事例をみてみると、ロボットを使用している作業の中で、定常作業時においては第4章で説明している隔離の原則・停止の原則により災害の発生はほとんどないといえます。事故・災害等の発生原因は、非定常作業の点検、修理、トラブル処理における不安全な行動や誤動作によるものです。これらから、安全対策の方向性は明確であると思われます。

　ただし、災害発生数（死傷者数）は、第1節～第4節までの生産設備と比較して極端に少なく（26件、平成27年）、技術によって安全を確保することの実効性を証明しているといえるでしょう。

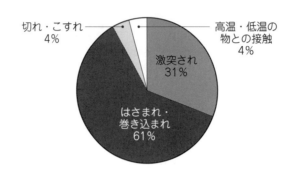

図5－82　産業用ロボット事故型別労働災害発生状況（平成27年）

表5－12　産業用ロボットによる死亡災害事例

	災害状況	事故の型
1	産業用ロボット1台、金属加工用機械4台を安全柵で囲った加工工場で、被災者は加工後の製品の計測作業を行っていたところ、産業用ロボットが動き出し、背後から当該製品に押付けられ、腹筋部圧迫による窒息により死亡した。	はさまれ、巻き込まれ
2	機械のトラブルが発生し、その処置をしているとき、上部に待機していた産業用ロボットのトレーハンドが下降し、トレーハンドとトレーの間に胸部がはさまれて死亡した。	はさまれ、巻き込まれ
3	産業用ロボットに異常が発生し停止状態となったため、ロボットが掴んでいたワークを動かして異常を解除した。その際、停止状態であったロボットが動き、ロボットのマニピュレータの先端部と搬送台の間に胸部をはさまれ死亡した。	はさまれ、巻き込まれ
4	パレット搬送を行う産業用ロボットの運転を止めずにその可動範囲に入り、同機械の支柱と搬送マニピュレータの間に胸部をはさまれ死亡した。	はさまれ、巻き込まれ
5	被災者は安全柵で囲われたロボット稼働範囲内に立入ったところ、容器を掴んで旋回してきたマニピュレータ先端の製品保持ガイドとロボット本体の架台との間に頭部をはさまれて死亡した。	はさまれ、巻き込まれ
6	溶接ロボットが不具合で、停止したが、被災者がそれを復帰する作業をしたところ、突然、ロボットのマニピュレータが動き出し胸部をはさまれ窒息死した。	はさまれ、巻き込まれ

「産業用ロボットの安全必携－特別教育用テキスト－」、p.17　表1.1.1　より抜粋、中央労働災害防止協会

5－3　産業用ロボットの構造

（1）産業用ロボットの種類

　産業用ロボットの定義は、JIS B 0134:2015によると「自動制御され、再プログラム可能で、多目的なマニピュ

レータであり、3軸以上でプログラム可能で、1か所に固定して又は移動機能をもって、産業自動化の用途に用いられるロボット」とされており、マニピュレータ、制御装置を含むものです。マニピュレータは同規格によると「互いに連結され相対的に回転又は直進運動する一連の部材で構成され、対象物（工作物、工具など）をつか（掴）み、通常、数自由度で動かすことを目的とした機械」とされています。

産業用ロボットの機構構造形式の違いによる代表的な例を図5－83に示します。三次元空間内で任意の位置決めを行うには最低3軸が必要であり直動、回転との組み合わせで存在しています。

a 直角座標ロボット

3つの関節の軸がすべて直動で構成されており、高精度の位置決めに向いていますが設置面積が大きくなるのが欠点です。

b 円筒座標ロボット

3つの関節の軸が回転－直動－直動で構成されており、直角座標ロボットよりも設置面積が小さく、大きな作業領域の確保が可能です。

c 極座標ロボット

3つの関節の軸が回転－回転－直動で構成されており、円筒座標ロボットより広い作業領域を確保することが可能ですが、アーム先端の姿勢が変化するので姿勢を保持する制御が複雑になってしまいます。

d 多関節ロボット

人間の腕に近い構造であり、3つ以上の関節軸がすべて回転で構成されています。a～dの方式の中で最も作業領域を広くすることが可能ですが、姿勢制御は複雑になってしまいます。

そのほかにスカラーロボット、パラレルリンクロボット等があります。

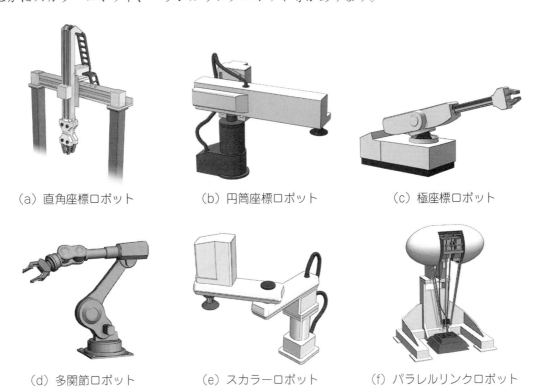

図5－83　機構構造形式によるロボットの種類

次に、制御装置（システム）の違いによる代表例を図5－84に示します。

a　シーケンスロボット

自動化装置のように制御プログラムなどであらかじめ設定した順序と条件に従って機械の動作が進み、1つの状態の終了が次の状態を生成するような制御を実行するロボットです。

b　プレイバックロボット

溶接ロボットのように教示（ティーチング）により動作を記憶したタスク・プログラムを繰り返し実行することができるロボットです。

c　数値制御ロボット

NC工作機械のようにロボットを動かすことなく順序、条件、位置、その他の情報、言語などによってプログラミングし、その情報に従って作業を行うロボットです。

d　知能ロボット

人工知能（AI）によって行動を決定できるロボットです。

e　遠隔操作ロボット

オペレータが遠隔の場所から操作することが可能なロボットです。

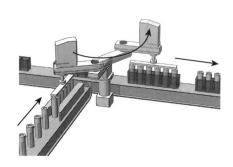  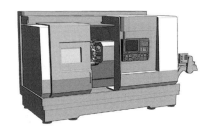

　（a）シーケンスロボットの例　　　（b）プレイバックロボットの例　　　（c）数値制御ロボットの例

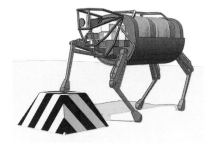 

　　　（d）知能ロボットの例　　　　　（e）遠隔操作ロボットの例

図5－84　制御装置によるロボットの種類

そのはかに、大きさ（大型、中型、小型）や動力源（電動ロボット、油圧ロボット、空圧ロボット）に分類されます。

（2）産業用ロボットの構成

図5－85にロボットの構成例を示します。このロボットは把持機構、姿勢制御機構、位置決め機構、制御装置、ティーチングペンダント（可変形操作盤）、制御装置で構成されています。

- 把持機構

    人間の手に相当する機能を有する機構です。主にロボットの先端に取り付けられており、対象物（ワーク）を把持・保持することで対象物を拘束する動作を行います。

- 姿勢制御機構

    把持機構で対象物（ワーク）を把持・保持する作業の際に姿勢を決める機構であり、人間の手首に相当する機能であることから回転又は旋回によって構成されるのが一般的です。

- 位置決め機構

    ロボットが3次元空間内で任意の位置に位置決めする役割を持つ機構であり、人間の胴や腕に相当する機構です（図5－83（a）～（d））

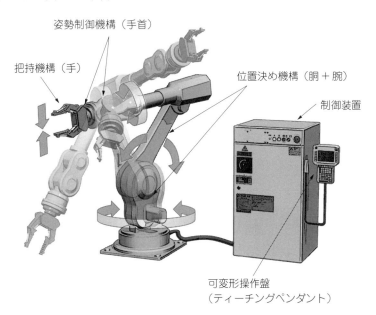

図5－85　ロボットの構成例

- 制御装置

    制御回路を内蔵した制御部と表示装置、操作装置を配置した操作部、プログラム及び教示の内容が記憶されている記憶装置で構成されており、ロボットの制御及び作業者が制御を行う部分です。

- ティーチングペンダント（可変形操作盤）

    教示作業を行う部分であり一般的に非常停止ボタン、表示盤、イネーブルスイッチ、動作軸キー、数値キーによって構成されています。ティーチングペンダントの例を図5－86に示します。

    教示作業は、このティーチングペンダントを用いて手動運転（マニュアル運転）によって行いますが、ロボットが稼働する危険区域である安全柵の中での作業とならざるを得ない場合もあり、ロボットアームなどの可動部分の予期できない動きに遭遇する可能性もあります。手動運転時、ロボットは図5－86のイネーブルスイッチON（スイッチを握る）で「動作」、OFF（スイッチを離す）で「停止」しますが、ロボットの予期していない動きが発生したときに、すべての作業者がスイッチを離して停止させるとは限りません。人間の本質的行動として、慌ててスイッチ（手）を握ることも考えられます。そのため、このスイッチは図5－87に示すように操作するポジションが3つ設けられており、「軽く握る」(ポジション2)の位置でボタンを保持している間のみONとなり動作します。

    そして、作業時にロボットの故障など予期していない事象が発生した場合、作業者が「ペンダントを落とす、スイッチを離す」(ポジション1)又は「スイッチを握り込む」(ポジション3)動作をした場合にOFFとすることでロボットを停止させる仕組みになっています。つまり、このイネーブルスイッ

チは、「握る」と「離す」の2ポジションでは、人の操作の誤りが発生する可能性があることから、3ポジションを設け、手動操作を行うポジションを「軽く握る」(ポジション2)に限定することで「フールプルーフ」を構築しています。

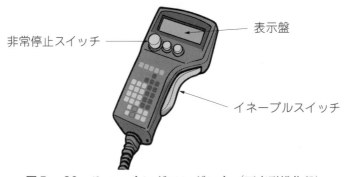

図5－86　ティーチングペンダント（可変形操作盤）

	ポジション1 （握っていない）	ポジション2 （軽く握る）	ポジション3 （さらに握り込む）
手でグリップスイッチを握る様子	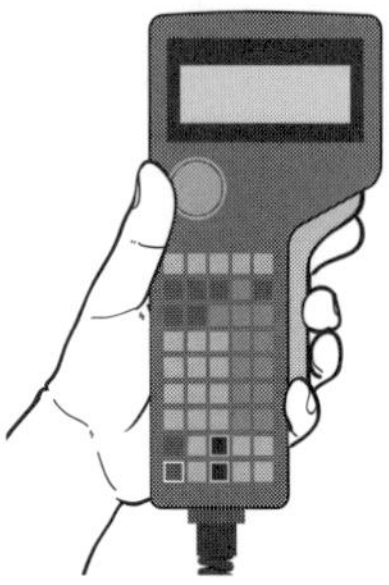	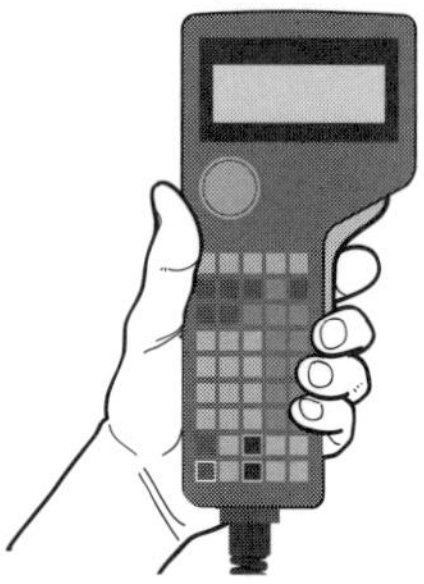	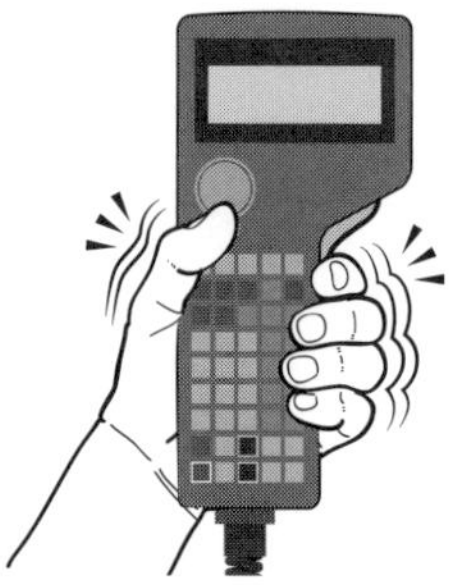
3ポジションスイッチの場合の動作	OFF	ON	OFF

図5－87　イネーブルスイッチの動作

5－4　産業用ロボットによる作業

（1）教示（ティーチング）作業等における点検作業

産業用ロボットの教示（ティーチング）作業は、一般的に図5－88の手順で行われます。

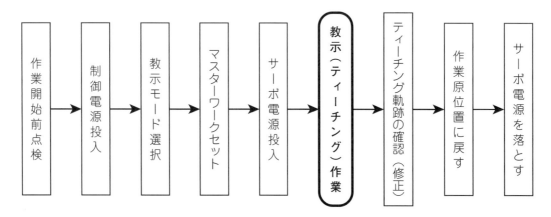

作業開始前点検 → 制御電源投入 → 教示モード選択 → マスターワークセット → サーボ電源投入 → **教示（ティーチング）作業** → ティーチング軌跡の確認（修正）→ 作業原位置に戻す → サーボ電源を落とす

図5－88　教示（ティーチング）作業例

教示等における作業開始前の点検については、労働安全衛生規則第151条で「事業者は、産業ロボットの可動範囲内で当該産業用ロボットについて教示等の作業を行うときは、その作業を行う前に、次の事項について点検し、異常を認めたときは、直ちに補修その他必要な措置を講じなければならない」とされ、次の事項として、「外部電線の被覆又は外装の損傷の有無」、「マニピュレータの作動の異常の有無」、「制動装置及び非常停止装置の機能」の3つの作業開始前点検項目を規定しています。

一般に産業用ロボットの教示等の作業前点検のポイントは、次のとおりです。

① 点検作業の始めに点検記録表により、前回の点検時に異常等がなかったこと（措置済みを含む）を確認する。

② 産業用ロボットの可動範囲内で点検を行う場合は、産業用ロボットの電源を切り、他の者が電源を入れて操作できない対策（例えば、鍵付きのスイッチ、表示テープなど）を施しておき、ロボットが完全に停止(固定)されている状態にして行う。

③ 産業用ロボットには、制御装置と、マニピュレータ、操作制御パネル、ティーチングペンダント、安全柵等の安全用のセンサ、スイッチ類などを接続する多くの電線があるが、これらの一部が損傷や破損した場合は、誤動作の原因となり、また、それらの電線の絶縁機能の劣化は、漏電や感電の原因となることから、確実に点検する。

④ 空気圧や油圧を動力として使用している場合は、配管やチューブからの空気又は油の漏れについて点検する。

(2) 非定常作業における留意点

産業用ロボットの非定常作業には、教示、検査、修理等があり、これらの作業の多くは安全柵の中（危険区域)で行わなければならないため、作業者は、安衛則第150条の3（教示等）及び第150条の5（検査等）に基づき、事業者が定める作業規程の遵守と作業手順書に示す手順により作業を行う必要があります。

また、産業用ロボットは、制御系の部品の損傷、電源や油空圧源の異常、ソフトウエアプログラムの欠陥、人間の不安全な行動、電磁ノイズ等により設定外の動きをする可能性を有していることから、作業時には「ロボットは予想外の動きをする可能性を持っている」という意識を常に持ち、絶えず緊張感を持って作業に臨むことが重要です。ロボットの各軸の動作、動作時の異音，異常な振動、操作盤のアラーム表示等に注意するとともに、非常停止装置の動作を意識して作業を進めます。しかしながら人間は、疲労等により集中力を持続することが困難になるので、適度な休憩を取り作業を行うことも必要になります。

非定常作業における具体的な留意事項の主なものを下記に示します。

① 可動範囲外で行える作業は、安全柵の外で行い、不用意に可動範囲に入らないようにする。

② 可動範囲内で作業を行う場合は、安全柵の扉を開けておき、外部から自動モードに切り替えることができないようにインターロックを備えておく。また、作業中である

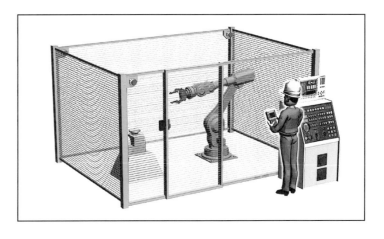

図5-89　教示作業①

ことが他者にわかるように明確で分かりやすい表示をしておく。
③ 可動範囲内で作業を行う場合は、監視人を安全柵の外部でロボットの動作の全体を見渡せる場所に配置し、異常の際に直ちに非常停止ボタンを作動させるようにする。また、監視人は、作業従事者以外を安全柵内に立ち入れさせないようにする。

図5-90　教示作業②、③

④ 作業者がロボットの動作の全体を見渡せる場合は、上記③以外の措置として、非常停止装置を作業者が保持することで対応できる。
⑤ 停止しているロボットには、その原因が確認できるまで一切近寄らない。具体的にはロボットへのエネルギー供給が遮断されているのか？故障なのか？次の動作待ちなのか？を確実に判断して、完全にエネルギー供給が遮断されていることが確認できなければ近寄ってはならない。
⑥ 作業者が「わからない」、「自信がない」ことはやらない、上司など産業用ロボットに詳しい人に相談する。曖昧な判断で操作しない。

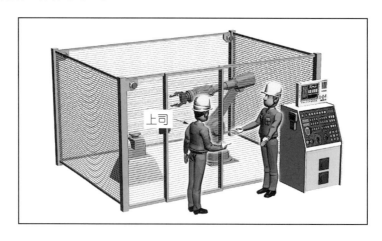

図5-91　教示作業⑥

⑦ ティーチングペンダントによるロボットの手動運転操作を行う場合は、運転操作をする前に可動範囲内に人が存在しないことを十分に確認してから運転操作を行う。
⑧ マニピュレータの動作を実行する際に、その都度、可動範囲内に人がいないことを確認しながら行う
⑨ ロボットに背中を見せない。可動範囲内だけでなく安全柵の近接においても背中を見せない。

図5-92　教示作業⑨

5-5　設置環境

　ロボットは、図5-93のようにロボットの可動範囲全体と教示作業時に誤動作が発生した場合に、作業者が退避できる安全作業領域を確保した状態で、安全柵により囲わなくてはなりません。安全柵の上側は天井まで、下側は床まで設けることが望ましく、人間の不安全な行動を防ぐため、容易に安全柵の中に入れないことが必要です。安全柵の入口は施錠できるようにしておき、ロボットが停止して固定された状態でなくては扉が解錠されない構造とする必要があります。つまり、第4章第2節で説明している隔離と停止の組み合わせによるインターロック機能を有してなければなりません。安全柵の内外には、非常停止押しボタンスイッチを、作業者が見やすい位置に設置します。また、操作及び教示（ティーチング）作業については、できるだけ安全柵の外で行えるように、ティーチングペンダントを図5-93のように操作制御パネルの近くに設置するようにします。

　ロボット本体は、高速で動作する場合もあり大きな慣性力が生じることから、床面への固定が十分でないと事故や故障の原因になり得るのでしっかりと固定しなければなりません。

　電源電圧の変動、振動、電磁ノイズなどは、ロボットの誤動作、故障などの原因となるので、これが少ない場所への設置又は防止対策をする必要があります。標準品として市販されているロボットには、電磁ノイズ対策が施されていますが、万全を期すため、ノイズ源となる電磁開閉器（コンダクター）や動力線は、制御盤配線から十分離して配線しなければなりません。また、制御盤アース端子には設置抵抗100Ω以下を施します。

　教示作業では、姿勢、動作軌跡などの確認において細かい作業もあるので、目の疲労などを考慮し、明るい場所を選びます。

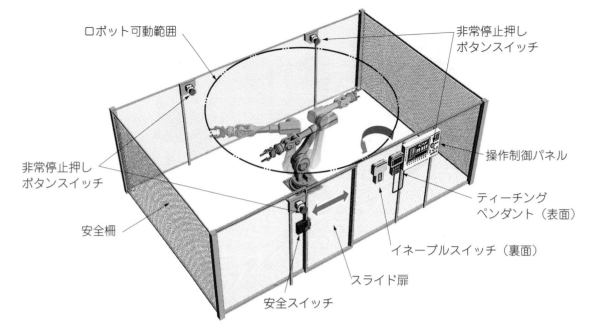

図5-93 ロボット設置環境

5-6 安全対策

(1) 産業用ロボットに備わる安全対策 〜技術的側面として〜

「産業用ロボット使用等の安全基準に関する技術上の指針」では、ロボットの選定、設置、使用等に関する留意事項について定めています。工作機械等と同様に制御回路の不都合に起因して労働災害が発生し得るため、「工作機械等の制御機構のフェールセーフ化に関するガイドライン」に基づくフェールセーフ化も求められています。また、JIS B 8433-1-2（ロボット及びロボティックスデバイス-産業用ロボットのための安全要求事項-第1部：ロボット、第2部ロボットシステム及びインテグレーション）では、ロボットの本質的安全設計、保護方策、使用上の情報、危険源、リスク低減について規定されています。以下、上記の指針等で示されている主な安全対策を示します。

- ロボットの設計時に出力の小さい駆動モータをあらかじめ選定し、減速比の高い駆動伝達機構を設計に組み込んで最大速度を十分低減する。（本質的安全設計）
- 作業者がロボットの運転中に安全柵（可動式ガード又は光線式安全装置）の扉を開けたり、作業者が安全柵の内部で作業している際に第三者が安全柵の扉を閉めて運転する等を防止するため、安全柵の扉に鍵を付けている施錠式インターロック付きガードを設置する。（安全防護・付加保護方策：フールプルーフ、隔離の原則、停止の原則）
- 運転に当たり安全条件が確認された場合のみに運転が可能となる安全確認型システムとする。（本質的安全設計方策：フェールセーフ）
- ロボットを構成する制御機構に故障が発生した場合にロボットが動作しないフェールセーフ機構とする。（本質的安全設計方策：フェールセーフ）
- ノイズ防止対策として電磁開閉器（コンダクター）、動力線を制御盤から十分に離して配線し、ロボット本体や制御盤に溶接機の2次側アース等を取り付けないようなレイアウトとする。（本質的安全設計方策）

- 施錠式インターロック付きガードは、柵の内部に人が存在しないことを安全マットで検知、可動ガードが閉及び施錠、ロボット本体の制御機構（非常停止装置を含む）が正常であることが運転条件である安全確認型システムにより構成する。（本質的安全設計方策：フェールセーフ、安全防護・付加保護方策、隔離の原則、停止の原則）

- 教示作業時にロボットの運転モードを"教示"に切り換えた場合は、自動的に最大速度（250mm/sec 以下）が低減された状態で、イネーブル装置（P .151 参照）での作業に切り替わるものとする。（本質安全設計：フールプルーフ、付加保護方策）

- ロボットの安全柵に緊急停止装置、脱出装置を設ける。（付加保護方策）

- ロボット本体、安全柵、制御盤、操作制御パネルなどに警告のラベルを貼る。（使用者への情報提供）

（2）運転業務の制限及び教育訓練による安全対策　～人間的側面として～

　ロボットで危険が伴う作業は、教示、検査、修理、保守等の非定常作業であると考えられます。その作業に従事する者は産業用ロボットに関する知識、技術、経験などを有していなければならず、新たに業務に就かせる場合は、安衛則第 36 条第 31 号、32 号で規定されている特別教育（表 5 - 13、表 5 - 14）を受けさせなければなりません。

表5 - 13　産業用ロボットの教示等の業務に係る特別教育

科目	範囲	時間
産業用ロボットに関する 知識	産業用ロボットの種類、各部の機能及び 取扱いの方法	2 時間
産業用ロボットの教示等 の作業に関する知識	教示等の作業の方法、教示等の作業の危 険性、関連する機械等との連動の方	4 時間
関係法令	法、令及び安衛則中の関連条項	1 時間

表5 - 14　産業用ロボットの検査等の業務に係る特別教育

科目	範囲	時間
産業用ロボットに関する 知識	産業用ロボットの種類、制御方式、駆動 方式,各部の構造及び機能並びに取扱い の方法、制御部品の種類及び特性	4 時間
産業用ロボットの教示等 の作業に関する知識	検査等の作業の方法、検査等の作業の危 険性、関連する機械等との連動の方法	4 時間
関係法令	法、令及び安衛則中の関連条項	1 時間

（3）組織として取り組むべき安全対策　～組織的側面として～

　ロボットの作業における安全確保のために事業者が行うべき対策について、安衛則に定められている事項を中心に以下に述べます。これらの安全対策は、事業者自らがすべてを実施するということではなく、事業者の責任において組織として確実に実施できる仕組みを作るということが重要です。

① 作業開始前点検

　　どの機械・設備でも同じですが、作業開始前には機械・設備の外観、動力源、低速による運転、油関係等のチェックを行ってから作業を開始するのが基本です。特に産業用ロボットにおいては、制御装置の機能、非常停止装置の機能、接触防止設備、インターロック機能等の点検が必要となります。また、日々の作業における機械・設備のコンディションを把握する必要もあり、点検記録表を作成し、日時、実施

者、項目、内容、結果の判断、不具合部分の処理などを記録します。

　　作業開始前点検では、この記録についても確認し、必要項目について点検を行い、異常等を発見した場合には、上司等に報告し、使用を取りやめて異常等の措置を講じます。作業開始前点検に必要な点検記録表、点検方法、不具合等の措置、各担当者等を組織で決めておくべきです。

② 安全対策

　　事業者は、作業者側と機械側の両側に対しての安全対策を講じなければなりません。作業者側に対しては、KYT やヒヤリ・ハットなどの活動の推進と理解しやすい作業手順書や作業マニュアルの作成を行うべきです。さらに、ベテランから若手への OJT によるノウハウの伝達など、対策を進めやすい組織の構築と日々の活動が不可欠です。

　　機械側への安全対策は、ロボットの導入前から始めなければならないことを知っておくべきです。すなわち、ロボットによる定常作業及び非定常作業におけるリスクアセスメントを、災害事例などを参考として行い、その結果をメーカに対しての仕様書、発注書、図面などに反映させ、ロボット及び安全柵などについて、設計段階から本質的に安全対策が行われるようにします。そのためにはロボットの作業従事者、安全衛生担当者、生産技術管理者は機械安全に関する知識・技術を有しておく必要があり、さらに、それを実施できる組織作りが必要となります。

③ 定期検査

　　定期検査の実施に当たっては、ロボットの設置場所、使用頻度、部品の耐久性などを勘案して検査方法、判断基準、実施時期等の検査基準を定めてから検査を行います。定期検査を行ったときに異常が認められた場合は、直ちに補修その他必要な措置を講じなければなりません。また、定期検査又は補修を行ったときは、その内容を記録し３年以上保存することが技術上の指針として示されています。

5－7　事故の解析

　この事故では図５－81のように、作業者が製造ラインのベルトコンベア上に破片があることに気がつきました。作業者は、この破片が減速機の付近にあることから、減速機ケースを身体の支えにして、マニピュレータを避けながら作業をすれば破片を除去できると判断し、作業を行ったと考えられます。この事故を技術的側面（ロボット）、人間的側面（作業者）、組織的側面（業務管理）の３つの視点で解析してみます。

a　産業用ロボットから原因を探る

　このロボットは、隔離と停止の原則の組み合わせによる安全柵、可動式ガード、安全マットなど、作業者がロボットの可動範囲に入ることができない構造になっていなかったものと考えられます。また、可動範囲に入る場合には、駆動源遮断による停止（固定）や、異常時にすぐに非常停止できる位置に非常停止ボタンの設置が必要ですが、これらがなかったとも考えられ、ロボット全体の設計に問題があったと考えられます。

b　作業者から原因を探る

　作業者がロボットの可動範囲の中で作業する場合、ロボットの運転を停止すること、駆動スイッチ等が他者によって操作されないようにすることを怠ったことなどが原因であると考えられます。

c　業務管理上から原因を探る

　aの問題点は、ロボットを導入する時点において措置されていなければならないことであり、また導入後

にこれらの安全装置（安全防護物・保護装置）を無効にしたのであれば、組織に重大な問題があると考えられます。

bの問題点は、作業者に対して、作業手順書が作成されていなかった可能性や安全教育が行われていなかった可能性も考えられます。また、夜勤における1人作業の安全管理が不十分であったとも考えられます。

d 対策

最初にロボットの設計段階で安全化されなければなりません。業務管理上においては、作業手順書の作成、安全教育の実施、安全管理体制の確立と実施を図る必要があります。作業者については、ロボットの可動範囲内に入る場合、ロボットの運転を停止（固定）したことを確認してから作業に入ることを徹底することです。

トレーニング問題

ある工場の生産設備における加工作業部分で加工不良品が原因でロボットが停止し、設備全体が停止しました。それを保全担当作業員の1人が発見し、ロボットが掴んでいた不良品を動かして異常を解除しました。その際にロボット作動用のリミットスイッチが作動したことでロボットアームが動作してしまい、作業者の上から背中を襲い圧迫して死亡しました。この災害の発生原因を解析して、その安全対策について考えてみましょう。

（問1） 災害の発生原因について①～③の3つの視点から解析してみてください。

① 産業用ロボット（技術）を構成する機器、装置

② 作業員（人）の作業、行動

③ システム（組織、仕組み）

（問2） 問1で災害の発生原因を解析した結果により安全対策を①～④の考え方で考えてください。

① 危険源の除去（第2章を参考とする）

② 工学的対策（第4章を参考とする）

③ 管理的対策（第3章を参考とする）

④ 保護具の使用（第3章を参考とする）

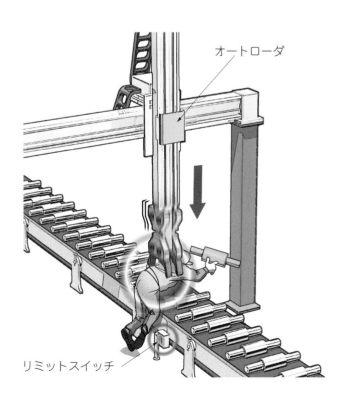

第6節　ボイラー

ボイラー安全

　我が国におけるボイラーの歴史は、ペリー来航以後に始まり、本格的に運用が始まったのは、明治以降といってよいでしょう。ボイラーは、産業革命の象徴的存在ですが、我が国の近代化においても立役者といえます。しかし、導入当初は事故も多く、早くから規制が行われました。その後、安全対策が功を奏して、今やボイラーの爆発事故は滅多に聞かず、安全対策の優等生といえます。

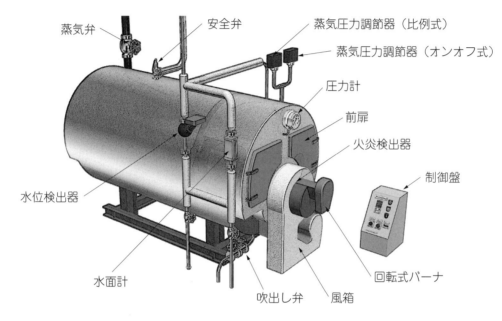

図5-94　ボイラーの構成図

　明治期には相当数のボイラー事故・災害が起こったと思われますが、記録はほとんど残っていません。記録が残っている中で最も古いものは、明治3年7月、米国蒸気船シティ・オブ・エド号の汽罐破裂事故です。日本人15人、外国人6人が即死し、受傷後死亡した者が47人、怪我をした者は80人と記録されています。[※1]

　その後、確実な記録が残っているのは、昭和37年（1962年）以降です。図5-95にボイラーの設置基数と死傷災害の変遷を示しました。

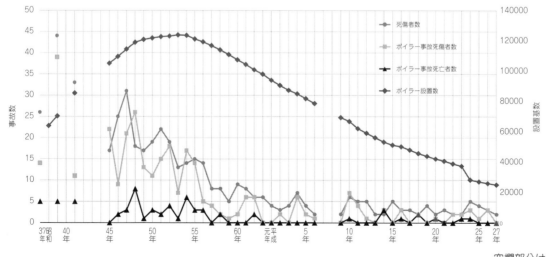

空欄部分はデータなし

図5-95　ボイラーの設置基数と死傷・災害の変遷

※1：中央労働災害防止協会編「安全衛生運動史」より

ボイラーの設置基数は、昭和37年の63,939基から増加し、昭和53年に123,764基に達した後は、減少の一途を辿り、平成27年では25,013基と最盛期の5分の1に減少しています。ボイラー基数の減少の背景には、我が国の産業構造の変化も大きな要因となっていると思われます。

さて、ボイラーに係る事故・労働災害は、昭和39年（1964年）の44件、死傷者数39名（うち死亡者数5名）がピークで、その後着実に減少してきています。

平成に入ってからのボイラーの事故は、年間2～5件であり、死傷者も数名で死亡事故は減多に起こっていません。上に見たとおり、ボイラー基数の減少も要因の1つですが、それ以上にボイラーの構造、製造法や、取扱いに係る規制等が奏功したものと思われます。最近発生した事故をみると、ボイラーの強度不足等構造的な原因は少なく、ほとんどが着火時のガスパージのし忘れといった管理不良によるものといえます。

構造的には、溶接技術の進化が大きく貢献しています。すなわち、戦後間もない頃までは、ボイラーの部材を接合させるためにはリベットが使われていましたが、現在、リベットは姿を消し、溶接による接合になっています。

次にボイラーの規制をみてみましょう。明治期には、規制は、各府県ごとに制定されていました。しかし、府県によって基準・規制が異なるのは、開発・製造の上でも不便であり、統一的規制が模索され、明治22年、各府県で実態調査が行われました。明治44年、労働基準法の前身ともいうべき工場法が公布され、その素案の段階では、汽罐（＝ボイラー）取締の条文があったようですが、各方面からの強い反対があり、削除されたということです。

全国斉一的な規制が制定されたのは、昭和10年4月、汽罐取締令（内務省令第20号）が公布されたときということになります。

この中では、①罐体検査、②構造要件、③汽罐士制度　が定められました。

これらの規定は、昭和22年、労働基準法が制定された際にも、労働安全衛生規則の中に継承されました。さらに、昭和34年、ボイラ及び圧力容器安全規則が制定されましたが、大きな枠組みは変わっていません。

すなわち、

　　モノの面からは、構造規格、製造許可、製造検査、落成検査、性能検査

　　ヒトの面からは、製作する側では、ボイラー技士溶接士免許制度

　　　　　　　　　　運転する側では、ボイラー技士免許制度

がそれぞれ定められています。

また、規制も折々見直しがなされていて、平成8年には、それまで年に一度、停止・冷却して行っていた性能検査を、一定条件の下、運転中に検査する制度（「運転時性能検査」）が導入されました。

さらに、平成28年には、電子機器の発達を踏まえた、規制の見直しが行われました。すなわち、これまでは安全確保のために、ボイラー技士による常時監視が義務付けられていましたが、故障率を一定の確率以下に押さえることができる電子制御システムを備えたボイラーについては、ボイラー技士による監視を「3日に1回」でよいとされました。現在、実際の運用に向けて、具体的な事項が検討されているところです。

このように、ボイラーの安全は大きな進化を遂げていますが、安全というものは、「当然に在るもの」ではありません。関係者の不断の努力の上に得られるものであり、「努めて創り上げているもの」であることを忘れてはなりません。ボイラーについても、作る人と運用する人の双方がそれぞれの立場で、「安全」を

創り出す努力を怠ってはならないのです。

なお、人的被害を伴う事故、特に死亡災害は、悲惨なものであるということは改めて強調しておきたいと思います。被災者とその御家族の悲嘆。万一の事故が起こった時の悲惨さを思う想像力を忘れてはなりません。

第6節 ボイラー

第6章 安全衛生管理

第1節 労働安全衛生マネジメントシステム（OSHMS[※1]）………

1－1 OSHMS の概要

　近年、多くの事業所では、経営形態の変更（請負、委託、派遣労働者等の利用増加）やベテランの安全衛生担当者の退職等により、これまで培ってきた安全ノウハウを十分に伝承できなくなっています。しかし、事業所内で長年の月日をかけて築いてきた安全文化を継承し、安全第一で業務を進めることは、CSR、PLの観点からも重要です。

　さらに、生産設備の自動化に伴って、若手技術者が自らの手を動かして製造に直接携わる機会やリスクに接する機会が減少しており、このため、若手技術者の危険感受性（危険を感じられる能力）の低下が顕在化し、このことによる災害も見受けられます。また、安全衛生活動や適切な安全措置が履行されないことによる災害発生が繰り返されており、このことは、現場で働く方が、「こんなことまでやらなければならないのか」という意識や「安全」が「本来業務」の付加的な要素であるという意識で安全衛生活動に取り組んでいることに起因しています。

　事業所内の安全衛生を確保するためには、生産活動の過程でPDCAのマネジメント機能がしっかり働くことでその質を担保し、課題を解決していける「仕組み」を構築し、事業所全体で取り組むことが必要です。この認識から、厚生労働省は、事業所内の安全ノウハウをしっかり継承し、さらなる安全衛生水準の向上のためのシステム構築の指針である「労働安全衛生マネジメントシステムに関する指針（以下、「OSHMS 指針」という。）」（平成11年労働省告示第53号。平成18年改正。）を定めました。

　OSHMS は、労働災害防止のために事業者が行う自主的な安全衛生活動です。事業場の「安全衛生水準の向上」を目的に、労働者の協力の下に、組織全体で職場のリスク低減に向けた取り組みを確実かつ継続的に実施します。この仕組みは、事業場の安全度を高め、労働災害防止対策の推進に効果的です。労働安全衛生規則第24条の2には、表6－1のとおりOSHMSの基本の仕組みが規定されており、この中の第四号は、「PDCA サイクル」といわれ、計画作成（Plan）－実施（Do）－評価（Check）－改善（Act）の繰り返しを示しています。この仕組みの詳細については、OSHMS 指針に定めています。

　この指針は18条からなり、取り組む項目は、表6－2に示す14項目であり、さらに、指針第8条の「明文化」する文書の事項は、表6－3のとおりです。

　平成30年の3月に労働安全衛生マネジメントシステムに係るISO45001が制定されました。これに我が国の4S活動、KY活動等の日常的な安全衛生活動や、健康問題なども視野に入れてJIS Q 45100が作成されました。

※1　OSHMS とは、Occupational Safty and Health Management System の略です。

表6－1　労働安全衛生規則に定めるOSHMSの基本の仕組み

【労働安全衛生規則】
＜第8節の2　自主的活動の促進のための指針＞
第24条の2　厚生労働大臣は、事業場における安全衛生の水準の向上を図ることを目的として事業者が一連の過程を定めて行う次に掲げる自主的活動を促進するため必要な指針を公表することができる。
　　一　安全衛生に関する方針の表明
　　二　法第28条の2第1項の危険性又は有害性等の調査及びその結果に基づき講ずる措置
　　三　安全衛生に関する目標の設定
　　四　安全衛生に関する計画の作成、実施、評価及び改善

表6－2　「労働安全衛生マネジメントシステムに関する指針」に示す取り組む項目

　1．安全衛生方針の表明（指針第5条）
　2．労働者の意見の反映（指針第6条）
　3．体制の整備（指針第7条）
　4．明文化（指針第8条）
　5．記録（指針第9条）
　6．危険性又は有害性等の調査及び実施事項の決定（指針第10条）
　7．安全衛生目標の設定（指針第11条）
　8．安全衛生計画の作成（指針第12条）
　9．安全衛生計画の実施等（指針第13条）
　10．緊急事態への対応（指針第14条）
　11．日常的な点検、改善等（指針第15条）
　12．労働災害発生原因の調査等（指針第16条）
　13．システム監査（指針第1条）
　14．労働安全衛生マネジメントシステムの見直し（指針第18条）

表6－3　指針第8条の「明文化」する文書の事項

　①　安全衛生方針
　②　システム各級管理者の役割、責任及び権限
　③　安全衛生目標
　④　安全衛生計画
　⑤　次の各事項についての手順
　　ア　労働者の意見の反映
　　イ　文書管理
　　ウ　リスクアセスメントとその結果に基づく措置
　　エ　安全衛生計画の実施
　　オ　安全衛生計画の実施状況等の日常的な点検及び改善の実施
　　カ　労働災害発生時の調査等
　　キ　システム監査の実施

　指針第11条の「安全衛生目標」は、「安全衛生方針」に基づき、①リスクアセスメントの結果、及び②過去の安全衛生目標の達成状況を踏まえ設定し、当該目標において一定期間に達成すべき到達点を明らかにするとともに、当該目標を労働者及び関係請負人その他の関係者に周知します。

　指針第12条の「安全衛生計画」は、安全衛生目標を達成するための具体的な実施事項、日程等について定めるもので、表6－4に示す事項を含むものとします。

表6-4　安全衛生計画に示す事項

① リスクアセスメントの結果等に基づき決定された措置の内容及び実施時期に関する事項
② 日常的な安全衛生活動の実施に関する事項
③ 安全衛生教育の内容及び実施時期に関する事項
④ 関係請負人に対する措置の内容及び実施時期に関する事項
⑤ 安全衛生計画の期間に関する事項
⑥ 安全衛生計画の見直しに関する事項

　OSHMSは、事業場内で働くすべての労働者が内容を正しく理解して運用することで効果が発揮されるシステムです。図6-1には、OSHMSの概念図を示します。

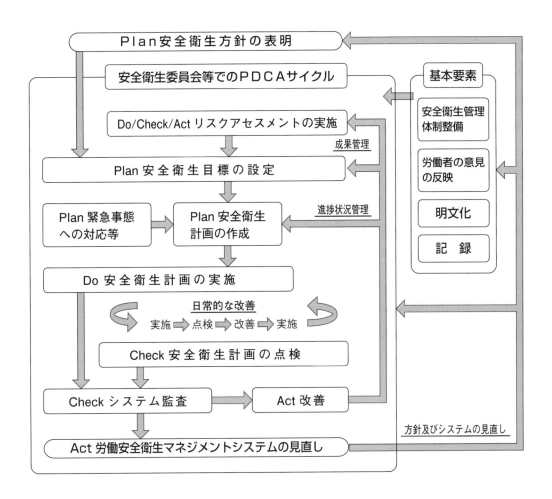

図6-1　OSHMSの概念図

　「安全衛生方針の表明」と「リスクアセスメントの実施」が上位に位置づけられており、リスクアセスメントの結果から「安全衛生目標」を設定し、その後の取組みにつながっていくことからも、第2章第2節で説明したリスクアセスメントを中心に据えた取組みとなっています。

　したがって、OSHMSが災害防止に向けて効果を発揮するためには、全員参加型の活動の中でリスクアセスメントにより職場内の危険性及び有害性を洗い出し、①どの程度の対応措置ができるか、②改善の効果や結果が職場の労働者に感じられるか否かが分岐点となります。

　このことからもOSHMS指針には、「事業者が労働者の協力のもとに一連の過程を定めて継続的に行う自主的な安全衛生活動」と記載され、すべての労働者の協力を得て行う活動と定めており、その活動に必要な

人員や組織体制を構築することを求めています。この組織体制については、第2節で説明します。

　当節では、OSHMS 指針に沿って、事業場内の安全衛生活動をスパイラルアップさせる取組みを紹介します。なお、OSHMS の導入に当たっての詳細な手順については、厚生労働者や中央労働災害防止協会等が公表している資料や書籍を参考にして下さい。

1-2　安全衛生計画の策定（Plan）

　OSHMS は、従来から事業所内で行われてきた安全衛生委員会や安全パトロール、ヒヤリ・ハット報告活動、各種点検、作業手順書の整備などの安全衛生活動の取組みを全員参加型の PDCA サイクルの自主的な安全衛生活動（労働安全衛生マネジメントシステム）として実施し、継続的な見直しにより、事業所内の災害を防止する目的のため、生産活動等と一体となって行われるものです。

　次の（1）から（4）に、その取組みの主な内容を示します。

（1）安全衛生方針の表明

　事業場における安全衛生水準の向上を図るため、事業場内における安全衛生活動の実績を踏まえた上で、安全衛生に関する基本的な考え方、目指すべき方向性等を表明します。その内容は、次の事項を含んでいる必要があります。

＜方針に含める目指すべき方向性＞
- 事業者自らの安全衛生の基本的な考え方
- 事業所内の災害の防止を図ること
- 労働者の協力の下に、安全衛生活動を実施すること
- 安全衛生関係法令及びこれに関連する行政通達並びに事業所内で定めた安全衛生に関する規定等を遵守すること
- 労働安全衛生マネジメントシステムに従って行う措置を適切に実施すること

　これらの事項を含め、健康づくり（Health）の方向性についても明示して作成します。また、安全衛生方針は、事業所の実態の変化や1-5で解説するシステム監査の結果等に応じて見直しを行います。

（2）リスクアセスメントの実施

　事業所で定めた手順に基づきリスクアセスメントを行い、その結果によって実施するリスク低減措置を決定します。リスクアセスメントは、先にも述べたとおり、OSHMS の根幹を成す取組みであり、これが的確に実施され、事業所内の安全衛生環境が改善することで、災害の発生しにくい職場環境の構築に寄与します。この調査及び調査の結果に対するリスク低減措置を検討する手順については、第2章第2節で解説しています。

（3）安全衛生目標の設定

　（1）の安全衛生方針及び（2）のリスクアセスメント結果に基づき、一定期間に達成すべき目標を定め、設定した事業所内の目標を労働者及び関係請負人その他の関係者に周知します。なお、事業所内の目標をクリアするために、小集団（課、担当、係など）で、自らの職場環境に対応した目標を立てることでより実態に沿った活動にすること、また、その内容を関係者に周知し、その場で働くすべての者が取組みの内容を正確に理解することで、目標の達成に向けた全員参加型の安全衛生活動につなげることができます。

　OSHMS の展開で最も難しいのは、現場の協力を得て、全員が当事者となって活動し、その活動が現場に

浸透することです。そのためには、現場の労働者の意見を適切に反映し、OSHMS の実効性を高めることができる仕組みづくりが必要です。

（4）安全衛生計画の作成

（3）で立案した事業所内の目標及び課、担当、係などの小集団で掲げた目標を達成するために、その具体的な安全衛生計画を部署ごとに、その実績に即して作成し、PDCA サイクル（Plan 計画⇒ Do 実施⇒ Check 評価⇒ Act 改善）により、安全衛生活動を継続的かつ自主的に行います。小集団で掲げた安全衛生計画は、その上位にある事業所内等の安全衛生目標や計画を踏まえて作成することが基本となります。

<安全衛生計画の立案をするに当たって考慮すべき事項>
- リスクアセスメント結果
- 過去における安全衛生計画の実施状況
- 安全衛生目標の達成状況
- 日常的な点検・改善の結果
- 災害・事故等の原因の調査結果
- システム監査の結果

安全衛生計画は、上記の内容を踏まえ、次の事項をいつ、だれが行うことが適切なのか、検討した上で作成します。この計画は、機械、設備、化学物質等を新規に導入する等、安全衛生計画の期間中に状況が変化した場合、必要に応じて見直しを行います。

<安全衛生活動に含めるべき事項>
- リスクアセスメント結果に基づいて実施する措置及びその実施時期
- 労働安全衛生法等の関係法令、事業所の安全衛生管理規定等に基づいて実施する事項及びその実施時期
- 危険予知活動（KYT 活動）、5S 活動、ヒヤリ・ハット報告活動、安全衛生改善提案活動、健康づくり活動等の日常的な安全衛生活動の実施
- 実施事項の担当部署又は担当者
- 予算措置（計画実施に当たって、予算措置の計画を明確にするためのもの）
- 安全衛生教育の内容及びその実施時期
- 安全衛生計画の期間に関する事項

安全衛生計画は、上記の事項をしっかり把握した上で、より安全で衛生的な職場環境を目指すものとして作成します。（1）から（4）を概念図で示すと次のようになります。

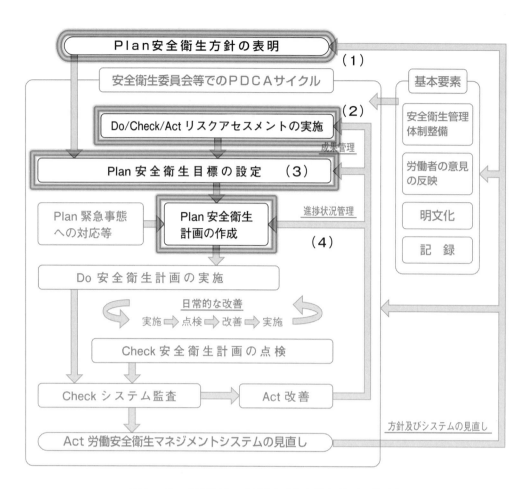

図6－2　OSHMSの概念図（安全衛生計画の策定）

安全衛生方針	1　安全衛生管理体制を構築し、その運営及び活動によって職場内の安全と衛生を確保する。これらの安全衛生活動は、安全衛生委員を中心に社員一丸となって実施する。 2　この方針及び安全衛生活動は、○○株式会社ＯＳＨＭＳにより実施し、これらを定期的に見直し、継続的に改善を行うことで、安全衛生活動を維持向上させることにより無事故　無災害及び健康保持を達成する。 3　労働安全衛生法並びに安全衛生関連法令の安全衛生に関する取り決めを遵守する。 4　安全衛生活動を確実に行うため、この安全衛生方針に従い安全衛生目標を定め、実施計画を作成、実行し、実施結果を点検確認し、定期的に見直す仕組みを確立し維持する。
安全衛生目標	安全衛生委員会の活性化を図り、○○株式会社ＯＳＨＭＳの適切な推進を　ることで、安全衛生水準の向上を目指す。 ・機械設備の作業前点検の実施率１００％　・定期健康診断の受診率１００％以上　・メンタル不調者による休業を発生させない。 ・リスクアセスメント、２０カ所以上の実施　・作業主任者の職務励行を徹底する。　・○○装置にインターロックを取付ける。

前年度から	前年達成度	重点実施項目	実施内容	実施スケジュール及び達成状況												前期達成度	年間達成度
				4	5	6	7	8	9	10	11	12	1	2	3		
継続	A	職場の安全衛生と作業環境の確保	安全衛生朝礼の実施	○	○	○	○	○	○							A	
継続	C		職場の安全衛生巡視	○	○	○	○	○	○							A	
継続	B		保護具使用	△	△	○	△	○	○							B	
継続	B		４Ｓ活動の励行	○			○									A	
継続	B		治具・工具の選択活用			○			○							A	

実施月に色付けし、進捗状況を○△×などで記載

図6－3　安全衛生計画表の例

1－3　安全衛生計画の実施（Do）

（1）日常的な活動

１－２で作成した安全衛生計画は、これを部署内又は関係請負人等に周知して、日々の業務を推進します。現場で働く方々にとっては、安全衛生計画の実施がOSHMSの活動の中で最も身近なものとなります。安全衛生計画には、いつ、だれが、何を行うのかを記載していますので、これに従って日常的な活動を行うためには、始業時や終業時のミーティング、毎月行われる安全衛生会議等で内容を継続的に確認し、取り組み

漏れがないようにしなければなりません。

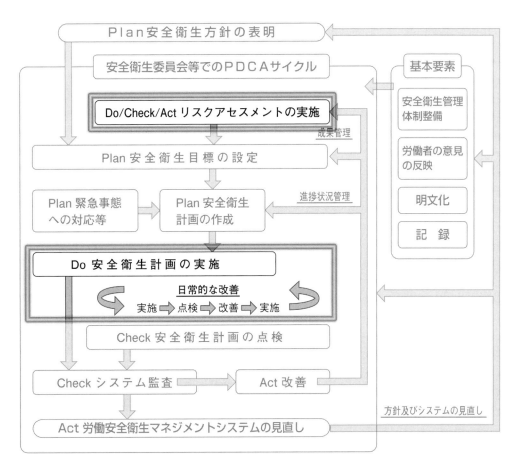

図6-4　OSHMSの概念図（安全衛生計画の実施）

（2）実施課題の審議と解決

OSHMSによる活動は、事業所内の安全衛生活動を皆で改善し、向上させていく取組みであり、最終的な目標は、災害をゼロにすることです。

OSHMSは、リスクアセスメントをはじめとして、安全衛生計画や各規定等で示されている具体的な内容に基づき、取り組むこととなりますが、その実施過程において、さまざまな審議や決定が必要になる場面が出てきます。これらの課題は、安全衛生委員会等を活用して審議し、その解決方法を決定します。

a　審議の手順

次の①～④に課題の審議手順例を示します。

① 審議事項の内容

各安全衛生関係法令、リスクアセスメント、安全衛生目標や安全衛生計画等の検討及びその実施過程において発見された問題点等（以下「OSHMS実施課題」という。）を審議します。なお、審議に当たっては、安全衛生方針及び安全衛生目標の達成を念頭に行います。各審議の過程において、第2章第3節で紹介した「リスクアセスメントの記録表」や安全衛生計画が記載されたシート（図6-3　安全衛生計画表の例を参照）等の検討資料を作成し、検討結果についても随時記録します。

② 措置内容の審議

OSHMS実施課題に対する措置内容については、次の事項を審議します。

- 実施する措置の実現可能性

- 実施する措置の費用（措置に要する経費の算定、予算化等）
- 実施する措置の納期
- 実施する措置が業務に与える影響

技術的検討や予算的措置が必要な場合等、直ちに実施できないものについては、それぞれの OSHMS 実施課題を放置することなく、総括安全衛生管理者の承認を受けて、暫定的な対策を実施します。

③ 措置の実施

前項で審議された措置内容について、②の４項目が妥当であると判断された場合は、その措置の実現に向けて関係各部所に具体的な業務指示を行います。

④ 措置後の評価

①〜③の手順で承認された措置が完了した際は、改めて措置後のリスクを評価します（リスクアセスメントの評価方法については、第２章第３節を参照してください）。その際、期待していた結果と異なり、新たな問題・危険性や有害性等が発生する場合は、別の措置を検討・実施する必要があります。

b　措置後の周知・表示・教育

OSHMS 実施課題に対する措置の一連の手続きを終えたら、その結果を各作業に関わるすべての従業員及び関係請負人等に周知する必要があります。例として、作業場の問題であれば、安全作業手順書に記載した内容や着用すべき保護具など、必要な内容を教育し、各作業場に注意事項等を掲示するなど、確実に周知できる方法で行うことが重要です。必要に応じて掲示、メール、口頭で伝える等、複数の方法で行うことも効果的です。

また、これらの結果については、いつでも従業員が閲覧できるよう、電子データによる整理等を行い社内サーバや CD-R 等のディスクに保存し、各作業場に当該記録の内容を常時確認できる機器を設置することなど、成果を有効に情報提供できる仕組みを構築することが重要です。

c　結果の記録

a でも述べましたが、それぞれの過程で作成された書類は、措置の実施後においても保管します。これらの記録を活かして、現場の事故・災害の防止に役立て、災害ゼロを継続することが最も重要ですが、事業所の義務及び説明責任を果たすことができる書類となっていることも重要です。そのため一連の実施内容を随時記録できるよう、事業所内での共通認識を持って取り組む必要があります。

（3）現場からの提案

安全、安心な職場環境の構築は、「現場からの提案」と「その提案を事業者が適切に取り入れる」ことが肝心です。

リスクアセスメントや OSHMS 実施課題に対する対応は、安全衛生委員会等で行うこととされていますが、現場の視点で改善策を提案できるのは、現場で働く各担当部署の方々です。事業者にとっては、現場の声を取り入れ、災害を発生させないことを第一に取り組みつつ、効果・効率的な改善を図って生産性を向上させることが目標になります。したがって、事業者は担当部署の声を適切に吸い上げ、コストを勘案してより効果の見えやすい改善を行うことが多くなります。

担当部署は、改善の必要性について根拠を示すため、効果的・効率的に検討できる資料を作成して説明する必要があります。できる限り現場の状況が分かるように、現場の写真や作業手順書を添付することも効果的です。

現場の方々が日ごろ感じている危険性や有害性は、その場にいる者にしかわからないことが多いものです。担当者として把握している課題を伝えるために、それを見過ごすことのないよう、責任をもって資料を作成するなど、伝えるための努力をすることが必要です。（自らの身は、自らで守る。）

事業者は、できる限り現場で発見された課題を意味のある改善に繋げられるよう、現場の実態を的確に吸い上げられるような、提案しやすい仕組みを構築することが必要です。

1－4　日常的な改善及び安全衛生計画の点検（Check）

安全衛生計画を実施し、その過程で、安全衛生計画に基づく適切な実施になっているか、計画通りに進められているかなど、安全衛生委員会等を活用して進捗管理を行い、その状況に応じて随時、見直しや改善を行います。これは日常的な改善に当たるものです。

日常的な改善とは、安全衛生計画の実施の過程において、安全衛生計画の実施状況や安全衛生目標の達成状況を点検して必要に応じて行う改善のことをいいます。

日常的な改善の例として、安全衛生計画に、「設備や機械、作業手順をより安全に、より使いやすく」などの目標が掲げられている場合は、その場で働くすべての者にとって、「安全」「効率的」「ムダを減らす」等を念頭に行う日常的な小改善の取組みを指します。

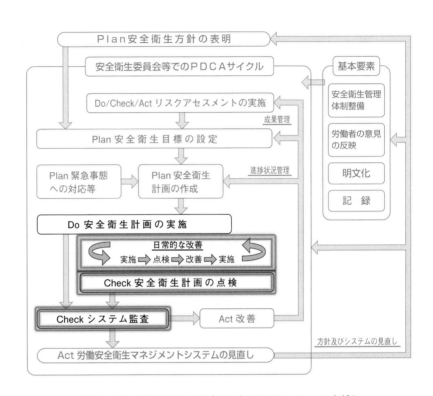

図6－5　OSHMSの概念図（OSHMS　3つの点検）

安全衛生計画の点検結果により、万一、毎月の安全衛生計画が達成されていない場合は、その原因を調査して理由を明確にするとともに、当該期間の安全衛生目標の達成を目指して、その後の安全衛生計画の改善を行います。

1－5　システム監査（Check）

システム監査とは、OSHMSに従って行う措置が、適切に実施されているか、それらの活動の妥当性や有効性について、監査の方法を定めた手引き等に基づき安全衛生活動の記録等を調査し、現場の管理者等との面談、作業場の視察等により、評価して、改善につなげるものです。この手引きには、何を監査するのか、監査の方法、実施時期等、システム監査を行う上で必要な事項について定めておきます。

システム監査の結果において、例えば、「リスクアセスメントの結果に対し疑義が生じた」「効果的な活動が推進できていない」「もう一歩踏み込んだ高い目標でやれるのではないか」などの意見が出た場合は、「よりよい方法がないか」「別の方法がないか」「より高い数値目標」など、さまざまな視点から検討して、改善

や見直しに繋げます。

システム監査の一連の内容については、監査結果報告書や改善報告書、議事録等で記録・保管し、関係者で監査実施上の問題点を検討、次回のシステム監査に反映することも重要です。

1-6 OSHMSの見直し（Act）

1-5のシステム監査の結果を踏まえ、安全衛生方針からシステム監査、安全衛生管理体制や各種の手順等に至るまでのOSHMS全体にわたる見直しを行います。その内容によっては、前述の日常的な改善やシステム監査の指摘に基づき、随時改善がなされるところですが、OSHMSの制度そのものにかかわる大きな問題については、OSHMSの見直しの場で検討して結論を出すことになります。

改善の内容として、OSHMSの妥当性については、関係法令等の改正に対応すること、事業所の規模や事業内容に応じた社会の要請なども検討し、安全衛生方針や個別的な安全衛生活動の内容をさらに充実すること、先進的なものにすることなどが考えられます。

また、有効性に関することでいえば、例として、リスクアセスメントを行っているのに災害が減らない場合など、リスクアセスメントの実施そのものが機能していないと考えられる場合は、どこに問題があるのか、同定の方法やそれらを記録する方法（どの程度の情報量が必要か等）、リスク低減措置の措置内容そのものや低減措置を行った結果の周知方法、安全教育の進め方など、問題点を洗い出し、それぞれの過程において根本的な見直しを行うことも含めて検討して改善につなげます。

図6-6に示すOSHMSの概念図（OSHMS 3つの改善）は、マネジメントシステムの特徴である持続的改善を行うことで、安全衛生活動をスパイラルアップさせるための機能であり、それぞれに特徴があることを本節で説明してきました。概念図で確認すると次のようになりますので、改めて確認しておきます。

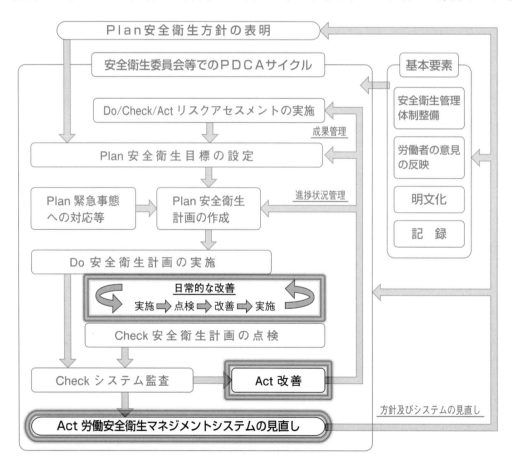

図6-6　OSHMSの概念図（OSHMS 3つの改善）

＜日常的な改善　Act（1－4参照）＞

現場の担当部署が主導して行う日常的な安全衛生活動による小改善（昔から行われている改善活動）により、職場環境の安全衛生水準を向上させます。

＜安全衛生計画の点検及びシステム監査による改善　Act（1－4、1－5参照）＞

安全衛生計画により計画的に安全衛生活動を実施できているか、システム監査により、OSHMSによって行う安全衛生活動が妥当なのか、有効に機能しているのかなどを評価し、安全衛生方針や安全衛生目標に定めた、あるべき姿に向けて職場環境の安全衛生水準を向上させます。

＜OSHMSの見直し　Act（1－6参照）＞

安全衛生方針の転換やリスクアセスメントをはじめとする各安全衛生活動の実施方法の見直し等により、OSHMSの制度そのものを事業所の実態に沿った形に変化させ、安全衛生活動そのものの水準を向上させます。

3つのActの相乗効果で、より効果的なOSHMSにスパイラルアップしていきます。

第2節　職場の安全衛生管理体制 ……………………………………

災害は、各事業所の責任において防止されなければならないことは、先にも述べてきたとおりですが、事業所の組織も複雑化し、その隅々まで安全衛生環境を整えることは困難であるため、前節のOSHMSのような、労働者の協力が得られる体制を整備することが不可欠です。労働安全衛生法では、事業所の労働者数や業種等に応じて、総括安全衛生管理者の選任や安全衛生委員会等（事業所によっては、安全委員会、衛生委員会又はその他の名称としている場合があります）の設置を行うほか、事業場の安全衛生管理を適切に進める体制（安全衛生管理体制）を定め、労働者等から選任して、それぞれの役割を担わせることとしています。さらに、OSHMSによる安全衛生管理を行っている事業所については、OSHMS指針に定める体制（OSHMS推進体制）を整備することも併せて求められています。

本節では、事業所内の安全衛生管理を推進するそれぞれ体制とその関係について説明します。

2－1　安全衛生管理体制（安衛法第10条から第19条）

（1）安全管理体制の主要な職務

安衛法で定められている安全管理体制の主要な職務の名称及び体制は、次のとおりです。

a．総括安全衛生管理者

b．安全管理者

c．衛生管理者

d．安全衛生推進者等

e．産業医

f．作業主任者

（2）安全委員会、衛生委員会、安全衛生委員会等

安全委員会、衛生委員会、安全衛生委員会等では、リスクアセスメントの調査やリスク低減措置の決定をはじめ、災害の再発防止策、その他の諸課題について、労使が一体となって調査・審議し、事業所内の安全衛生活動の方向性を決める重要な役割を担います。

上記以外にも、次の項目について、調査・審議することとされています。詳しくは、労働安全衛生法第17条及び安衛則第21条から第22条を参照してください。

労働者の危険の防止に関する重要事項（安衛則第21条）
- 安全教育の実施計画の作成に関すること。
- 厚生労働大臣、都道府県労働局長、労働基準監督署長、労働基準監督官又は産業安全専門官から文書により命令、指示、勧告又は指導を受けた事項のうち、労働者の危険の防止に関すること。

労働者の健康障害の防止及び健康の保持増進に関する重要事項（安衛則第22条）
- 作業環境測定の結果及びその結果の評価に基づく対策の樹立に関すること。
- 定期に行われる健康診断、臨時の健康診断、自ら受けた健康診断及び法に基づく他の省令の規定に基づいて行われる医師の診断、診察又は処置の結果並びにその結果に対する対策の樹立に関すること。
- 労働者の健康の保持増進を図るため必要な措置の実施計画の作成に関すること。
- 長時間にわたる労働による労働者の健康障害の防止を図るための対策の樹立に関すること。
- 労働者の精神的健康の保持増進を図るための対策の樹立に関すること。

このように重要な委員会であるため、一定の基準に該当する事業者は、安全委員会、衛生委員会を設置しなければならないとされています。安全委員会及び衛生委員会の設置の条件は次のとおりです。

委員会名	労働者数	業種名
安全委員会	常時50人以上	林業、鉱業、建設業、製造業（木材・木製品製造業、化学工業、鉄鋼業、金属製品製造業、輸送用機械器具製造業）、運送業（道路貨物運送業、港湾運送業）、自動車整備業、機械修理業、清掃業
	常時100人以上	製造業（上記以外の製造業）、運送業（上記以外の運送業）、電気業、ガス業、熱供給業、水道業、通信業、各種商品卸売業・小売業、家具・建具・じゅう器等卸売業・小売業、燃料小売業、旅館業、ゴルフ場業
衛生委員会	常時50人以上	全業種

一つの事業所内で、安全委員会及び衛生委員会の両方を設けなければならないときは、それぞれの委員会の設置に代えて、安全衛生委員会を設置することができます。

委員会の構成は次のとおりです。

	安全委員会	衛生委員会
委員の構成	1）総括安全衛生管理者又は事業の実施を統括管理する者等（1名） 2）安全管理者※ 3）労働者（安全に関する経験を有する者）※	1）総括安全衛生管理者又は事業の実施を統括管理する者等（1名） 2）衛生管理者※ 3）産業医※ 4）労働者（衛生に関する経験を有する者）※

※上表の1）以外の委員については、事業者が委員を指名することとされています。
この内の半数については、労働者の過半数で組織する労働組合がある場合はその労働組合（過半数で組織する労働組合がない場合は労働者の過半数を代表する者）の推薦に基づき指名しなければなりません。それ以外にも、安衛則には、安全衛生委員会は毎月1回以上開催しなければならないこと、委員会における議事で重要なものに係る記録を作成して3年間保存すること、さらにこれらの議事の内容の概要を労働者に周知させなければならないと定めています。議事事項や決定の流れについては、前節1-3を参照してください。
なお、上表に示す委員会の設置条件に当てはまらない事業所については、安全又は衛生上の問題に対処するため、関係労働者からの意見を聴くための機会（安全衛生の委員会、労働者の常会、安全衛生懇親会など）を設けるようにしなければならないとされています。

（3）各安全管理体制で選任される職務の役割及び選任等の条件

a　総括安全衛生管理者

次の業務が適切に実施されるよう、安全管理者、衛生管理者及び安全衛生業務を担当する者を指揮し、必要な措置を講じます。

(a) 労働者の危険又は健康障害を防止するための措置に関すること

(b) 労働者の安全又は衛生のための教育の実施に関すること

(c) 健康診断の実施その他健康の保持増進のための措置に関すること

(d) 労働災害の原因の調査及び再発防止対策に関すること

(e) 安全衛生に関する方針の表明に関すること

(f) 安衛法第28条の2第1項の危険性又は有害性等の調査及びその結果に基づき講ずる措置に関すること

(g) 安全衛生に関する計画の作成、実施、評価及び改善に関すること

労働災害及び健康障害を防止するための措置に関することの総括管理が業務となるため、その事業を実際に統括管理（社長、所長、工場長など）している者を充てなければなりません。

また、事業者は、総括安全衛生管理者を選任した際、労働基準監督署長に報告することになっています。報告した総括安全衛生管理者が、旅行、疾病、事故などのやむを得ない事情で職務に従事できない場合は、代理者を選任しなければならないとされています。

総括安全衛生管理者の選任が必要な事業場は、次に掲げる業種の区分に応じ、常時それぞれに掲げる数以上の労働者を使用する事業場とされています。

業種名	労働者数
【屋外産業の業種】林業、鉱業、建設業、運送業及び清掃業	100人
【工業業種】製造業（物の加工業を含む。）、電気業、ガス業、熱供給業、水道業、通信業、各種商品卸売業、家具・建具・じゅう器等卸売業、各種商品小売業、家具・建具・じゅう器小売業、燃料小売業、旅館業、ゴルフ場業、自動車整備業及び機械修理業	300人
【その他の業種】	1,000人

この労働者数には、アルバイト、臨時、パート、嘱託等に関わらず、当該事業所内で当該事業者に使用されるすべての者を含みます。

b　安全管理者

安全管理者は、労働安全衛生法施行令で定める一定の業種・規模の事業場ごとに、一定の資格を有する者の中から選任され、総括安全衛生管理者の下で、aに掲げる業務のうち安全に係る技術的事項を管理しなければなりません。具体的に次の事項が示されています。

(a) 建設物、設備、作業場所又は作業方法に危険がある場合における応急措置又は適当な防止措置（設備新設時、新生産方式採用時における安全面からの検討を含む。）

(b) 安全装置、保護具、その他危険防止のための設備・器具の定期的点検及び整備

(c) 作業の安全についての教育及び訓練

(d) 発生した災害原因の調査及び対策の検討

(e) 消防及び避難の訓練

(f) 作業主任者その他安全に関する補助者の監督

（g）安全に関する資料の作成、収集及び重要事項の記録

（h）その事業の労働者が行う作業が他の事業の労働者が行う作業と同一の場所において行われる場合における安全に関し、必要な措置

（i）安全衛生に関する方針の表明に関すること

（j）安衛法第28条の2第1項の危険性又は有害性等の調査及びその結果に基づき講ずる措置に関すること

（k）安全衛生に関する計画の作成、実施、評価及び改善に関すること

　上記の技術的事項を踏まえて、安全管理者は、作業場等を巡視し、設備、作業方法等に危険のおそれがあるときは、直ちに、その危険を防止するために必要な措置を講ずる必要があります。このような役割を担うため、事業者は安全管理者に対し、安全に関する措置をなし得る権限を与えなければなりません。

　安全管理者の選任要件については次のように定められています。

業種名	労働者数
【屋外産業の業種】林業、鉱業、建設業、運送業及び清掃業 【工業業種】製造業（物の加工業を含む。）、電気業、ガス業、熱供給業、水道業、通信業、各種商品卸売業、家具・建具・じゅう器等卸売業、各種商品小売業、家具・建具・じゅう器小売業、燃料小売業、旅館業、ゴルフ場業、自動車整備業及び機械修理業	常時 50人 以上

　安全管理者は他業務と兼務することは差し支えありませんが、下表に掲げる数以上の労働者を使用する事業場では、その事業場全体を管理する安全管理者のうち少なくとも1人を専任の安全管理者とすることとされています。

	業種名		労働者数
1	建設業 石油製品製造業	有機化学工業製品製造業	300人
2	無機化学工業製品製造業 道路貨物運送業	化学肥料製造業 港湾運送業	500人
3	紙・パルプ製造業 造船業	鉄鋼業	1,000人
4	上記以外の業種（過去3年間の労働災害による休業1日以上の死傷者数の合計が100人を超える事業場に限る）		2,000人

　なお、事業者は、安全管理者を選任した場合、その選任すべき事由が発生した日から14日以内に選任し、遅滞なく所轄の労働基準監督署長に選任報告を行わなければなりません。

c　衛生管理者

　衛生管理者は、安衛法施行令で定める一定の業種・規模の事業場ごとに、衛生管理者に選任されるために必要な免許を有する者の中から選任され、総括安全衛生管理者の下で、aに掲げる業務のうち衛生に係る技術的事項を管理しなければなりません。具体例に次の事項が示されています。

（a）健康に異常がある者の発見及び処置

（b）作業環境の衛生上の調査

（c）作業条件、施設等の衛生上の改善

（d）労働衛生保護具、救急用具等の点検及び整備

（e）衛生教育、健康相談その他の労働者の健康保持に関する必要な事項

（f）労働者の負傷及び疾病、それによる死亡、欠勤及び移動に関する統計の作成

（g）その事業の労働者が行う作業が他の事業の労働者が行う作業と同一の場所において行われる場合における衛生に関し、必要な措置

（h）その他、衛生日誌の記載等職務上の記録の整備等

（i）安全衛生に関する方針の表明に関すること

（j）労働安全衛生法第28条の2第1項の危険性又は有害性等の調査及びその結果に基づき講ずる措置に関すること

（k）安全衛生に関する計画の作成、実施、評価及び改善に関すること

　衛生管理者は、少なくとも毎週1度、作業場等を巡視し、設備、作業方法等や衛生面において有害性の恐れがあるときは、直ちに、健康障害を防止するために必要な措置を講じる必要があります。

　衛生管理者の選任要件については、次に掲げる業種の区分に応じ、それぞれに掲げる者のうちから選任することとされています。

業種名	資格名
農林畜水産業、鉱業、建設業、製造業（物の加工業を含む。）、電気業、ガス業、水道業、熱供給業、運送業、自動車整備業、機械修理業、医療業及び清掃業	第一種衛生管理者免許 衛生工学衛生管理者免許 第10条各号に掲げる者※
その他の業種	第一種衛生管理者免許 第二種衛生管理者免許 衛生工学衛生管理者免許 第10条各号に掲げる者※

※第10条各号に掲げる者とは、上表の免許を受けていなくとも衛生管理者になれる者であり、医師、歯科医師、労働衛生コンサルタントなどが定められています。

　また、衛生管理者の選任の数は、次表の左欄に掲げる事業場の規模に応じて、同表の右欄に掲げる数以上としなければなりません。

事業場の規模（常時使用する労働者数）	衛生管理者数
50人　以上　　200人以下	1人
200人　を超え　500人以下	2人
500人　を超え　1,000人以下	3人
1,000人　を超え　2,000人以下	4人
2,000人　を超え　3,000人以下	5人
3,000人　を超える場合	6人

　事業場によっては、次表のとおり、1名の衛生管理者を専任させることや衛生工学衛生管理者から選出しなければならない場合があります。

業種名	資格名
常時 1,000 人を超える労働者を使用する事業場	衛生管理者のうち少なくとも一人を専任の衛生管理者とする
常時 500 人を超える労働者を使用する事業場で、坑内労働又は労働基準法施行規則第 18 条各号の業務に常時 30 人以上の労働者を従事させるもの	
常時 500 人を超える労働者を使用する事業場で、エックス線等の有害放射線にさらされる業務や労働基準法施行規則第 10 条第 1 号 、第 3 号から第 5 号まで若しくは第 9 号に掲げる業務に常時 30 人以上の労働者を従事させるもの	衛生管理者のうち一人を、衛生工学衛生管理者免許を受けた者から選任する

なお、事業者は、衛生管理者を選任した場合、その選任すべき事由が発生した日から 14 日以内に選任し、遅滞なく所轄の労働基準監督署長に選任報告を行わなければなりません。

d 安全衛生推進者及び衛生推進者

安全管理者及び衛生管理者の選任を法的に要しない小・零細規模事業所において安全衛生水準の向上を図るために選任するものです。

安全衛生推進者の職務は次のとおりです。

(a) 施設、設備等（安全装置、労働衛生関係設備、保護具等を含む。）の点検及び使用状況の確認並びにこれらの結果に基づく必要な措置に関すること

(b) 作業環境の点検（作業環境測定を含む。）及び作業方法の点検並びにこれらの結果に基づく必要な措置に関すること

(c) 健康診断及び健康の保持増進のための措置に関すること

(d) 安全衛生教育に関すること

(e) 異常な事態における応急措置に関すること

(f) 労働災害の原因の調査及び再発防止対策に関すること

(g) 安全衛生情報の収集及び労働災害、疾病・休業等の統計に関すること

(h) 関係行政機関に対する安全衛生に係る各種報告、届出等に関すること

(i) 安全衛生に関する方針の表明に関すること

(j) 安衛法第28条の 2 第 1 項の危険性又は有害性等の調査及びその結果に基づき講ずる措置に関すること

(k) 安全衛生に関する計画の作成、実施、評価及び改善に関すること

安全衛生推進者又は衛生推進者は、安全管理者又は衛生管理者が安全衛生業務の技術的事項を管理する者であるのに対して、安全衛生業務について権限と責任を有する者の指揮を受けて当該業務を担当する者であることとされています。

安全衛生推進者を専任すべき事業場は、【屋外産業の業種】[1]及び【工業業種】[2]で常時 10 人以上 50 人未満の労働者を使用する事業所とされています。また、それ以外の業種では、常時 10 人以上 50 人未満の労働

[1] 【屋外産業の業種】林業、鉱業、建設業、運送業及び清掃業
[2] 【工業業種】製造業（物の加工業を含む。）、電気業、ガス業、熱供給業、水道業、通信業、各種商品卸売業、家具・建具・じゅう器等卸売業、各種商品小売業、家具・建具・じゅう器小売業、燃料小売業、旅館業、ゴルフ場業、自動車整備業及び機械修理業

者を使用する場合は、衛生推進者を専任しなければなりません。

安全衛生推進者又は衛生推進者は、都道府県労働局長の登録を受けた者が行う講習を修了した者、また、上記a.に掲げる業務（衛生推進者は、衛生に係る業務に限る。）を担当するため必要な能力を有すると認められる者（大卒者は1年以上、高卒者は3年以上、安全衛生の実務に従事した者）のうちから選任しなければならないとされています。

e　産業医

産業医の役割は、医学の専門的知識を必要とする次に示すこと、及びこれらに関し総括安全衛生管理者又は衛生管理者に必要な勧告又は助言を行うことです。

1）法令に定める健康診断、面接指導の実施並びにこれらの結果に基づく労働者の健康を保持するための措置に関すること

2）作業環境の維持管理に関すること

3）作業の管理に関すること

4）労働者の健康管理に関すること

5）健康教育、健康相談その他労働者の健康の保持増進を図るための措置に関すること

6）衛生教育に関すること

7）労働者の健康障害の原因及び再発防止のための措置に関すること

産業医は業種を問わず50人以上の労働者を使用する事業場のすべてにその選任が義務付けられており、医師を選任しなければなりません。

f　作業主任者

事業者は、事業所において行う作業のうち、安衛令第6条の各号に該当する労働災害を防止するために管理を必要とする作業で、作業の区分に応じて、一定の資格を有する者のうちから作業主任者を選任し、その者に当該作業に従事する者等を指揮させること、また、その他の安衛則や高気圧作業安全衛生規則などの省令で定める職務を行わなければならないとされています。

作業主任者に必要な一定の資格は、安衛則の別表第一に、それぞれの作業の区分に応じて示されています。

また、作業主任者の職務は、作業の危険性等を考慮して役割を定めており、安衛則や高気圧作業安全衛生規則、ボイラー及び圧力容器安全規則などの各規則に列記されています。

例として表6-5に、木材加工作業における作業主任者専任の条件及びその職務を示します。

表6-5　作業主任者の選任の条件及びその職務

作業の内容 〔安衛令　第6条第6号〕	木材加工用機械（丸のこ盤、帯のこ盤、かんな盤、面取り盤及びルーターに限るものとし、携帯用のものを除く。）を5台以上（当該機械のうちに自動送材車式帯のこ盤が含まれている場合には、3台以上）有する事業場において行う当該機械による作業
作業主任者の名称 （安衛則　別表第一）	木材加工用機械作業主任者
作業主任者の選任に当って必要な資格 （安衛則　別表第一）	木材加工用機械作業主任者技能講習を修了した者

作業主任者の職務 〔安衛則 第130条〕	木材加工用機械作業主任者の職務 事業者は、木材加工用機械作業主任者に、次の事項を行わせなければならない。 一 木材加工用機械を取り扱う作業を直接指揮すること。 二 木材加工用機械及びその安全装置を点検すること。 三 木材加工用機械及びその安全装置に異常を認めたときは、直ちに必要な措置をとること。 四 作業中、治具、工具等の使用状況を監視すること。

作業主任者を選任したとき、当該作業主任者の氏名及びその者に行わせる事項を作業場の見やすい箇所に掲示する等により、関係者に周知しなければならないと定められています。

(4) 安全衛生管理体制図の例

上記(1)及び(3)で示した安全衛生管理体制を図で表すと図6-7、図6-8のようになります。各管理者の選任の条件は、(3)に示した事業所の規模、業種、作業の区分等によって変わりますので、体制図例1や体制図例2のように事業所の実態に沿った形で体制が整備されます。

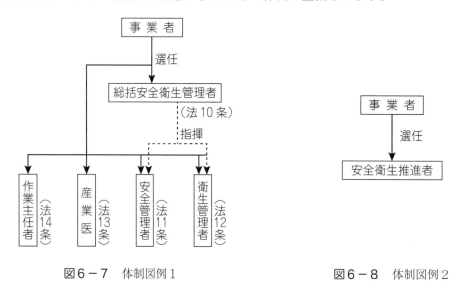

図6-7　体制図例1　　　　　　図6-8　体制図例2

(5) 安全管理者等に対する教育等

上記の組織体制整備や安全衛生委員会により、OSHMSを一層推進し、事業所内の安全衛生水準の向上を図るためには、それぞれの業務に取り組む管理者等への教育が不可欠です。このことから、事業者は、安全管理者、衛生管理者、安全衛生推進者、衛生推進者など、労働災害の防止のための業務に従事する者に対し、能力の向上を図るための教育、講習等を行うことや受講する機会を作るよう努める必要があります。努力義務ではありますが、安全衛生活動をより効果的なもの、実りあるものにするために重要な教育であるといえます。

2-2　OSHMS推進体制

(1) システム各級管理者とその主な役割

OSHMSの適切な運用ができるよう、OSHMS指針では、2-1の安衛法の安全管理体制と区別するため、

システム各級管理者という名称を用いて体制整備を行うこととし、事業者に対して以下の事項を行うよう求めています。

a 体制の整備

(a) システム各級管理者（事業場においてその事業の実施を統括管理する者及び生産・製造部門、安全衛生部門等における部長、課長、係長、職長等の管理者又は監督者であって、労働安全衛生マネジメントシステムを担当するものをいう。）の役割、責任及び権限を定めるとともに、労働者及び関係請負人その他の関係者に周知させること。

(b) システム各級管理者を指名すること。

(c) 労働安全衛生マネジメントシステムに係る人材及び予算を確保するよう努めること。

(d) 労働者に対して労働安全衛生マネジメントシステムに関する教育を行うこと。

(e) 労働安全衛生マネジメントシステムに従って行う措置の実施に当たり、安全衛生委員会等を活用すること。

b システム各級管理者

システム各級管理者には次のような役割が考えられます。各役割の名称・内容については任意であるため、以下にその一例を示します。

(a) システム管理責任者

当事業所における安全衛生方針から目標、計画までの設定、また、OSHMS に従って行う措置の実施についての統括管理を行う者

(b) システム副管理責任者

システム総責任者の職務を補佐するとともに、システム総責任者が業務を離れる場合はその代理を務める者

(c) 部・課・担当・係等システム管理者

部・課・担当・係などの部門による安全衛生目標の設定、また OSHMS に従って行う措置の実施についての総括管理を行う者

(d) システム事務局

OSHMS に関する事務手続き、また、OSHMS に関する活動を安全衛生委員会や OSHMS 委員会で行う場合は、その運営を担当する者

システム各級管理者の代表であるシステム管理責任者については、当該事業所を統括管理する者としているため、総括安全衛生管理者が務めることが適しています。

また、その他の役割についても、それぞれの段階（課、担当、係等）での長を充てます。

2-3 安全衛生管理体制及び OSHMS 推進体制の関係

安全衛生管理体制及び OSHMS 推進体制の 2 つの管理体制が併存する形になります。そこで、それぞれの体制の関係について対比できるよう、次の図例のようにまとめ、事業所内の誰が、どの役割を担っているのか、周知し、部門ごとに行う活動により、労働者の意見をできる限り吸い上げられる仕組みづくりを行うことが、効果的な安全衛生活動とするために重要となります。

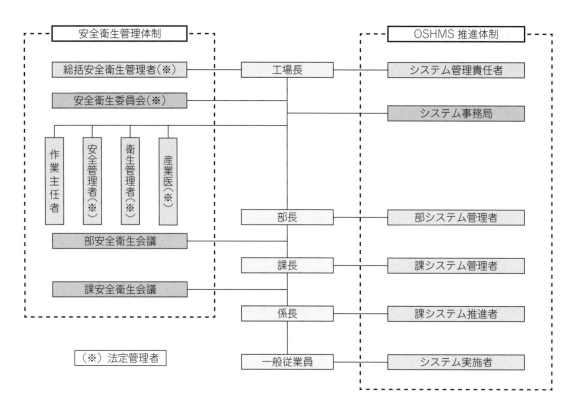

図6-9　安全衛生・システム管理体制図例

　上の図例に示すような、安衛法の安全衛生管理体制とOSHMS推進体制をそれぞれ構築した場合に要する人員は、中小、零細企業ではおおよそ任命できない人数となり、体制を組む段階で問題が発生します。人員の少ない事業所での導入が進まない理由にもなっているため、このような問題に対応するためには、効率よく体制を組む必要があり、安全衛生管理体制にOSHMSの役割を兼ねてもらうように、組織上の職級とOSHMS推進体制を勘案し、組織の実情に合った適切な役割分担を検討する必要があります。これらの体制は、一度決めたら変更できないということではなく、OSHMSを推進しながらシステム監査等により実情に近付けていくことも必要になります。

第3節　労働衛生3管理

　職場の作業環境（環境及び作業条件）の欠陥やリスクは、事故や災害の導火線になるばかりでなく、さまざまな健康障害を引き起こす要因にもなります。さらに、労働者が早期に体力の消耗や疲労をし、また、業務上疾病により健康を損なうことは、労働者本人だけでなく、使用者にとても大きな損失です。

　産業の発展や技術の進展などに伴って、労働者の健康を損ねる新たな要因が生じない作業環境の確保により職業性疾病を予防し、労働者の健康を保持増進するためには、職場における労働衛生管理の基本である①作業環境管理、②作業管理、③健康管理の3管理を確実に推し進めることが大切です。

　この労働衛生管理は、多様な職場環境の中で労働者の労働力を正常に保ち、能力が存分に発揮できるように各種条件を整えることが目的であり、その内容は次のとおりです。

　①　「作業環境管理」は、作業環境中の種々の有害要因を取り除いて適正な作業環境を確保する管理です。
　②　「作業管理」は、作業に伴う有害な物質やエネルギー等の有害要因や作業者に及ぼす影響等を除去する作業方法を定め、それを適切に実施させる管理です。

③ 「健康管理」は、健康診断で労働者の健康状態を把握し、その結果に基づく適切な事後措置、保健指導を実施し、生活全般を含め、労働者が安全で健康的に働けるようにする管理です。

この労働衛生3管理を推進し、労働衛生対策を効果的かつ総合的に推進するためには、先に述べた労働衛生管理体制及び労働安全衛生マネジメントシステムを確立し、産業医や衛生管理者等の労働衛生専門スタッフが有機的に結びついて連携をとっていくとともに、安全管理さらには生産管理とが一体となって行われる必要があります。

そのためには、総括管理に加え、次に示す労働衛生管理活動の取組みが重要です。

（ア）労働衛生管理活動に関する計画の作成及びその実施、評価、改善

（イ）総括安全衛生管理者、産業医、衛生管理者、衛生推進者等の労働衛生管理体制の整備・充実とその職務の明確化及び連携の強化

（ウ）衛生委員会の開催と必要な事項の調査審議

（エ）危険性又は有害性等の調査及びその結果に基づく必要な措置の推進

（オ）現場管理者の職務権限の確立

（カ）労働衛生管理に関する規程の点検、整備、充実

さらに、労働者に対しては、本節の「3-6 労働衛生教育」の実施により、労働衛生3管理等の正しい理解促進を図ります。

この管理活動によるよりよい職場環境づくりには、「産業保健総合支援センター」等の支援機関の活用が有効です。

「産業保健総合支援センター」や「地域窓口（地域産業保健センター）」は、都道府県ごとに設置され、企業内の産業保健活動への総合的な支援機関として、労働者のからだと心の一体的な健康管理や作業環境管理、作業管理などを含めた総合的な労働衛生管理の進め方の相談などを行います。

具体的には、産業保健総合支援センターが、事業者や産業保健スタッフなどに対する専門的な相談への対応や研修等を行い、地域窓口が労働者50人未満の事業場に対する相談を行います。

3-1 労働者を取り巻く業務上の健康問題

（1）労働者を取り巻く業務上の健康問題の近況

近年、労働者の健康をめぐる状況は、多様化しています。労働者を取り巻く業務上の主な健康問題には、以下のa～dがあり、このほかには、腰痛、熱中症、受動喫煙、石綿、粉じん、電離放射線、騒音、振動、VDT作業、酸素欠乏等があります。これらの問題に対する作業環境管理や業務上疾病予防の対策が求められています。

このうち腰痛については、業務上疾病の被災者統計の疾病別において、全体の6割を超えており、業種別に見ると社会福祉施設が最多となっています。また熱中症については、近年400～500人台と高止まり状態です。

a 職場における治療と職業生活の両立問題

傷病を抱える労働者の中には、働く意欲や能力があっても、通院をはじめとする治療と仕事の両立を可能にする体制が職場において不十分であるために、就労の継続や復職が困難になる場合も少なくありません。

一方で、近年の診断技術や治療方法の進歩により、かつては「不治の病」とされていた疾病においても生存率が向上し、「長く付き合う病気」に変化しつつあります。そのため、働く人が病気になったからといって、すぐに離職しなければならないという状況が必ずしも当てはまらなくなってきています。

現在、労働人口の3人に1人は、病気を治療しながら仕事をしています。病気を理由に離職に至ってしまう場合や仕事を続けていても職場の理解が乏しいなど、治療と仕事の両立が困難な状況に直面している労働者が多くなっています。

このため、傷病を抱える労働者の健康に配慮した職業生活の支援のみならず、職場や事業所等の活力を維持し、より豊かな社会を築くためにも、職場における治療と職業生活の両立に向けた職場環境や支援体制の整備が大切です。

b　化学物質による健康問題

化学物質MOCA[※1]（モカ）や特定の有機粉じんを取り扱っている化学工場において、膀胱がん事案や肺疾患などの健康障害が発生しています。

事業所で使用されている化学物質は、基本的な物性は把握されていますが、あとから危険有害性が判明するケースも多く見受けられ、すべての安全性データが揃っていない物質もまだまだあります。

化学物質のリスクアセスメント実施等が義務付けられる物質は増えている一方、危険有害性等のラベル表示や安全データシート（SDS[※2]）の交付を行っている製造者の割合は、半数程度と低調であり、事業所によっては、危険有害な化学物質の取扱いが十分でない状況があります。

c．仕事による脳・心臓疾患及び精神障害発病の問題

脳・心臓疾患は、その発症の基礎となる動脈硬化、動脈瘤などの血管病変等が、主に加齢、食生活、生活環境等の日常生活による諸要因や遺伝等による要因により形成され、それが徐々に進行及び増悪して、あるとき突然に発病するものです。

しかし、仕事が特に過重であったために血管病変等が著しく増悪し、その結果、脳・心臓疾患が発生することがあり、これらは、「過労死」とも呼ばれます。

具体的な仕事による負荷要因は、労働時間、不規則な勤務、拘束時間の長い勤務、出張の多い業務、交替制勤務・深夜勤務、作業環境（温度環境・騒音・時差）、精神的緊張を伴う業務です。

平成28年度の脳・心臓疾患事案の労災請求件数は、825件（前年度比3.8％増）と2年連続で増加し、精神障害事案の労災請求件数は、1,586件（前年度比4.7％増）と4年連続で増加しています。

一方、精神障害については、外部からのストレス（仕事によるストレスや私生活でのストレス）とそのストレスへの個人の対応力の強さとの関係で発病に至ると考えられています。

我が国における平成27年の自殺者のうち、6,782人が「被雇用者・勤め人」であり、自殺の原因・動機が特定されている者のうち、「勤務問題」が原因・動機の1つとなっている者は、2,159人です。

また、第12次労働災害防止計画[※3]（平成25年度～平成29年度）には、「メンタルヘルス対策に取り組ん

※1　MOCA：防水材、床材や全天候型舗装材などに利用されるウレタン樹脂の「硬化剤」、3，3'－ジクロロ－4，4'－ジアミノジフェニルメタンであり、従来から「特定化学物質障害予防規則」の「特定第2類物質」及び「特別管理物質」とされています。

※2　SDS：「安全データシート」のSafety Data Sheetの頭文字です。事業者が化学物質及び化学物質を含んだ製品を他の事業者に譲渡・提供する際に交付する化学物質の危険有害性情報を記載した文書です。

※3　労働災害防止計画：厚生労働大臣が労働安全衛生法第6条に基づき労働災害防止のための主要な対策に関する事項、その他の労働災害の防止に関し重要な事項を5年ごとに策定しています。第12次計画では、「誰もが安心して健康に働くことができる社会」を目指しています。

でいる事業場の割合が80％以上」という目標を設けましたが、この対策に取り組んでいる事業場の割合は、59.7％（平成27年労働安全衛生調査（実態調査））と低調です。

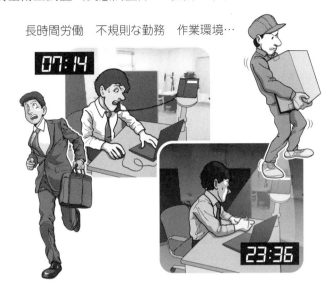

図6－10　仕事による負荷要因例

d　過重労働の問題

違法な長時間労働や過労死等が社会的な問題となっており、その事例の一部を表6－6に示します。

表6－6　労災認定事例及び民事裁判事例

区　分	概　要
労災認定事例	労働者Aさんは、建設会社において、3月完成予定のマンション建築現場の施工管理者として勤務し、工事の進捗の遅れを取り戻すべく担当者との打ち合わせを頻繁に行っていた。このときの時間外労働は連日夜10時頃までに及び、11月から1か月当たり約70時間の時間外労働が続いていた。 　さらに、1月には打ち合わせを踏まえた施工工事が集中した結果、早朝から深夜までの勤務が続き、1月の時間外労働時間は約110時間に及んだ。 　2月初旬のある朝、欠勤して連絡が取れなくなったため同僚が探したところ、自宅の浴室で倒れているところが発見され、救急隊が病院に搬送し、死亡が確認された。
過労死の民事裁判事例1	労働者Bさんは、4月に入社し、同年7月までの間、特段の繁忙期でないにも関わらず、4か月にわたって毎月80時間を超える時間外労働（最大約140時間）を行った。 　その結果、同年8月に、急性心不全により死亡した。
過労死の民事裁判事例2	労働者Cさんは、4月に大手広告代理店に入社し、6月の配属以来、長時間労働で深夜の帰宅が続いた。翌年1月以降、仕事で帰宅しない日が続き、同年7月以降は、さらに業務の負担が増加した。 　その結果、心身共に疲労困ぱいした状態になり、それが誘因となって、遅くとも同年8月上旬頃には、うつ病を発病した。そして、入社1年5か月後の同月下旬、自死に至った。

3－2　業務上疾病

　業務上疾病（＝職業性疾病）は、特定の職業に従事することによりかかる病気又はかかる確率が非常に高い病気をいいます。

　急性のものを除けば、有害因子に長期間ばく露したことによって引き起こされるものがほとんどであるため、症状と原因との因果関係が認識されにくく、危険有害性などの把握、認識が遅れたり、また離職後に発症するケースなどもあるため、対策が遅れることがしばしば見受けられます。

　しかしながら近年では、有害性が明らかになっていない化学物質等や、因果関係が科学的に証明されていないため法整備が遅れている場合などであっても、対策・対応の遅れが社会的に問題視され、事業者が安全配慮義務違反に問われたり、迅速かつ厳しい対応を迫られることもあります。

　業務上疾病の分類リストは、労働基準法施行規則（昭和二十二年厚生省令第二十三号）別表第1の2に示されており、この概要は、表6－7のとおりです。

表6－7　業務上疾病の分類リスト

No	分　類	業　務	疾　病
1	業務上の負傷に起因する疾病		
2	物理的因子による疾病	紫外線、赤外線、レーザー光線又はマイクロ波にさらされる業務	眼疾患（網膜火傷、白内障等）又は皮膚疾患
		電離放射線にさらされる業務	急性放射線症、放射線障害（皮膚障害、眼疾患、肺炎、造血器障害など）
		高圧室内作業又は潜水作業に係る業務	潜函病又は潜水病
		気圧の低い場所における業務	高山病又は航空減圧症
		暑熱な場所における業務	熱中症
		高熱物体を取り扱う業務	熱傷
		寒冷な場所における業務又は低温物体を取り扱う業務	凍傷
		著しい騒音を発する場所における業務	耳の疾患（難聴等）
		超音波にさらされる業務	手指等の組織壊死
3	身体に過度の負担のかかる作業態様に起因する疾病	重激な業務	筋肉、腱、骨若しくは関節の疾患又は内臓脱
		重量物を取り扱う業務、腰部に過度の負担のかかる業務	腰痛
		さく岩機、鋲打ち機、チェーンソー等の機械器具の使用により身体に振動を与える業務	手指、前腕等の末梢循環障害、末梢神経障害又は運動器障害
		電子計算機への入力を反復して行う業務	後頭部、頸部、肩甲帯、上腕、前腕又は手指の運動器障害

No	分　類	業　　務	疾　　病
4	化学物質等による疾病	厚生労働大臣の指定する化学物質及び化合物にさらされる業務	厚生労働大臣が定める疾病
		弗素樹脂、塩化ビニル樹脂、アクリル樹脂等の合成樹脂の熱分解生成物にさらされる業務	眼粘膜の炎症又は気道粘膜の炎症等の呼吸器疾患
		すす、鉱物油、うるし、テレビン油、タール、セメント、アミン系の樹脂硬化剤等にさらされる業務	皮膚疾患
		蛋白分解酵素にさらされる業務	皮膚炎、結膜炎又は呼吸器疾患
		木材、落綿等の粉じん、獣毛のじんあい等を飛散する場所における業務	呼吸器疾患
		石綿にさらされる業務	良性石綿胸水又はびまん性胸膜肥厚
		空気中の酸素濃度の低い場所における業務	酸素欠乏症
5	じん肺法等に規定する疾病	粉じんを飛散する場所における業務	じん肺症
6	細菌、ウイルス等の病原体による疾病	患者の診療若しくは看護の業務、介護の業務又は研究等の目的で病原体を取り扱う業務	伝染性疾患
		動物若しくはその死体、獣毛、革その他動物性の物又はぼろ等の古物を取り扱う業務	伝染性疾患（ブルセラ症、炭疽病等）
		湿潤地における業務	レプトスピラ症
		屋外における業務	恙虫病
7	がん原性物質若しくはがん原性因子又はがん原性工程における業務による疾病	ベンジジン、ベーターナフチルアミン、四一アミノジフェニル、にさらされる業務	尿路系腫瘍
		ビス（クロロメチル）エーテル、ベリリウム、ベンゾトリクロライドにさらされる業務	肺がん
		石綿にさらされる業務	肺がん又は中皮腫
		ベンゼンにさらされる業務	白血病
		塩化ビニルにさらされる業務	肝血管肉腫又は肝細胞がん
		1,2-ジクロロプロパン、ジクロロメタンにさらされる業務	胆管がん
		電離放射線にさらされる業務	白血病、肺がん、皮膚がん、骨肉腫、甲状腺がん、多発性骨髄腫又は非ホジキンリンパ腫
		オーラミン、マゼンタを製造する工程における業務	尿路系腫瘍
		コークス、重クロム酸塩等を製造する工程、ニッケルの製錬や砒素を含有する鉱石を原料として金属の製錬を行う工程における業務	肺がん又は上気道のがん
		すす、鉱物油、タール、ピッチ、アスファルト又はパラフィンにさらされる業務	皮膚がん

No	分　類	業　務	疾　病
8	長期間にわたる長時間の業務その他血管病変等を著しく増悪させる業務		脳出血、くも膜下出血、脳梗塞、高血圧性脳症、心筋梗塞、狭心症、心停止などの疾病
9	人の生命にかかわる事故への遭遇その他心理的に過度の負担を与える事象を伴う業務		精神及び行動の障害又はこれに付随する疾病
10	前各号のほか、厚生労働大臣の指定する疾病		
11	その他業務に起因することの明らかな疾病		

3-3　作業環境管理

「作業環境管理」は、作業環境中の種々の有害要因を取り除いて適正な作業環境を確保する管理であり、これには、環境改善、化学物質のリスク管理、作業環境測定があります。

（1）環境改善

作業場の気温、湿度、気流、採光などの環境条件には、人間の最も働きやすい至適条件がありますが、騒音、ガス、蒸気、粉じん、電離放射線などには至適条件はありません。

このような作業環境を支える労働衛生上の条件、すなわち温度や照明を最も働きやすい状態に改善したり、また、有害なガス、蒸気、粉じんの発散をおさえることや減少させること、送風や排風などの換気によって作業環境をよくすることを「環境改善」といいます。

この環境改善を進めるに当たっては、労働者の疲労等を軽減し、健康障害を未然に防止する次項の検討や対策が必要です。

① 事業場で用いる原材料や製造工程中に生ずる化学物質について、危険が起こる可能性（リスク）の有無を事前に調べ、健康又は環境への有害性が認められる場合は、無害なものやより毒性の少ないものに代替すること。

② 無害な代替物が使用できないときは、有害な影響を遮断するため、作業設備を密閉する、有害物の発散源に局所排気装置（プッシュプル型を含む）を設けるなどの措置を講ずること。

③ 振動が人体に有害な影響を及ぼすチェーンソーなどの振動工具・機械については、振動そのものを減少させるなどの措置を講ずること。

④ 作業場所、機械・設備、工具などの形や配置などは、労働者の疲労や病気につながらない適切なものとすること。

⑤ 以上のいずれの対策もとれない、又は対策をとっても不十分で労働者が作業によるばく露を低減させることができないときは、労働者に適切な保護具を使用させること。

p.189 の「（2）化学物質のリスク管理」の補足資料

　職場で化学物質による労働災害を防止するためには、化学物質の危険有害性などの情報が確実に伝達され、情報を入手した事業者が、情報を活用してリスクアセスメントを実施し、リスクに基づく合理的な化学物質管理を行うことが重要です。

　このため労働安全衛生法は、労働者に危険や健康障害を及ぼすおそれのある物質について、GHS対応のラベル表示とSDS交付による情報伝達を規定しており、この概要は次表のとおりです。

1	GHS（世界調和システム）	化学品の危険有害性を世界的に統一されたルールとして提供するものです。これは、化学品の危険有害性を一定の基準に従って分類し、絵表示等を用いて分かりやすく表示し、この結果をラベルやSDSに反映させ、災害防止及び人の健康や環境の保護に役立てようとするものです。
2	ラベル表示	化学品の危険有害性情報や適切な取り扱い方法などを簡潔に分かりやすく伝えるために、容器、外部梱包に貼付や印刷したものです。 <ラベル記載項目> ①化学品の名称、②注意喚起語、③絵表示*、④危険有害性情報、⑤注意書き、⑥供給者を特定する情報 　*危険有害性を絵表示に、次のシンボルを用います。 「炎」　　　「円上の炎」　　　「爆弾の爆発」 「腐食性」　「ガスボンベ」　　「どくろ」 「感嘆符」　「環境」　　　　　「健康有害性」 絵表示は、赤色の菱形枠の中に、黒色のシンボルが描かれます。（付表参照）
3	SDS（安全データシート）	化学品の安全な取り扱いを確保する次の項目を記載した資料です。 事業者間の化学品の取引時に添付し、化学品の危険有害性や適切な取り扱い方法に関する情報を供給側の事業者から受取り側の事業者に提供します。 <SDS記載項目> ①化学品及び会社情報、②危険有害性の要約、③組成及び成分情報、④応急措置、⑤火災時の措置、⑥漏出時の措置、⑦取扱い及び保管上の注意、⑧ばく露防止及び保護措置、⑨物理的及び科学的性質、⑩安定性及び反応性、⑪有害性情報、⑫環境影響情報、⑬廃棄上の注意、⑭輸送上の注意、⑮適用法令、⑯その他の情報
4	GHS対応のモデルラベル及びモデルSDSに関する情報	GHS対応のモデルラベル及びモデルSDSに関する情報 GHSに基づくラベル及びSDSを作成する際には、厚生労働省ホームページ内の「職場のあんぜんサイト」に公開されている情報を参考にします。 　　　詳しくは、　職場のあんぜんサイト　SDS　　検索

付表　危険有害性を表す絵表示

シンボルの名称	爆弾の爆発	炎	円上の炎	ガスボンベ
絵表示				
概要	火薬類 自己反応性化学品 有機過酸化物	可燃性・引火性ガス 可燃性・引火性エアゾール 引火性液体、可燃性固体 自己反応性化学品 自然発火性液体、自然発火性固体、自己発熱性化学品、水反応可燃性化学品、有機過酸化物	支燃性・酸化性ガス 酸化性液体 酸化性固体	高圧ガス

（物理化学的危険性）

シンボルの名称	感嘆符	どくろ	腐食性	健康有害性	環境
絵表示					
概要	急性毒性（区分4）、皮膚腐食性・刺激性（区分2）、眼に対する重篤な損傷・眼刺激性（区分2A）、皮膚感作性、特定標的臓器・全身毒性（単回ばく露）（区分3）	急性毒性（区分1-3）	**金属腐食性物質** 皮膚腐食性・刺激性（区分1A-C）、眼に対する重篤な損傷・眼刺激性（区分1） ※太字は物理化学的危険性	呼吸器感作性、生殖細胞変異原性、発がん性、生殖毒性、特定標的臓器・全身毒性（単回ばく露）（区分1－2）、特定標的臓器・全身毒性（反復ばく露）、吸引性呼吸器有害性	水性環境有害性

（健康及び環境有害性）

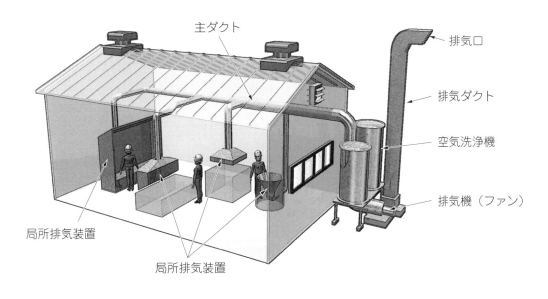

図6-11　局所排気装置の例

（2）化学物質のリスク管理

　化学物質は、その有用性により我々の生活を豊かにする一方で、適切に取り扱われない場合には、人の健康や生態系に有害な影響を及ぼしうるため、化学物質による環境リスクの適切な評価と管理が求められます。

　化学物質によるリスクは、潜在的な危険・有害性の要因（ハザード）とばく露量によって見積もられるので、化学物質のリスク管理を考える場合には、化学物質の「潜在的な危険・有害性の要因（ハザード）」を評価するだけではなく、「ばく露量」を併せて評価し、これらの結果に基づいて管理していくことが大切です。

　化学物質の危険性とは、火災、爆発などにより人に危害を与えることです。その危険性の程度は、化学物質の持つ性質（発火点、蒸気圧など）に左右されます。一方、化学物質の有害性とは、生体に対しての中毒、アレルギー、発がんなどの健康障害を生ずるおそれのことです。

　労働安全衛生法では、化学物質を安全に取り扱い、災害を未然に防止することを目的に、一定の危険有害性のある化学物質（640物質）を譲渡・提供する場合には、その化学物質の危険有害性等を記載した文書（SDS）の交付、容器へのラベル表示など情報の提供が義務付けられています。

　併せて、図6-12に示す化学物質のリスクアセスメントの流れに沿った取組みを行います。

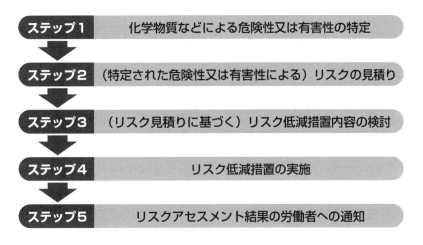

図6-12　化学物質のリスクアセスメントの流れ

（3）作業環境測定

　作業環境の状態が労働者の健康にどのような影響を与えているか、また、環境改善が適切かどうかを評価するためには、作業環境の測定が必要です。この測定には、有機溶剤、鉛、ガス等の有害な化学物質、粉じん等の有害な物質、電離放射線、有害光線、騒音、振動、高温・低温、高湿度、酸素濃度、硫化水素濃度などがあります。特に、酸素濃度の低下による酸素欠乏症や高濃度の硫化水素にばく露することによって発生する硫化水素中毒は即死亡災害につながるおそれがあります。

※「災害の発生しやすい場所の例」
　a　酸素欠乏症（酸素濃度18％未満）
　　● 溶接作業をタンクや配管内などの囲われた場所で行った場合
　　● 食品の発酵や酒などの醸造が行われるタンク内、下水道の管路や下水処理施設内など、微生物の働きによって低酸素の環境になりやすい場所など
　b　硫化水素中毒（10ppmより高い硫化水素濃度）
　　● 食品の発酵や酒などの醸造が行われるタンク（容器）内、硫黄泉、下水道の管路や下水処理施設内など、硫化水素が発生するおそれのある場所など
　　上記a、bのような環境で作業を行う場合は、作業前に必ずガス測定器を用いて酸素濃度、硫化水素濃度を測定し、安全を確認しなければなりません。また、ガス濃度の測定により、酸素欠乏症や硫化水素中毒となる環境である場合は、爆発等の危険がないことを確認した上で、送排風機による換気などの措置を講じなければなりません。

　作業環境の測定は、健康障害が発生する以前に作業環境の状況を正確に把握し、それが労働者の健康にどのような影響を与えているかを、健康診断の結果と照合して自主的に評価し、作業環境を好ましいものに改善し、またその効果を確認するものです。

3－4　作業管理

　作業管理は、環境を汚染させないような作業方法や、有害要因のばく露や作業負荷を軽減するような作業手順・方法を定めて、それを適切に実施させるように管理することをいいます。改善が行われるまでの間の一時的な措置として保護具を使用させることなども含まれます。

　労働者が定められた作業方法や作業標準に沿って、作業負荷の少ない適正な作業姿勢で、定められた保護具を使用しながら、健康や安全を損ねないように仕事をしているかについても管理します。

　この管理は、主として作業主任者、作業責任者、職長等現場の責任者により適切に行われることが大切です。

　危険な物を取り扱う仕事には、安全に業務を執り行えるようにマニュアルがあります。しかし、労働者が作業の効率化を優先し、マニュアル無視の方法で作業を行った場合、事故の危険性が高まります。

　また、一見作業管理などしなくてもよさそうなオフィス業務でも、極端な残業が長時間発生した場合、作業管理の欠如で労働者が健康を損ねることになります。

　この作業管理には、作業標準の共有化、作業方法の改善、労働者の適正配置があります。作業標準、作業方法の改善については第3章第4節の「作業標準の作成」及び「作業標準の運用」で既に述べていますので、ここでは適正配置について述べます。

適正配置

　つり合いのとれた配置は、質の高い仕事や生産性向上、さらには安全衛生の確保のため、「作業の特性」と「作業者の特性」を的確に判断して行うことが必要です。

特に配置に伴う災害を防止するためには、作業者に注意を促すだけでなく、環境条件の整備が必要であり、さらに作業者の人的側面の要因として、各人の知覚、感情、運動、知能など心身機能の状態や年齢、経験、技能、疲労、健康状態などの異なる因子についても考慮しなければなりません。

つまり、作業者の安全確保のためには、作業を安全に遂行できるだけの技能、経験、知識を作業者に付与する教育訓練が必要であり、この内容は単なる心得だけでなく、本当に理解したか及び作業者の能力や性格をよく見極め、その作業に就かせる適否を判断した上で配置することが大切です。

3－5　健康管理

健康管理は、労働者個人の健康の状態を健康診断により直接チェックし、健康の異常を早期に発見したり、その進行や増悪を防止したり、さらには、元の健康状態に回復するための医学的及び労務管理的な措置をすることです。最近では、労働者の高齢化に伴い、健康を保持増進して労働適応能力を向上することまでを含めた健康管理も要求されるようになってきています。

労働者の健康状態を把握し、健康指導に必要なデータを得るために行われる問診、生活状況調査、医学的検査、運動機能検査等を健康測定と称しています。健康管理は、健康診断の結果に基づく事後措置、健康測定結果に基づく健康指導を含めた、生活全般にわたる幅広い内容をも含みます。さらに環境測定結果から作業方法や作業環境との関連を検討して、労働者の健康障害を未然に防ぐよう、産業医、産業保健指導担当者、心理相談担当者、健康診断機関等が中心となって適切に管理することが大切です。

事業者は、安衛法第66条に基づき、労働者に対して、医師による健康診断を実施しなければなりません。また、労働者は、事業者が行う健康診断を受けなければなりません。

事業者に実施が義務付けられている一般健康診断は、表6－8のとおりです。

表6－8　一般健康診断健康診断の種類

	健康診断の種類	対象となる労働者	実施時期
一般健康診断	雇入時の健康診断 （安衛則第43条）	常時使用する労働者	雇入れの際
	定期健康診断 （安衛則第44条）	常時使用する労働者（次項の特定業務従事者を除く。）	1年以内ごとに1回
	特定業務従事者の健康診断 （安衛則第45条）	労働安全衛生規則第13条第1項第2号※に掲げる業務に常時従事する労働者	左記業務への配置替えの際、6月以内ごとに1回
	海外派遣労働者の健康診断 （安衛則第45条の2）	海外に6ヶ月以上派遣する労働	海外に6月以上派遣する際、帰国後国内業務に就かせる際
	給食従業員の検便（安衛則第47条）	事業に附属する食堂又は炊事場における給食の業務に従事する労働者	雇入れの際、配置替えの際

※　本規則には、多量の高熱物体や低温物体を取り扱う業務、有害放射線にさらされる業務、異常気圧下における業務、身体に著しい振動を与える業務、有害ガス、蒸気又は粉じんが発散する場所における業務等を掲げています。

表6－9に示すじん肺、有機溶剤、電離放射線等の有害な業務に常時従事する労働者等に対しては、原則として、雇入れ時、配置替えの際及び6月以内ごとに1回（じん肺健診は管理区分に応じて1～3年以内ご

とに1回）、それぞれ特別の健康診断を実施しなければなりません。

表6－9　特別の健康診断

特殊健康診断	・屋内作業場等における有機溶剤業務に常時従事する労働者（有機則第29条） ・鉛業務に常時従事する労働者（鉛則第53条） ・四アルキル鉛等業務に常時従事する労働者（四アルキル鉛則第22条） ・特定化学物質を製造し、又は取り扱う業務に常時従事する労働者など（特化則第39条） ・高圧室内業務又は潜水業務に常時従事する労働者（高圧則第38条） ・放射線業務に常時従事する労働者で管理区域に立ち入る者（電離則第56条） ・除染等業務に常時従事する除染等業務従事者（除染則第20条） ・石綿等の取扱い等に伴い石綿の粉じんを発散する場所における業務に常時従事する労働者など（石綿則第40条）
じん肺健診	・常時粉じん作業に従事する労働者及び従事したことのある管理2又は管理3※の労働者（じん肺法第3条、第7～10条）
歯科医師による健診	・塩酸、硝酸、硫酸、亜硫酸、弗化水素、黄りんその他歯又はその支持組織に有害な物のガス、蒸気又は粉じんを発散する場所における業務に常時従事する労働者（安衛則第48条）

※　じん肺の管理区分は、管理1、管理2、管理3イ、管理3ロ及び管理4の5段階に分かれています。管理1は、じん肺の所見がないという区分ですが、管理2以上は、じん肺の所見があるということを示しており、数字が大きくなるに従いじん肺が進行していることになります。
　　また、管理2以上の所見を有する方のじん肺の管理区分は、かかりつけの病院等の医師が判断するのではなく、エックス線写真とじん肺健康診断結果証明書等を住所地の都道府県労働局長に提出し、都道府県労働局において、地方じん肺診査医による審査を行って、都道府県労働局長により管理区分が決定されることになっています。

　さらに、VDT作業、騒音作業、重量物取扱い業務、身体に著しい振動を与える業務等の特定の業務については、それぞれの特定項目について、健康診断を実施するよう指針・通達等が発出されていますので、これに基づく診断を適切に実施します。

　事業者は、健康診断実施結果から、職場において健康を阻害する諸因子（有害なガス、蒸気、粉じん、化学物質など）による健康影響を早期発見することや総合的な健康状況を把握することに加えて、労働者が当該作業に就業してよいか（就業の可否）、作業に引き続き従事してよいか（適正配置）などを判断する必要があります。

　さらに、健康診断実施後に事業者が行うべき取組事項は、表6－10のとおりです。

表6－10　健康診断実施後の事業者の具体的な取組事項

	取組事項	具体的な取組内容
1	健康診断の結果の記録	健康診断の結果は、健康診断個人票を作成し、それぞれの健康診断によって定められた期間、保存しなければなりません。（安衛法第66条の3）
2	健康診断の結果についての医師等からの意見聴取	健康診断の結果に基づき、健康診断の項目に異常の所見のある労働者について、労働者の健康を保持するために必要な措置について、医師（歯科医師による健康診断については歯科医師）の意見を聞かなければなりません。（安衛法第66条の4）

	取組事項	具体的な取組内容
3	健康診断実施後の措置	上記２による医師又は歯科医師の意見を勘案し必要があると認めるときは、作業の転換、労働時間の短縮等の適切な措置を講じなければなりません。（安衛法第 66 条の 5）
4	健康診断の結果の労働者への通知	健康診断結果は、労働者に通知しなければなりません。（安衛法第 66 条の 6）
5	健康診断の結果に基づく保健指導	健康診断の結果、特に健康の保持に努める必要がある労働者に対し、医師や保健師による保健指導を行うよう努めなければなりません。（安衛法第 66 条の 7）
6	健康診断の結果の所轄労働基準監督署長への報告	健康診断（定期のものに限る。）の結果は、遅滞なく、所轄労働基準監督署長に提出しなければなりません。（安衛則 44 条、45 条、48 条の健診結果報告書については、常時 50 人以上の労働者を使用する事業者、特殊健診の結果報告書については、健診を行ったすべての事業者。）（安衛法第 100 条）

3－6　労働衛生教育

　総合的な労働衛生対策を進めるに当たっては、労働が労働者の健康に与える障害や影響を回避する安全衛生管理体制、作業環境管理、作業管理及び健康管理についての正しい理解と、この理解を深める労働衛生教育が重要です。

　労働衛生教育は、安全教育と同様に新規雇い入れ時、作業内容変更時、危険有害業務に就かせるときなどに必ず行う必要がありますが、これに限らずあらゆる機会を活用して、計画的かつ継続的に実施する必要があります。

　また、最近の急速な技術革新の進展、作業形態の多様化に対応するために、安衛法に基づく衛生管理者、作業主任者などの安全衛生業務従事者に対する能力向上教育や危険有害業務従事者に対する労働衛生教育も重要です。

　労働者の健康の保持は、作業環境設備の設置、整備のみでは難しい側面があり、このため、労働者が知識不足から誤った行動によって被災や罹病（りびょう）する例も多く見受けられます。

　また、事業主や管理者が作業管理基準、作業手順書等を作成し、これにより作業指示を行っても、働いている作業者が作業内容を十分に理解していなければ、期待どおりの効果が得られないばかりか、有害物を取り扱う作業、あるいは有害なガス、粉じんなどが発散する作業において、これらの有害物等の影響を避けられない事態もありえます。

　よって、適切な知識と技能を身につけて、労働衛生保護具等を確実に着用し、リスクを回避する安全衛生作業に徹して健康を保持することが労働衛生教育の目的です。

3－7　労働者の健康確保の対策

　労働者が被る業務上の健康問題に対しては、事業主と労働者が連携・協力し全国労働衛生週間[1]（10/ 1 ～10/ 7）や同準備期間（9/ 1 ～ 9/30）を中心に健康確保の対策に取り組んでいます。

※ 1　労働者の健康管理や職場環境の改善など，労働衛生に関する国民の意識を高め、事業場における自主的な労働衛生管理活動を促して労働者の健康を確保することが目的である。昭和 25 年の第 1 回実施以来、毎年実施しています。

取組みの事例を平成29年度の第68回全国労働衛生週間で見てみると、「働き方改革で見直そう　みんなが輝く　健康職場」をスローガンに、労働者自身や管理監督者、産業保健スタッフ等が一丸となって、次に示す課題に対する健康管理を進め、労働者の健康が確保された職場の実現を目指しています。

a　治療と仕事の両立支援対策に関する事項

「事業場における治療と職業生活の両立支援のためのガイドライン」（平成28年2月23日付け基発0223第5号、健発0223第3号、職発0223第7号）に基づく事業場の環境整備に取り組みます。

b　化学物質による健康障害防止対策に関する事項

改正労働安全衛生法（平成28年6月1日施行）に基づく一定の危険・有害な化学物質（SDS交付義務対象物質）に関するリスクアセスメント等に取り組みます。

c　メンタルヘルス対策に関する事項

「労働者の心の健康の保持増進のための指針」等に基づくメンタルヘルス対策等に取り組みます。

d　過重労働による健康障害防止に関する事項

「過労死等防止対策推進法（平成26年11月1日施行）」及び「過労死等の防止のための対策に関する大綱（平成27年7月閣議決定）」に基づく過労死等の防止のための対策等に取り組みます。さらに、平成28年12月に決定された「『過労死等ゼロ』緊急対策」に基づく企業におけるメンタルヘルス対策等にも取り組みます。

e　腰痛の予防対策に関する事項

腰痛予防対策指針（平成25年6月18日付け基発0618第1号）に基づく腰痛予防対策等に取り組みます。

f　熱中症の予防対策に関する事項

「STOP! 熱中症 クールワークキャンペーン」に基づく熱中症予防対策等に取り組みます。

g　その他に関する事項

次の対策に取り組みます。

① 職場における受動喫煙防止対策

② 石綿のばく露防止及び障害予防の対策

③ 粉じん障害防止対策

④ 電離放射線障害防止対策

⑤ 騒音障害防止のためのガイドラインに基づく騒音障害防止対策

⑥ 振動障害総合対策要綱に基づく振動障害防止対策

⑦ VDT作業における労働衛生管理のためのガイドラインに基づく労働衛生管理対策

⑧ 酸素欠乏症等の防止対策

第4節　防災

企業における防災強化対策は、企業の信頼力強化でもあることから、一般的な防災の「避難経路や避難場所の確保」、「保存食の備蓄」、「家族との連絡手段の確保」などに加え、「従業員や顧客の安全確保」、「物的被害の軽減」、「地域の一員として被害の軽減と復旧・復興への貢献」など、「備え、守る」ことを重視した取組みが必要です。

図6−13に一般的な企業の防災へのアプローチを参考例示します。

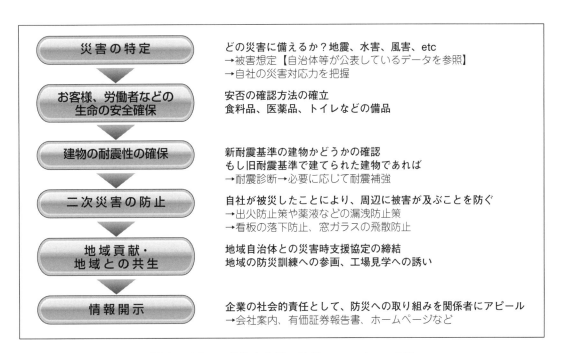

図6-13　一般的な企業の防災へのアプローチ例

国の防災基本計画にも、企業防災の推進が次のとおり位置付けられています。

> 企業は、災害時に企業が果たす役割（生命の安全確保、二次災害の防止、事業の継続、地域貢献・地域との共生）を十分に認識し、各企業において災害時に重要業務を継続するための事業継続計画（BCP）を策定するよう努めるとともに、防災体制の整備、防災訓練、事業所の耐震化、予想被害からの復旧計画策定、各計画の点検・見直し等を実施するなどの防災活動の推進に努めるものとする。

本節では、火災と爆発への対応及び自然災害の対応について説明します。

4-1　火災と爆発への対応

（1）燃焼と消火の理論

a　燃焼

燃焼とは、熱と光の発生を伴う酸化反応のことであり、日常的に使用する「火」や「炎」等の用語は、表6-12のとおりです。

燃焼には、「可燃物」、「酸素供給体」、「点火源」の3つが必要であり、これを「燃焼の3要素」といいます（図6-14）。

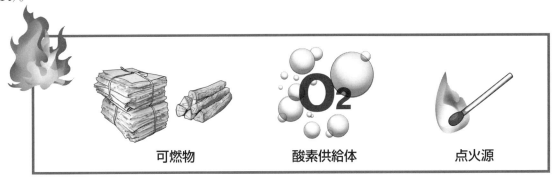

図6-14　燃焼の3要素

この３要素のどれか１つでも欠ければ、燃焼は起こりません。つまり、消火したい場合は３要素の１つでも除去できればよいということになります。

表6－11　燃焼に関する用語

	用　語	意　味
1	火	熱と光を出す現象のことです。
2	炎又は火炎	気体の燃焼による激しい火のことです。
3	有炎燃焼	炎のある燃焼のことです。
4	無炎燃焼（燻焼や表面燃焼ともいう）	炎のない燃焼のことです。例は、線香、タバコ等の火です。
5	爆発	急激な熱エネルギーの放出によって、気体の温度と圧力が上昇することで起こる爆音を伴う燃焼のことです。
6	可燃物（可燃性物質ともいう）	燃える物のことです。 例は、木材、紙、多くの有機化合物、一酸化炭素等があります。
7	酸素供給体（支燃物ともいう）	酸素の供給源となる燃焼を助ける物質のことです。燃焼を支える性質を持つため、支燃物ともいいます。 空気中の酸素のみではなく、酸化剤中の酸素や可燃物中の酸素も酸素の供給源になります。
8	点火源（熱源や点火エネルギー、熱エネルギーともいう）	可燃物と酸素との反応を起こさせるエネルギーのことであり、燃焼のきっかけとなります。例は、火気、火花、静電気、摩擦熱等です。

また、燃焼は、酸素があれば必ず起こるわけではなく、一定以上の酸素濃度が必要です。この一定以上の酸素濃度のことを限界酸素濃度いい、この値は可燃物の種類によって異なります。

燃焼が継続して行われるためには連続した酸化反応が必要であり、この酸化の連鎖反応のことを燃焼の継続といいます。

燃焼の３要素に、「燃焼の継続」を加えて「燃焼の４要素」と呼ぶことがあります。

b　消火

消火とは、燃焼を止めることをいい、燃焼を中止させるためには、燃焼の３要素である可燃物、酸素供給体、点火源のすべてまたは一部を取り除く必要があります。

消火方法には、除去消火、窒息消火、冷却消火の３つの方法があり、これを「消火の３要素」といいます（図6－15）。

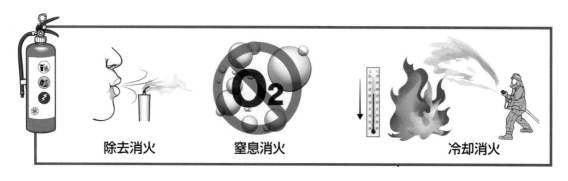

図6－15　消火の３要素

① 除去消火

可燃物を除去して消火する方法です。例は、ガスの元栓を閉めてガスの供給を止めること、ロウソクの火に息を吹きかけて可燃物であるロウの蒸気を除去することなどです。

- 爆風消火…爆弾の爆風を利用した除去消火法であり、油田火災などの大規模な火災に対して用いられることがあります。
- 破壊消火…火災の発生している建物の周辺を破壊して延焼を防ぐ除去消火法であり、消防設備が不十分であった江戸時代の火消しがよく用いた方法です。

② 窒息消火

酸素供給体を断って消火する方法です。例は、アルコールランプにフタをかぶせて消すなどです。

窒息消火のための消火剤としては、不燃性の泡、二酸化炭素やハロゲン化物のガス、炭酸水素塩やリン酸塩類の粉末が用いられています。

③ 冷却消火

冷却して点火源から熱を奪い、燃焼物を発火点以下に下げて消火する方法です。例は、木造住宅の火災の注水消火です。

消火の3要素に「抑制消火」を加えて、「消火の4要素」と呼びます。この抑制消火は、燃焼の継続（酸化の連鎖反応）を断つ方法であり、負触媒消火ともいいます。抑制作用（負触媒作用）があるハロゲン化物は、窒息効果もあることから、消火剤の成分として利用されています。

これまで説明した燃焼の4要素と消火の4要素の関係をまとめると図6－16のとおりです。

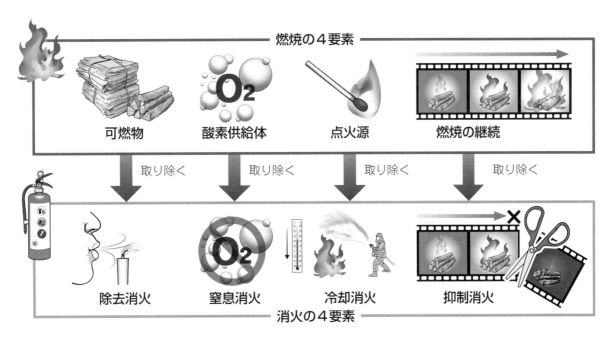

図6－16　燃焼の4要素と消火の4要素の関係

（2）爆発と粉じん爆発

爆発とは、化学反応（燃焼）による気体の急激な熱膨張を意味し、気体が膨張する速度（炎が伝播する速度）が、衝撃波を伴い音速に達するものを「爆轟」、音速に達しないものを「爆燃」と呼んで区別すること

があります。また、化学反応によらない「爆発」現象として、水が高温物質と接触することにより、気化されて発生する「水蒸気爆発」、可燃性の気体（ガス）の急速な熱膨張により発生する「ガス爆発」、核分裂反応・核融合反応を短時間のうちに連続して起こすことにより生成される「核爆発」などがあります。

粉じん爆発は、空気中に浮遊する可燃性の固体微粒子（粉じん）が、発火源が存在したため引火し、爆発燃焼を起こす現象で、急激な発熱や空気の膨張で、火災と爆発音を発し、被害が甚大となります。

固体微粒子は、体積に対する表面積が占める割合（比表面積：固体微粒子が酸素と接触する面積）が大きいため、空気中に十分な酸素が存在すれば、燃焼反応に敏感な状態となり、火気があれば強いエネルギーを伴って燃焼します。そのため、粉じん爆発は、以下の3つの条件が揃ったときに発生します。

① 粉じんの粒子が微粉の状態で、空気中に一定の濃度で浮遊していること（粉じん雲）

② 発火源が存在すること

③ 空気中に十分な酸素が存在していること

また、粉じん爆発を引き起こす「発火源」には、次のものがあります。

① マッチ、ライター、たばこ等の裸火

② ベルトコンベアや滑車等における摩擦熱

③ 工作機械、電気機器、ベルトコンベア等における、機械の局部摩擦による加熱発火

④ モーターのスリップリング、スイッチ、配線等、電気設備の損傷によるスパーク花火

⑤ 粉砕機やロール機に異物が混入したことによる衝撃花火

⑥ 溶接、溶断、ハンダ付等作業時に発生する花火

⑦ 静電気による放電花火

⑧ サイロ（例：小麦粉、砂糖、コーンスターチ等）や工場内での自然発火

（3）危険物

労働安全衛生関係法令に定める危険物は、次のa～eの5分類であり、この取扱いに当たっては、点火源を遠ざけ接触されないこと、熱・衝撃・摩擦などを与えないこと、燃焼範囲濃度にしないことなどに注意します。

また、2種類以上の化学物質と接触・混合することで発火・爆発、可燃性ガスや有毒物質の発生など、高い危険性が生じることがあります。この混合危険性は、酸化性物質と可燃性物質との混合、強酸との混合、空気、水（水分）との接触などで生じ、思いがけない災害を引き起こすことがあります。

a 爆発性の物

極めて爆発しやすい物質です。可燃性物質であるとともに、分子中に酸素を含有した酸素供給体で自己燃焼します。熱・衝撃・摩擦などの点火源によって、自らの酸素を分解しながら激しく燃焼し、爆発する危険性を持っています。

爆薬として用いられるニトロ化合物、火薬として用いられる硝酸エステル、漂白剤やポリマー合成に使用される過酸化ベンゾイルなどがあります。

b 発火性の物

空気中で自然発火しやすい物質、水（水分）との接触で反応して発熱・発火する物質があります。

空気中で自然発火しやすい物質として黄りんは有名です。ほかに、マッチの材料に使われる赤りん、溶剤

などに使用される二硫化炭素などがあります。また、水（水分）との接触で可燃性ガスを発生させて発熱・発火するものに、アルカリ金属類、金属粉、炭化カルシウム（カーバイド）などがあります。

c　酸化性の物

単独では不燃性のものが多く、強酸、可燃物、還元性物質との混合や、加熱・衝撃・摩擦を加えると発火、爆発の危険がある物質です。

漂白剤として使われる次亜塩素酸塩、車のエアバックなどに使用されている過塩素酸塩、酸化剤・漂白剤として使用される無機過酸化物などがあります。

d　引火性の物

引火しやすい可燃性の液体です。気化した可燃性蒸気が空気と混合し、点火源によって引火し爆発する危険性があります。引火点の低いものほど気化しやすく、その蒸気は低い所に滞留しやすい特徴があります。また電気の絶縁体（不良導体）であるため、摩擦による静電気が蓄積されやすいことから、管送、攪拌、濾過、注入、運搬等の作業時には注意が必要です。

メタノール、エタノール、エチルエーテル、ガソリン、灯油、軽油、酸化プロピレン、二硫化炭素、アセトン、ベンゼンなど多くの種類が存在します。

e　可燃性のガス

可燃性ガスは、温度15℃、１気圧下において気体で可燃性の物と安衛令に定められています。可燃性ガスと支燃性ガス（酸素等）が燃焼範囲内で混合したとき、点火源を与えると燃焼、爆発します。

また、アセチレンなどは支燃性ガスがなくても、発火に必要なエネルギーを与えられたことで、連鎖的に分解が発生して「分解爆発」を起こします。

過去には、漏洩したガス、タンクやピット内に残存したガスなどに、点火源（溶接火花、静電気、酸化発熱反応等）が接触したことなどによって、災害が発生しています。

（4）消防訓練

消防法では、事業場等において、防火管理者を定め、消防計画の作成、通報・避難訓練の実施等防火管理上必要な業務を行わなければならないとしています。

消防訓練には、119番通報と館内放送設備による通報訓練、消火器や消火栓を使用する消火訓練、避難誘導に従って屋外へ避難する避難訓練、以上３つを同時に行う総合訓練があり、特定防火対象物（飲食店、店舗、ホテルなど不特定多数の人が出入りする建物）は年２回以上、非特定防火対象物（共同住宅、事務所、工場、倉庫などの建物）は、年１回実施することが義務付けられています。

消防訓練では、いざ火災となったとき、パニックに陥らずに適切な判断や行動できるよう、実際に火災が発生したときに何が起きるかを想定し、どう判断し、どう行動すればよいかを身に付けます。自衛消防組織の任務分担（通報・連絡、初期消火、避難誘導、応急救護など）が決められている場合、具体的な指示がなくても判断・行動が行えるよう備えます。また、自分の分担以外についても学んでおき、いつでも代役が務まるようにしておきます。

4－2　自然災害への対応

我が国は古くから台風、火山噴火、土砂災害、風水害、竜巻、雪害、高潮、津波などの自然災害が多い国

土であり、近年でも東日本大震災、長野県北部地震、九州北部豪雨、熊本地震など、毎年のように激甚災害に指定される自然災害が発生しています。

このことからも、自然災害のもたらすリスクを想定して、事前に具体的な対策を立てておく必要があります。

（1）事前措置

自然災害は一次災害による被害に加え、二次災害でも大きな被害をもたらすことがあります。これらを防止又は最小限にするため、次に示す危険要因をチェックし災害回避等の対策を講じます。

- 建築物、工作物、設備などを点検し、その結果に基づく補強対策
- 設備、機器、家具類の転倒・落下・移動の危険性をチェックし、その結果に基づく防止対策
- 消防用設備などの設置及び適正な管理
- 危険物、火気使用設備などを点検し、その結果に基づく安全措置
- 必要量の非常用備品（水・食料・防寒具・生活用品等）の備蓄
- 防災マニュアルの作成
- 防災教育、防災訓練の実施

（2）防災マニュアル

自然災害発生時や特別警報発令時の基本方針、行動原則、役割分担などをあらかじめ定めた防災マニュアルを作成します。すべての労働者がその内容を理解し、初期対応や命を守る行動の重要性を認識していることが重要です。

既に消防法による「消防計画」が作成されている場合には、防災マニュアルを別に定めることを明記しておくなど、両者の整合性を図ることが必要です。

そのほかに、消防、警察、市区町村役場、交通機関、近隣医療機関、ガス、水道、電気など緊急の連絡先のほか、本社、各事業所、取引先などの連絡先を記載しておきます。

a　緊急対応時の組織体制

特に大規模な自然災害が発生した際は、あらかじめ定めた組織体制（対策本部機能を含む）、任務分担（事業所の規模に応じた情報連絡、避難誘導、初期消火、応急救護、安全防護など）に基づいて各対応を速やかに行います。自衛消防隊が結成されている場合は、それを活用し、各任務の担当者は緊急事態に備え、他の任務を補完できるようにしておきます。

b　情報収集

情報を一元化する担当者の配置に加え、災害の情報、被災状況、インフラなどの状況、自社の被害状況、安否情報、取引先の状況等、どのような情報を収集し提供するのかを決めておきます。

c　緊急連絡網

就業時間外に発生した災害を含む労働者間の情報伝達、安否情報、事業所からの連絡などを確実に労働者に伝えるため、緊急連絡網を整備しておきます。この緊急連絡網には、電話番号のほか、メールアドレスも記載しておきます。

d　二次災害の防止

自分の身は自分で守ることが基本であり、それを踏まえた上で二次災害を回避する出火防止、初期消火、

救出救護、避難誘導、重要備品の搬出などの各担当任務を行います。

e　避難

　警報発令など行政から勧告があった場合、災害の種類に応じて速やかに一時避難場所・広域避難場所へ避難します。複数の避難経路や避難場所は事前に確認しておき、労働者へ知らせておきます。避難する際はブレーカやガスの元栓を遮断するなどの措置を行います。

　特別警報や津波警報発令の場合は、直ちに、避難できる者から各自バラバラでよいので、避難場所に避難します。

f　被害に有効な事業継続の戦略や対策

　自然災害の猛威による甚大な被害によって、電気、上下水道、ガス、通信などのライフラインが絶たれた場合は、生活や事業継続に大きな支障がでます。さらに、経済活動への影響として電力、燃料等の不足、サプライチェーンの寸断等の事態に直面します。

　このため企業は、内閣府防災担当の「事業継続ガイドライン〜あらゆる危機的事象を乗り越えるための戦略と対応〜」を参考に、事業継続計画（Business Continuity Planning）を策定します。さらに、日頃から自社の災害被害を想定し、必要な情報を集めながら、被害に有効な事業継続の戦略や対策に沿って事業継続計画の改善に取り組む必要があります。

第7章　関係法規

第1節　労働安全衛生法関係

　第6章までに労働安全衛生法、労働安全衛生規則等の国の定めにより各種の安全基準等が定められていることは、各章の文中で理解できたと思います。今後、実践技術者として安全衛生活動を推進する立場となったときには、関係する法、規則、規定等を熟知して遵守する必要がありますが、それらの熟知のためには、法令等の構成を理解する必要があります。

1-1　法令の構成

　日本における法令は図7-1に示すように、憲法、法律、政令、省令、告示・公示によって構成されています。
　"憲法"は日本国憲法であり、国家の基本的事項を定め、他の法律や命令で変更することのできない、国家最高の法規範です。

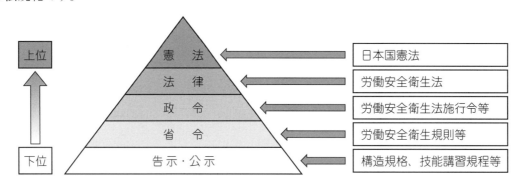

図7-1　法体系構造

　"法律"は憲法に基づき、国家の立法機関が社会生活の秩序を維持するために制定する正文法であり、労働基準法、労働安全衛生法が該当します。
　"政令"は、内閣が制定する命令で、政府から発行され憲法及び法律の実施に必要な細則を定めるものと、法律の委任に基づく政治上の命令です。安全衛生に関しては労働安全衛生法施行令等が該当します。
　"省令"とは、各省の大臣が発する行政上の命令であり、労働安全衛生規則、ボイラー及び圧力容器安全規則、機械等検定規則、クレーン等安全規則があります。
　"告示・公示"は、法律、政令、省令よりも、さらに詳細な事項を国民に知らせるものです。動力プレス機械構造規格など各種構造規格、各種技能講習規程や、平成24年厚生労働省告示第132号「機械譲渡者等が行う機械に関する危険性等の通知の促進に関する指針を定める件」（機械譲渡者等が行う機械に関する危険性等の通知の促進に関する指針）など各種の安全基準に関する技術上の指針があります。

1－2　労働安全衛生法の構成

　安衛法は、労働災害の防止のための危害防止基準の確立、責任体制の明確化及び自主的活動の促進の措置を講ずる等、その防止に関する総合的計画的な対策を推進することにより、職場における労働者の安全と健康を確保するとともに、快適な職場環境の形成を促進することを目的としている"法律"です。安衛法は12章で構成されており、図7－2にその構成を示します。

　この安衛法を運用するために、安衛令、安衛則その他の規則、告示等の法令がありますが、その構成について第6章までに引用した主な法令をもとに図7－3に示します。

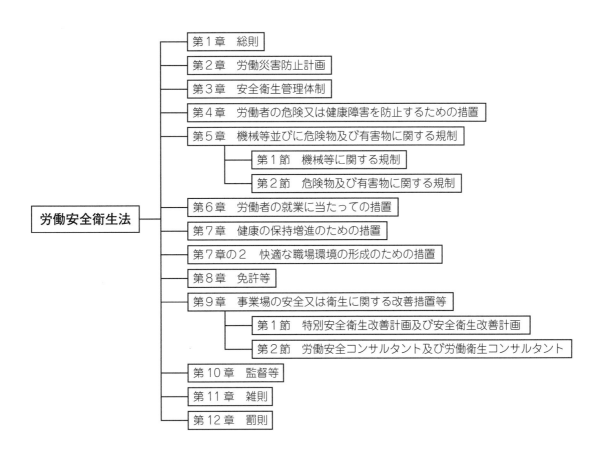

図7－2　労働安全衛生法の構成

第1節 労働安全衛生法関係

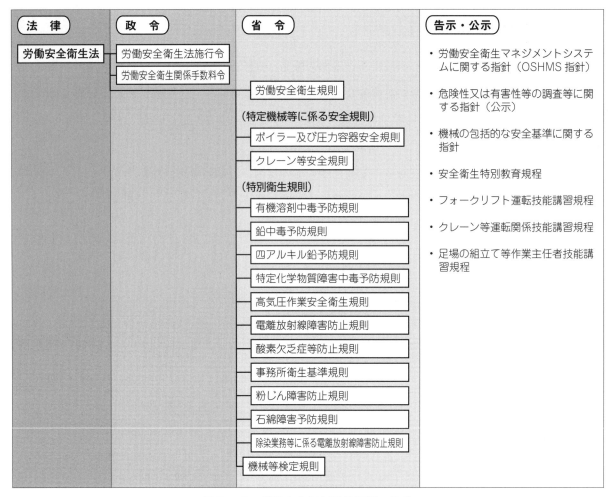

図7-3 労働安全衛生関係規則の体系

1-3 法令及び通達の構成の実際

それでは、法律から通達までどのような内容が記されているか、具体的事項を例として確認しましょう。

安衛法と安衛令と安衛則の関係を、下記の安衛法第11条（安全管理者）でみてみると、「政令で定める業種及び規模」は、安衛令第3条で定められており、また「厚生労働省令で定める資格」は安衛則第5条で定められています。

> **安衛法**
>
> （安全管理者）
>
> **第11条** 事業者は、政令で定める業種及び規模の事業場ごとに、厚生労働省令で定める資格を有する者のうちから、厚生労働省令で定めるところにより、安全管理者を選任し、その者に前条第1項各号の業務（第25条の2第2項の規定により技術的事項を管理する者を選任した場合においては、同条第1項各号の措置に該当するものを除く。）のうち安全に係る技術的事項を管理させなければならない。
>
> **2** 労働基準監督署長は、労働災害を防止するため必要があると認めるときは、事業者に対し、安全管理者の増員又は解任を命ずることができる。

安衛令

（安全管理者を選任すべき作業）

第3条 法第11条第1項の政令で定める業種及び規模の事業場は、前条第1号又は第2号に掲げる業種の事業場で、常時50人以上の労働者を使用するものとする。

安衛則

（安全管理者の資格）

第5条 法第11条第1項の厚生労働省令で定める資格を有する者は、次のとおりとする。

(1) 次のいずれかに該当する者で、法第10条第1項各号の業務のうち安全に係る技術的事項を管理するのに必要な知識についての研修であつて厚生労働大臣が定めるものを修了したもの

イ　学校教育法（昭和22年法律第26号）による大学（旧大学令（大正7年勅令第388号）による大学を含む。以下同じ。）又は高等専門学校（旧専門学校令（明治36年勅令第61号）による専門学校を含む。以下同じ。）における理科系統の正規の課程を修めた者（独立行政法人大学改革支援・学位授与機構（以下「大学改革支援・学位授与機構」という。）により学士の学位を授与された者（当該課程を修めた者に限る。）又はこれと同等以上の学力を有すると認められる者を含む。第18条の4第1号において同じ。）で、その後2年以上産業安全の実務に従事した経験を有するもの

ロ　学校教育法 による高等学校（旧中等学校令（昭和18年勅令第36号）による中等学校を含む。以下同じ。）又は中等教育学校において理科系統の正規の学科を修めて卒業した者で、その後4年以上産業安全の実務に従事した経験を有するもの

(2) 労働安全コンサルタント

(3) 前2号に掲げる者のほか、厚生労働大臣が定める者

（「労働安全衛生規則第5条第3号の厚生労働大臣が定める者」（平成25年1月9日　厚生労働省告示第1号）参照）

次に告示、通達、までの関係を説明します。前章までに取り上げてきた安衛法に定められた安全教育について見ると、下記のとおり安衛法第59条によってその実施を事業者の責務として科していますが、第1項の実施に係る具体的な内容及び第3項の特別教育の対象になる危険又は有害な業務名や実施に係る具体的な内容は、厚生労働省令で定めることとなっています。

安衛法

（安全衛生教育）

第59条 事業者は、労働者を雇い入れたときは、当該労働者に対し、厚生労働省令で定めるところにより、その従事する業務に関する安全又は衛生のための教育を行なわなければならない。

2　前項の規定は、労働者の作業内容を変更したときについて準用する。

3　事業者は、危険又は有害な業務で、厚生労働省令で定めるものに労働者をつかせるときは、厚生労働省令で定めるところにより、当該業務に関する安全又は衛生のための特別の教育を行なわなければならない。

次にその厚生労働省令である安衛則では、安衛法59条第3項の特別教育に関して下記のとおり、安衛則第36条で対象となる危険又は有害な業務を示しており、安衛則第37条〜39条で実施にかかる具体的内容を示しています。しかし、実施科目や教育時間などは、安衛則39条においても細目は厚生労働大臣が定めることとなっています。

安衛則

（特別教育を必要とする業務）

第36条 法第59条第3項の厚生労働省令で定める危険又は有害な業務は、次のとおりとする。

（1）研削といしの取替え又は取替え時の試運転の業務

（2）省略

（3）アーク溶接機を用いて行う金属の溶接、溶断等（以下「アーク溶接等」という。）の業務

（4）省略

（5）最大荷重一トン未満のフォークリフトの運転（道路交通法（昭和35年法律第百五号）第2条第1項第1号の道路（以下「道路」という。）上を走行させる運転を除く。）の業務

（6）〜（13）省略

（14）小型ボイラー（令第1条第4号の小型ボイラーをいう。以下同じ。）の取扱いの業務

（15）次に掲げるクレーン（移動式クレーン（令第1条第8号の移動式クレーンをいう。以下同じ。）を除く。以下同じ。）の運転の業務

　　イ　つり上げ荷重が五トン未満のクレーン

　　ロ　つり上げ荷重が五トン以上の跨線テルハ

（16）〜（40）まで省略

（特別教育の科目の省略）

第37条 事業者は、法第59条第3項の特別の教育（以下「特別教育」という。）の科目の全部又は一部について十分な知識及び技能を有していると認められる労働者については、当該科目についての特別教育を省略することができる。

（特別教育の記録の保存）

第38条 事業者は、特別教育を行なったときは、当該特別教育の受講者、科目等の記録を作成して、これを3年間保存しておかなければならない。

（特別教育の細目）

第39条 前2条及び第592条の7に定めるもののほか、第36条第1号から第13号まで、第27号及び第30号から第36号までに掲げる業務に係る特別教育の実施について必要な事項は、厚生労働大臣が定める。

厚生労働大臣が定める告示「安全衛生特別教育規定」を、安衛則36条第3号のアーク溶接等の業務を例として見てみます。科目、科目の範囲及び教育時間が規定されており、事業主はこれに従って教育を行わなければならないことが理解できます。

なお、安衛則39条により第14号から第26号までと第28号及び第29号は安全衛生特別教育規定から外

れることとなりますが、これらの業務については、例えば、第14号に示す小型ボイラーの取扱いの業務は「ボイラー及び圧力容器安全規則」に、第15号に示すクレーンの運転の業務は「クレーン等安全規則」に定められており、他の号の業務についても包括的に労働災害防止策を図る必要性が強いものは、厚生労働省令である各規則に、さまざまな安全基準や取扱い方法等と並び「特別の教育」として定められています。そのため、特別教育規定についても「小型ボイラー取扱業務特別教育規定」や「クレーン取扱い特別教育規定」として個別に規定されています。

安全衛生特別教育規程【厚生労働大臣告示】

（アーク溶接等の業務に係る特別教育）

第4条　安衛則第36条第3号に掲げるアーク溶接等の業務に係る特別教育は、学科教育及び実技教育により行うものとする。

2　前項の学科教育は、次の表の上欄に掲げる科目に応じ、それぞれ、同表の中欄に掲げる範囲について同表の下欄に掲げる時間以上行うものとする。

科目	範囲	時間
アーク溶接等に関する知識	アーク溶接等の基礎理論　電気に関する基礎知識	1時間
アーク溶接装置に関する基礎知識	直流アーク溶接機　交流アーク溶接機　交流アーク溶接機用自動電撃防止装置　溶接棒等及び溶接棒等のホルダー　配線	3時間
アーク溶接等の作業の方法に関する知識	作業前の点検整備　溶接、溶断等の方法　溶接部の点検　作業後の処置　災害防止	6時間
関係法令	法、令及び安衛則中の関係条項	1時間

3　第1項の実技教育は、アーク溶接装置の取扱い及びアーク溶接等の作業の方法について、10時間以上行うものとする。

（昭49労告37・一部改正）

　上記の安全衛生特別教育規定により科目、科目の範囲及び時間は明確になりましたが、実際に実施を考えた場合は、まだまだ明確になっていない部分があり、責務を負う事業主としては不安が残ることと思います。

　例えば、事業所内に教育環境が整っていない場合や事業主自らが指導者になれない場合などの対応等はどうすべきなのか。そこで、それらの詳細な定めについては、以下のように通達で示しています。ほかにもさまざまな通達が発せられ、現在の特別教育が全国の事業所や職業能力開発機関等において、一定のレベルを担保して実施できるようになっています。

> 労働安全衛生法関係の疑義解釈について【昭和 48 年 3 月 19 日基発第 145 号通達】
>
> (抜粋) 12 法第 59 条関係
>
> 問 法 59 条に定める特別の教育は、特定の講師に委託して行っても差しつかえないか。なお、講師の資格如何。
>
> 答 差しつかえない。なお、特別の教育の講師についての資格要件は定められていないが、教習科目について十分な知識、経験を有する者でなければならないことは当然である。

　上記で見てきたとおり、安衛法関連の法令及び通達は、階層構造になっており各レベルにおいてその目的に応じた内容が定められています（図 7 - 1 参照）。それは、ほかの法令の構成と同様に、技術革新、経済社会の変化、国民の意識の変化等に対応して労働災害を防ぐことが必要であり、そのために安衛法の理念に基づいて基準や規格を適切に見直すことを可能とするためです。

1-4　法令及び通達の検索

　労働安全衛生に関する法令・通達を確認する際には、中央労働災害防止協会が運営しているホームページの「安全衛生情報センター（https://www.jaish.gr.jp/index.html）」を利用することをお勧めします。実践技術者として、機械・設備の安全化及び安全衛生活動の推進には、法令・通達の改正について常に意識しておく必要があります。そのため、それらの活動の中で安全衛生に関係する法令・通達を確認する習慣を持っておく必要があります。

第 2 節　機械安全に係る国際規格 ……………………………………

2-1　国際安全規格と国内規格

　日本では JIS（日本工業規格）、米国では ANSI、英国では BS、ドイツでは DIN など世界の国々は独自の国家規格を持っています。世界的には、これらの規格を原則整合化／統一化する方向になっています。

　この目的は、物及びサービスの国際貿易を容易にし、かつ、知的、科学的、技術的及び経済的な活動をより拡大するために標準化を図ることにあり、国際規格 ISO（International Organization for Standardization、国際標準化機構）や IEC（International Electrotechnical Commission、国際電気標準会議）などによって実施されています。

　近年では ISO の規格に変更が生じると、JIS 規格も改訂される動向になっています。国際規格に対応した例としては、JIS Z 8051 安全側面－規格への導入指針（ISO/IEC Guide51）、JIS B 9700 機械類の安全性－設計のための一般原則－リスクアセスメント及びリスク低減（ISO12100）などがあります。

　法令・通達関係と同様に実践技術者として、機械・設備の安全化についても国内規格及び国際規格の改訂の有無を常に意識しておく必要があり、確認する習慣を持つ必要があります。日本工業規格は JISC（日本工業標準調査会）のホームページ（http://www.jisc.go.jp/）により検索できます。

　安全基準についての指針や構造規格については、表 7 - 1 に代表的なものと本書において関係する章及び節を示します。

これらの指針は「安全衛生情報センター」の該当ウェブページ（https://www.jaish.gr.jp/user/anzen/hor/kokuji.html）により検索できます。

表7－1　代表的な指針と本書との関係

No	指針の名称	本書の章及び節
1	機械の包括な安全基準に関する指針	第4章
2	産業用ロボットの使用等の安全基準に関する技術上の指針	第5章 第5節
3	工作機械の構造の安全基準に関する技術上の指針	第4章, 第5章 第1節
4	クレーン又は移動式クレーンの過負荷防止装置構造規格	第5章 第4節
5	移動式クレーン構造規格	
6	フオークリフト構造規格	第5章 第3節
7	ボイラー構造規格	第5章 第6節

2－2　国際安全規格の概要と特徴

以前は、国内では人間の管理による安全衛生活動を中心に、事業場の安全確保が行われてきました。しかし、世界的にはISO/IEC Guide51（安全側面－規格への導入指針）を中心とした国際安全規格によって、技術による安全確保が求められています。

実践技術者として、安全衛生活動や製品の安全化を推進する立場となったときに、国際安全規格の概要などについて知っておく必要があります。

本節では国際安全規格の特徴、ISO/IEC Guide51、基本安全規格であるISO12100について説明します。ISO、IEC国際安全規格には以下の（1）～（4）の共通の特徴があります。

（1）　安全規格を3段階に階層化

ISO、IEC国際安全規格は、基本安全規格（A規格）、グループ安全規格（B規格）、個別安全規格（C規格）の3段階で階層的に構成されています。

（2）　技術基準

ISO、IECでは規格の技術基準を性能規定としていますが、JISでは仕様規定となっています。性能規定とは、対象となる製品に必要な実用性（寿命、信頼性等）を定性的、定量的に表現した規定です。さらに、仕様規定とは、対象となる製品の構造、形状、寸法、材料、外観等の項目を含んだ、設計又は記述的特性を含んだ規定です。

（3）　リスクアセスメントによる安全性評価

リスクアセスメントの実施により、リスク分析、リスク評価を行い、リスク低減の判定を行う作業の実施が規定されています。従来のJISにはこのような考え方はありませんでした。

（4）　3ステップメソッドによるリスク低減方策

3ステップメソッドは、本質安全設計方策、安全防護及び付加保護方策、使用上の情報に3分類されており、優先順位付けがなされています。

ISO/IEC Guide 51 は、規格に安全に関する規定を導入するためのガイドラインであり、上記（1）～（4）はこの規格で規定されています。すなわち、多くの国際安全規格は、このガイドをベースとして作成されているといえます。また、（1）～（4）の特徴は EN414（Safety of machinery : Rules for the drafting and presentation of safety standards）の中でも規定されています。

2－3　ISO/IEC Guide51（安全側面－規格への導入指針）

すでに述べましたが、ISO/IEC Guide 51 は、規格に安全に関する規定を導入するためのガイドラインです。正式名称は Safety aspects － Guidelines for their inclusion in standards であり、ISO と IEC の両組織において共同で開発、1990 年に発行（現 Third edition 2014）した国際規格です。この規格では、安全やリスクなどの概念や安全性を達成するための方法と、安全規格を作成する方法や、既存の規格に安全規定を導入するために必要な一般的作業手順とが示されています。

この規格で安全はリスクで定義されており、リスクアセスメントとリスク低減方策により、安全を確保することが規定されています。本規格における「安全の定義と ALARP の原理」及びリスク低減のための方法論のリスクアセスメントの実施は、本書の第 2 章第 2 節、リスク低減方策（保護方策）は第 2 章第 3 節及び第 4 章と次項で述べており、本項では国際安全規格の階層構造について説明します。

規格の構成は、図 7 － 4 に示すように基本安全規格（A 規格）、グループ安全規格（B 規格）、個別機械安全規格（C 規格）のように階層構造になっています。

基本安全規格（A 規格）は、設計のための基本原則、用語などを定めた規格で、すべての機械類に適用できる基本安全規格です。

グループ安全規格（B 規格）は、システム安全規格、インターロック規格、空気圧システム通則などを定めた規格で、広範囲の機械類にわたって使用される安全面又は安全関連装置の一種を取り扱うグループ安全規格です。

個別機械安全規格（C 規格）は、工作機械、プレス機械、産業用ロボットなど個別の機械を対象として取り扱う製品安全規格です。

このように体系化されているため、全体の整合性や統一性を持たせることができ、すべての機械や新しい機械の安全を対象に、新しい安全技術を取り込むことができます。

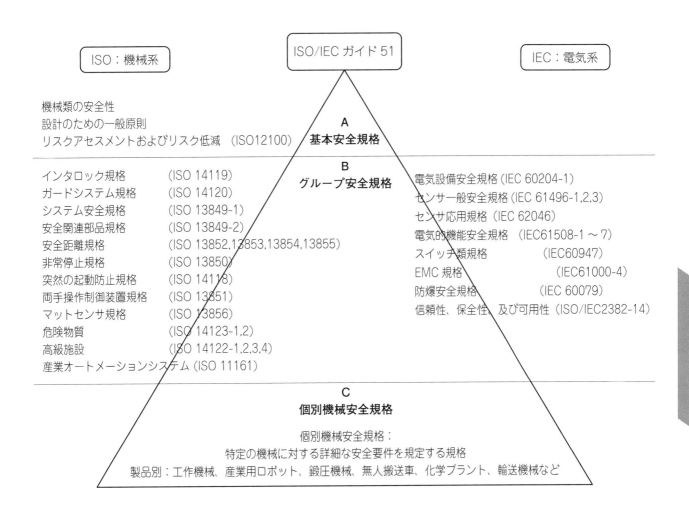

図7-4 国際安全規格の階層化構成

2-4 ISO12100（機械類の安全性、設計のための一般原則－リスクアセスメントおよびリスク低減）

　ISO12100（機械類の安全性、設計のための一般原則 - リスクアセスメントおよびリスク低減）はA規格であり、機械類に関する安全規格の作成上で基本となる用語の概念と、安全性確保の方法に対する考え方及び現在の技術として利用可能な技術により、概念や考え方を実現するための助言を与える内容です。さらに、リスクアセスメントによるリスク低減について規定されています。

　具体的な機械類の安全方策は、図7-5に示すように本質的安全設計、安全防護及び付加保護方策、使用上の情報によって構成されており、これらの具体例については第4章で述べています。

第2節 機械安全に係る国際規格

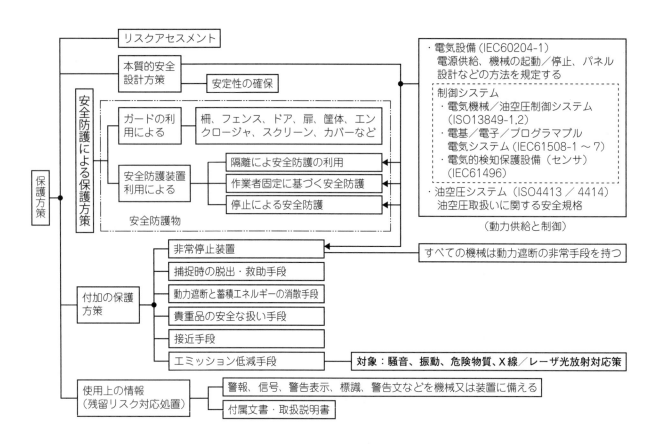

図7−5　機械の安全設計を規定する国際安全規格 ISO12100 の規格体系

参考文献

職業訓練教材研究会編『安全工学：実践技術者のための』職業訓練教材研究会、1987 年

職業能力開発総合大学校 基盤整備センター編『新訂　安全衛生』職業訓練教材研究会、1999 年

向殿政男『入門テキスト　安全学』東洋経済新聞社、2016 年

金子毅『「安全第一」の社会史：比較文化的アプローチ』社会評論社、2011 年

マシュー・サイド『失敗の科学』有枝春訳、ディスカヴァー・トゥエンティワン、2016 年

ボイラ・クレーン安全協会編『フォークリフトの運転』（技能講習テキスト）ボイラ・クレーン安全協会、2016 年

ボイラ・クレーン安全協会編『床上操作式クレーンの運転』（技能講習テキスト）ボイラ・クレーン安全協会、
　　2016 年

ボイラ・クレーン安全協会編『玉掛け作業の知識』（技能講習テキスト）ボイラ・クレーン安全協会、2016 年

ボイラ・クレーン安全協会編『クレーン運転の特別教育テキスト』ボイラ・クレーン安全協会、2016 年

日本労働安全衛生コンサルタント会『リスクアセスメント担当者養成研修　受講者用テキスト（平成 25 年度版）』
　　日本労働安全衛生コンサルタント会、2013 年

日本労働安全衛生コンサルタント会『リスクアセスメント担当者養成研修　講師用テキスト（平成 25 年度版）』日
　　本労働安全衛生コンサルタント会、2013 年

大阪労働局労働基準部安全課編『「安全の見える化」事例集』大阪労働局、2014 年

蓬原弘一、田中紘一、鈴木正俊著『生産現場に役立つ安全技術：リスクアセスメント実践で知っておきたい安全技
　　術』（第 2 版）安全応用研究会、2013 年

福井孝男、上野泰史、松本吉弘、藤田俊弘著『操作における安全性を追求した 3 ポジションイネーブルスイッチの
　　開発』IDEC 株式会社、1998 年

中央労働災害防止協会編『産業用ロボットの安全必携：特別教育用テキスト』（改訂第 3 版）中央労働災害防止協会、
　　2016 年

中央労働災害防止協会編『実践！労働安全衛生マネジメントシステム－導入から認定取得まで（第 2 版）』中央労
　　働災害防止協会、2010 年

厚生労働省安全衛生部安全課編『労働災害分類の手引き－統計処理のための原因要素分析（第 23 版）』中央労働災
　　害防止協会、2003 年

畠中信夫『労働安全衛生法のはなし（第 3 版）』（中災防新書 003）中央労働災害防止協会、2016 年

杉本旭『（改訂）産ロボをうまく使う：産業用ロボットの安全管理チェックポイント』中央災害防止協会、1997 年

厚生労働省『「印刷事業所で発生した胆管がんの業務上外に関する検討会」報告書の公表及び厚生労働省における
　　今後の対応について』（平成 25 年 3 月 14 日公表）

厚生労働省基発第 0310001 号『性又は有害性等の調査等に関する指針について』（平成 18 年 3 月 10 日付け）

厚生労働省基発 0918 第 3 号『化学物質等による危険性又は有害性等の調査等に関する指針について』（平成 27 年
　　9 月 18 日付け）

厚生労働省リーフレット『リスクアセスメントをやってみよう　危険性又は有害性等の調査等に関する指針』、
　　2006 年

厚生労働省『労働安全衛生マネジメントシステム：効果的なシステムの実施に向けて』、2006 年

『職場のあんぜんサイト』厚生労働省

◀ 索 引 ▶

【あ】

ALARP	13
IEC	208
ISO	208
ISO12100	209
ISO/IEC Guide51	209
NC 接点	77
NO 接点	77
OSHMS の概念図	165
OSHMS の見直し	172
OSHMS 指針	163
SDS シート，安全データシート	19, 100
アース施工	97
上げ下ろし作業	40
足場	43
あだ巻	146
安全	13
安全委員会	173
安全衛生委員会	173
安全衛生計画の作成	167
安全衛生情報センター	208
安全衛生推進者	178
安全衛生方針の表明	166
安全衛生目標の設定	166
安全管理者	175
安全靴	29
安全係数	139, 140
安全スイッチ	76
安全第一	1
安全の定義と ALARP の原理	210
安全防護・付加保護方策	66
安全率	140
イネーブルスイッチ	151
インターロック	59, 74
インバータ制御	136
運搬作業	39

衛生委員会	173
衛生管理者	176
衛生推進者	178
オーバーラン防止	142
横行装置	133, 135
応力	139
帯のこ盤	107

【か】

カウンタバランスフォークリフト	121
化学物質のリスク管理	189
隔離と制御による安全技術	66
隔離の原則	70
かご形誘導電動機	136
ガスパージ	161
過負荷防止装置	98, 142
環境改善	188
慣性	138
感電	47
機械は故障する	62
危険性リスト	19
危険物	198
危険予知（KY）	19
機構上の安全対策	141
脚立	43
教示（ティーチング）作業	152
強度	141
強度率	5
業務上疾病	186
許容荷重曲線	127
金属加工機械の設置	96
クレーン・デリック運転士免許	143
警告ラベル	100
携帯用丸のこ盤	107
健康管理	183, 191
現場からの提案	170

光電センサ	78	政令	202
後輪操舵方式	122	接触防止対策	127, 141
告示・公示	202	接地 (アース)	137

【さ】

CNC, 数値制御装置	85
CNC 旋盤	94
JIS（日本工業規格）	208
JIS Z 8051	208
JIS B 9700	208
災害発生率	5
最大荷重	121
材料の反ぱつ	103
作業環境管理	182
作業環境測定	190
作業管理	182, 190
作業主任者	179
作業手順書	49
作業標準	49
作業服	28
作業帽	29
産業医	179
産業用ロボット	148
産業用ロボットの機構構造形式	149
産業用ロボットの定義	148
残留リスク一覧	82
残留リスクマップ	82
システム各級管理者	181
システム監査による改善	173
実施課題の審議と解決	169
質量	137
重心	138
重量物取扱い作業の重量制限	41
消火	196
冗長設計	65
消防訓練	199
省令	202
使用上の情報の提供	66
職業性疾病	186
3 ステップメソッド	67, 209
制動装置	123, 135

索引

接地工事	49
全国労働衛生週間	193
旋盤 (汎用)	93
総括安全衛生管理者	175
走行装置	122, 133, 135
送材装置	113

【た】

卓上ボール盤	90
玉掛け技能講習	143
力の合成と分解	139
チップソー	108
直立ボール盤	90
墜落	43
つり上げ荷重	133
ティーチングペンダント , 可変形操作盤	151
停止の原則	70
ティルト機能	124
適正配置	190
電磁ブレーキ	143
天井クレーン	133
度数率	5
トルク	91

【な】

二重絶縁構造	49
日常的な改善	171
日本工業標準調査会	208
人間は間違える	59
燃焼	195
年千人率	6
のこ刃の原理	108

【は】

ハイボールの原理	63
ハインリッヒの法則	52
橋形クレーン	133
バックレスト	123,126

215

外れ止め装置	141	リスクアセスメントの実施	17, 166
爆発	197	リフト機能	124
歯の接触予防装置	113	両手操作制御装置	60
反ぱつ防止装置	113	レーザスキャナ	79
PDCA サイクル	163	漏電遮断器	47,48,96
飛散防止ガード	98	労働衛生3管理	182
非常停止スイッチ	79	労働衛生教育	193
ひずみ	139	労働災害	3
非対称故障	63	労働者災害補償保険（労災保険）	3
フェールセーフ化	156	労働安全衛生マネジメントシステムに関する指針	163
フォーク	123		
フォークリフト運転技能講習	127		

【わ】

割刃	113

左カラムの続き:

フライス盤	86
粉じん爆発	198
ヘッドガード	126
ボイラー安全	160
ボイラー技士免許制度	161
ボイラ及び圧力容器安全規則	161
防災マニュアル	200
法律	202
ボール盤	86,90
保護具	30
本質的安全設計方策	66
本質的な安全技術	66

【ま】

巻上装置	133,134
巻過防止装置	142
マニピュレータ	149
丸のこ盤	106
丸のこ盤の反ぱつ	109
無条件安全	62
木材加工用機械作業主任者	115

【や】

床上操作式	133
床上操作式クレーン運転技能講習	143

【ら】

ライトカーテン	78
リスクアセスメントの指針	16

監修委員

半田 有通	一般社団法人日本ボイラ協会専務理事（兼）事務局長 元厚生労働省労働基準局安全衛生部長
後藤 康孝	浜松職業能力開発短期大学校校長

執筆委員（五十音順）

大屋 昌弘	東京都下水道局施設管理部施設保全課主任 元独立行政法人高齢・障害・求職者雇用支援機構 公共職業訓練部能力評価課専門役（安全担当）
後藤 康孝	浜松職業能力開発短期大学校校長
中村 瑞穂	職業能力開発総合大学校准教授
湯浅 幸敏	滋賀職業能力開発短期大学校校長
半田 有通	一般社団法人日本ボイラ協会専務理事（兼）事務局長 元厚生労働省労働基準局安全衛生部長

（所属は執筆当時のものです）

実践技術者のための **安全衛生工学** ©

平成29年11月20日　初版発行
令和5年3月10日　5刷発行

発行者　一般財団法人　職業訓練教材研究会
　　　　宮部　三郎

〒162-0052
東京都新宿区戸山1-15-10
TEL　03-3203-6235
http://www.kyouzaiken.or.jp

発行者の許諾なくして、本書に関する自習書・解説書もしくはこれに類するものの発行を禁ずる。

ISBN 978-4-7863-1152-9